KB091833

미식 대담

이용재 지음

마식
대담

좋아하는 것을 잘 만들면서 살아남는 방법

반비

들어가는 말

거리 두기와
궁여지책의 '아카이빙'

어느 날 한 제빵사로부터 전화를 받았다. 이런 사람이 있다는 이야기를 들었는데, 답답해서 만나고 싶다고 말했다. 나 말이다. 그러시지요. 이미 먹어본 그의 빵은 훌륭했으니 사람도 궁금해지는 건 인지상정이었다. 미국에서 돌아온 지 얼마 지나지 않은, 8년쯤 전의 일이다. 글을 쓰겠다고 마음은 먹었지만 정확하게 무엇에 대해 어떻게 쓰겠다는 결론은 내리지 않은 채 그저 복습하듯 이것저것 먹으러 다니던 상황이었다. 독학으로 아마추어 수준의 이론 및 실기를 습득한, 호기심 많은 소비자라고 할까.

한국의 현실은 실망스럽고 황폐했지만 그렇기 때문에 한층 더 빛나는 음식을 만날 때가 있었다. 그런 곳에서 나는 호기심으로 용기를 내어 이것저것 물어보았다. 한국에서는 빵을 색깔이 진하게 나도록 구우면 탔다는 항의를 듣나요? 전작(『외식의 품격』과 『한식의 품격』)을 읽은 독자라면 이제는 익숙하다 못해 지겨울, 그런 질문이었다. 그런 과정을 되풀이하면서 몇몇 실무자들과 안면을 익혔고 나는 어떤 이들에게 일종의 '대나무 숲' 같은 역할을 자연스레하게 되었다. 도움을 줄 수는 없지만 그럭저럭 이야기는 듣고 이해할 수 있는 소비자이자 가벼운 하소연의 대상 말이다. 물론 대화 덕분에 나도 많이 배웠다. 아마추어로서는 이해할 길이 없는, 실무자가 맞닥뜨리는 복잡한 현실의 사정에 대해 조금이나마 더 잘 헤아릴 수 있게 된 것이다. 그러던 가운데 이야기가 흘러 흘러 전화를 받은 것이다. 답답한 게 있는데 만나서 이야기를 좀 하시죠.

장마비가 쏟아지던 후텁지근한 여름날, 경기 남부의 카페촌 어딘가에서 그를 기다렸다. 약속 시간이 제법 지나도록 그는 오지 않고 전화만 걸었다. 경기 북부에 일을 하러 왔노라며, 아주 늦게나 만날 수 있을 텐데 기다릴 수 있느냐고 했다. 약속을 지킬 수 없다는 메시지를 예정된 시간을 훌쩍 넘겨서야 에둘러 전한 것이었다. 내가 만나자고 했던가? 아니면 이게 대가를 청구할 수 있는 노동이었던가? 둘 다 아니었다. 그렇다면 이렇게까지 무책임해서는 안 되지 않을까. 마침 빠르게 찾아오던 환멸이 가중되는 걸 느꼈다. 썩 무겁지 않은 소비자와 실무자의 대화가 조금씩 이상하게 흘러가기 시작하던 시기였다. 연락이 와서 찾아가보면 영어로 쓰인 조리 도구 팸플릿을 번역해달라는 요청을 받는 식이었다. 요즘 표현으로 '재능기부'랄까.

호기심으로 시작한 대화가 이상한 방향으로 가지를 뻗는 것을 보며 나의 심경은 복잡해졌다. 무엇보다 거리 조절이 안 되는 느낌이었다. 그렇게 자질구레한 일을 도와주고 대가로 밥이나 빵이라도 얻어 먹을 수 있다면 다행인 걸까? 그럴 리가 없다. 아니면 그런 일이 일종의 직업 활동으로 자리 잡을 수 있을까? 그럴 것 같지도 않았다. 개인적이지 않으면서 직업적인 관계가 가능할까? 이해관계로 얽히지 않으면서 실무자와 비평가(당시에는 완전히 정체화하지 않았다고 하더라도)가 상보적으로 공존하는 관계를 한국의 현실에서 추구할 수 있을까? 시간을 거듭하며 답이 점차 '불가능하다' 쪽으로 기울면서 나는 많은 실무자와 조금씩 거리를 두기 시작했다. 마침 음식 비평을 하겠노라고 조금씩 결심을 굳히던 시기이기도 했다.

궁여지책

그렇다고 호기심을 완전히 죽일 수는 없는 노릇이었다. 음식은 사람이 만들고 또 먹는다. 충동을 최대한 억누르고 거리를 유지하려 애를 쓰지만 어떤 음식을 만드는 이들에게는 결국 다가가서 말을 건넬 수밖에 없게 된다는 말이다. 맛있으니까. 훌륭하니까. 결국은 '정말 잘 먹었습니다. 어떻게 만들 수 있는 건가요?'의 무수한 변주를 화두로 드문드문 대화가 오갔지만 언제나 여건은 만만치 않았다. 일단 거리를 견지해야 한다는 생각 때문에 사적인 자리는 웬만해서 만들지 않았다. 실제로 「미식 대담」의 출연자들 가운데 몇몇과는 언제나 "밥 한번 같이 드시죠."라는 이야기를 하면서도 결코 그 약속을 실현하지 못한 채 결국 오디오클립 녹음을 통해서야 궁금했던 실무 세계의 이야기를 나누었다. 책이 출간되는 지금까지도 밥은 먹지 못했다. 앞으로도 먹을 일이 없을 가능성이 높다.

게다가 요식업계 종사자들은 기본적으로 남들이 노는 시간에 일하는 이들이기 때문에 더더욱 시간을 내기 어렵다. 오죽하면 "셰프들의 맛집 추천은 웬만하면 거짓말"이라는 이야기가 나오겠는가. 준비가 고되고 주방에서 벗어나는 시각에는 웬만한 음식점이 문을 닫으니 먹으러 다닐 여유가 없기 때문에 나온 말이다. 이런 현실에서 일개 평론가가 실무자의 개인적인 시간을 빼앗을 명분이 있겠는가.

그래서 결국 업장에 가는 경우에나 잠깐잠깐 이야기를 나눌 수 있었다. 길어야 10분? 끊임없이 주문이 들어오고 구매자가 들락거리는 상황에서 복도 한편을 비집고 서서 분위기를 살피며 나누는 대화는 언제나 실무자나 나나 마음이 불안했다. 언제나 불안함을 다스려가며 이야기를 나누었다. 대화는 각자의 입장에서 나오는 하소연이 주를 이뤘다. 잘 안 되는 현실. 음식을 맛있게 만들 이론과 지식을 겸비해도 성공은 고사하고 안정과도 연결되지 않는 현실. 내 입장에서는 음식 비평 자체가 커리어의 자학 행위 같은 현실. 이야기가 조금만 길어지면 나는 곧 불안해졌다. 아이고, 이렇게 시간을 빼앗지 말고 얼른 비켜줘야 되는데.

아카이빙

늘 그런 마음으로 안절부절못하다 보니 네이버 오디오클립의 제안을 받았을 때 조금도 고민하지 않았다. 대담의 자리를 만들어야 한다. 본격적인 1인 미디어의 시대이다. 어떤 콘텐츠도 만들 수 있다. 나 또한 연습의 차원에서 혼자 팟캐스트를 제작하기도 했다(「이용재의 음식과 책」). 그러나 어떤 콘텐츠는, 어떤 수준의 콘텐츠는 여러 사람이 힘을 모아야만 만들 수 있다. 기회가 주어진다면 바로 이런 콘텐츠를 만들고 싶었다. 배우고 싶은 실무자들과 이야기를 나누고 기록으로 남기자.

그런데 무엇을?『미식 대담』의 오디오클립을 들었거나 책으로 처음 접하는 독자이거나, 조금만 책장을 넘기다 보면 알게 될 것이다. '정말 잘 먹었습니다. 어떻게 만들 수 있는 건가요?'의 무수한 변주로 운을 뗀 이야기는 결국 생존 및 지속 가능성의 이야기로 수렴한다는 것을. 짠맛 바탕의 일반 음식이거나 단맛 바탕의 디저트거나, 그도 저도 아니라면 칵테일과 하드리커(hard liquor) 같은 주류일지라도, 모든 이야기가 그렇게 수렴할 수밖에 없는 현실을 비켜 가지는 못했다. 출연자의 표현을 직접 빌리면 "부동산"(150쪽)이 지배하는 현실 탓에 "매일 걱정"(31쪽)이 빚어내는 불안감 속에서 "사명감이나 자기만족"(38쪽)으로 "반복을 어떻게 소화"(35쪽)할지 고민하는 직업인의 이야기 모음이다. 다양한 관련 분야 실무자의 목소리를 담았다는 차원에서, 음식의 세계로 진로를 모색하는 젊은이에게 조금이나마 보탬이 되었으면 좋겠다는 바람을 가장 크게 품어본다.

처음부터 이 대담을 책으로 엮어낼 생각은 하지 않았다. 오디오클립이라는 형식 자체로도 이미 완결성을 갖춘 콘텐츠로 기획 및 제작했으며, 쓸 책의 계획도 서너 권 이상 세워놓았기 때문이다. 게다가 인터넷 시대에 맞는 책과 글에 대한 고민이 웬만한 기획의 실현 가능성을 압도하는 현실이기도 하다. 하지만 시즌이 중반으로 접어들면서 욕심이 생기기 시작했다. 물론 참여한 실무자들 덕분이었다. 이 정도의 이야기라면 글로도, 책으로도 남겨놓고 싶다. 그렇게 마음을 먹으면서 후반부로 갈수록 조금씩 저변을 넓히기 시작했다. 음식과 실무자의 울타리 속에서 전문 편집자나 주류 수입 및 홍보 전문가 등의 좀 더 다양한 목소리를 담고 싶었다. 그렇게 실무자 열두 명의 이야기를 오디오클립 스물두 편에 나누어 담았다.

유독 감사드려야 할 이들이 많다. 일단 출연자들께 감사드린다. 대개 다른 이의 여가를 위해 일하는 상황이다 보니 귀한 휴식 시간을 쪼개어 스튜디오까지 찾아와주셔야만 했다. 너무나도 당연한 말이지만 그들의 도움 없이 이 책은 태어나지 못했다. 한편 진행과 섭외에 힘써준 담당 편집자 조은 씨, 제작을 맡은 반비의 홍보 담당 이유진 씨에게도 감사드린다. 그리고 큰 틀을 짠 네이버 오디오 콘텐츠의 팀장 이은영 씨에게도 감사드린다. 마지막으로 오디오로만 세상의 정보를 접할 수밖에 없는 분들께 감사드린다. 연습 삼아 팟캐스트를 혼자 만들던 시기에 아주 우연히, 그런 분들에게 음식 관련 서적을 다룬 방송이 재미있게 들렸다는 이야기를 전해 들었다. 덕분에 책의 전신이 된 오디오클립 「미식 대담」도 한층 더 의미를 곱씹으며 만들 수 있었다. 실무자와 향유자의 사이에서 다리를 놓고 언어를 옮기는, 비평가의 또 다른 역할을 시도했다는 점에서 『미식 대담』에 작은 보람을 느낀다.

2018년 7월
이용재

차례

1　매일매일 같고도 다른
과자 만들기

첫 번째
미식 대담

메종 엠오 서울 서초구 방배로26길 22
프렌치 컨템퍼러리 디저트 전문점.

오쓰카 데쓰야 & 이민선
오쓰카 데쓰야 셰프는 불교학을 공부한 후, 쓰지조리전문학교
양과자과를 졸업했다. 일본 '조엘 로뷔숑' 수석 파티시에,
일본 '피에르 에르메' 총괄 셰프 파티시에를 역임했다.
이민선 셰프는 영화를 전공한 후 동경제과학교에서 양과자과와
빵과를 졸업했고, 일본 피에르 에르메 페이스트리 팀장을 역임했다.
2015년 서울에서 두 사람의 이름 이니셜을 딴 '메종 엠오'를 열었다.

"똑같은 작업을 반복하는 것이야말로
파티시에다운 모습을 만들어주는
요소입니다. 동일한 작업을 하면서도
생각하는 것, 본인이 어떻게 느끼는지를
늘 염두에 두는 것. 이런 것들이 중요합니다."

이용재(이하 용)　　안녕하세요. 음식 평론가 이용재입니다. 평소 특별한 관심을 갖고 작업을 지켜보았지만 주방, 일터 외의 개인적인 자리에서 뵙기 어려운 분들을 모시고, 열 번에 걸친 「미식 대담」을 진행합니다. 첫 번째 손님은 이런 기회가 생긴다면 가장 먼저 모시고 싶다고 오래 생각해온 두 분입니다. 디저트 전문점 '메종 엠오(Maison M'O)'의 오쓰카 데쓰야, 이민선 셰프입니다. 와주셔서 감사합니다.

이민선(이하 민)　　안녕하세요. 방배동에 위치한 파티스리(pâtisserie) 메종 엠오의 파티시에(pâtissier) 이민선입니다.

용　　그리고 이민선 셰프께서 오쓰카 데쓰야 셰프님의 통역을 맡아주시겠습니다.

오쓰카 데쓰야(이하 오, 이민선 셰프 통역)　　메종 엠오의 오쓰카 데쓰야입니다. 도쿄에서 왔습니다. 잘 부탁드립니다.

용　　두 분은 '셰프'와 '파티시에'라는 호칭 가운데 어느 쪽을 더 선호하세요? 메종 엠오가 파티스리의 경계를 벗어나는 방향을 추구하고 있다는 생각에 종합적인 의미에서 두 분을 셰프라고 불렀습니다.

오　　어느 쪽이든 다 좋습니다.

민　　오쓰카 셰프는 물론 오래전부터 셰프였지만, 제 자신은 아직 셰프가 될 만한 위치는 아니라고 생각해요. 많은 분들이 셰프라고 불러주시지만 그럴 때마다 약간의 죄책감이랄지 선배 셰프들에 대한 미안함이 들고, 망설여집니다.

**낯선 서울의
사업적 기회**

용   이번 시간에는 두 분이 서울에 메종 엠오를 오픈한 이후의 이야기를 주로 나눠보겠습니다. 메종 엠오가 2015년에 문을 열었지요? 운영하면서 느낌 소감이나 소회를 간단하게 듣고 싶습니다.

오   생각보다는 많은 손님들이 와주셔서 일단 감사합니다. 저희끼리는 오픈 준비하면서 손님이 별로 안 올 것 같다고 했거든요.(웃음)

민   2015년 3월 9일에 오픈했고요. 저도 마찬가지로 생각보다 많은 분들이 찾아주셔서 좋습니다.

용   왜 그렇게 생각하셨죠?

오   가장 큰 이유는 제가 한국 사정을 잘 모른다는 것이었습니다. 시장조사를 오랫동안 했지만, 오픈할 당시에는 메종 엠오가 과연 많은 사람들에게 사랑받는 곳이 될지, 아니면 일부 팬층을 형성하는 정도에서 그칠지 확신이 없었습니다. 너무 긍정적으로 생각하면 안 좋을 결과가 나왔을 때 타격이 더 클까 봐 최악의 상황을 대비했던 것 같고요. 다행히 많은 분들이 와주시고, 또 좋아해주셔서 감사하게 생각합니다.

용   오쓰카 셰프님한테 질문하고 싶은데요, 자신의 매장을 낸다는 것은 경영 등 음식 외적인 영역에 원치 않더라도 관여해야 함을 의미합니다. 어떤 계기나 순간에 독립할 준비가 되었다고 느꼈는지, 독립적인 매장을 열어서 나의 맛으로 손님을 맞고 싶다는 생각이 들었는지 궁금합니다.

오　보통 파티시에로 일하다 보면 회사에 계속 남을지, 자기 가게로 독립할지 결정하지 않으면 안 되는 시기가 찾아옵니다. 일을 시작한 지 10년 정도 되었을 때, 저는 역시 회사에 남아서 일하는 것보다는 '내가 원하는 과자'를 만드는 편이 더 좋겠다는 생각이 들었습니다.

용　다음은 이민선 셰프님한테 질문드립니다. 두 분이 매장을 열기로 마음먹은 다음, 도쿄와 서울을 놓고 고민하셨나요? 어떤 요인을 중점적으로 검토하셨나요?

민　네, 많이 고민했습니다. 저는 처음부터 서울에 매장을 여는 것이 좋겠다고 생각해서 서울로 가자는 제안도 먼저 했어요. 둘 다 서울이 지닌 사업적 기회가 더 크다는 데에는 이견이 없었습니다. 도쿄는 이미 파티스리가 포화 상태예요. 특히 인력도 그렇고, 동네마다 파티스리가 한 군데 이상은 있을 정도이거든요. 대신 파티시에로서 저희의 작업을 서울에서 얼마만큼 이해받을 수 있을지가 고민이었습니다. 시장성 측면에서 승산이 있다는 점이 결정적인 계기가 되어, 언젠가 도쿄에 가게를 연다는 전제하에 서울을 선택했습니다.

맛의 동시대성이란 무엇인가

용　음식에서 가장 중요한 맛에 대한 이야기를 나눠보겠습니다. 메종 엠오는 '컨템퍼러리 프렌치'를 추구하고 있지요. 프렌치도 중요하지만 컨템퍼러리, 즉 이 동시대성을 셰

메종 엠오의 시그니처 디저트인 몽블랑 엠오(Mont Blanc M.O). 알파벳 M을 형상화한 머랭(meringue)이 알파벳 O처럼 둥글게 만든 마롱(marron) 페이스트를 감싸고 있다.

프님은 어떻게 규정하시는지 궁금합니다. 또한 맛의 어떤 요소를 통해서 동시대성을 구현하는지도 궁금하고요.

오 파티시에뿐 아니라 요리를 하는 사람은 크게 두 가지로 나눌 수 있을 텐데요. 전통적인 방식을 지키고 그대로 재현하는 사람, 그리고 전통적인 것에서 출발해 자기 맛을 내려는 사람. 저는 전통을 저만의 필터를 거쳐 다시 만들고 싶어 하는 쪽입니다. 그리고 제 자신이 지금 이 시대를 살아가고 있고, 이 시대의 미각을 갖고 있기 때문에 의도하지 않더라도 동시대의 미각으로 표현할 수밖에 없습니다. 결국 컨템퍼러리란 저한테만 해당되는 단어이거나, 특별한 테크닉 또는 기발한 일을 의미하는 것이 아니라고 생각해요.

용 이어서 컨템퍼러리와 프렌치 중 궁극적으로 어디에 방점을 두는지 질문하려고 했는데, 결국 컨템퍼러리 쪽이 더 중요하다는 말씀인가요?

오 그런 뜻은 아닙니다. 저는 프랑스 과자를 만드는 프렌치 파티시에이고, 따라서 프렌치 파티스리의 레시피에 바탕을 둡니다. 하지만 동시에 그것을 현 시대의 미각적 필터를 통해서 표현할 수밖에 없어요. 그렇기 때문에 그 결과물이 컨템퍼러리 과자가 되는 것이죠. 두 개념 간에 경중의 차이가 있는 것은 아닙니다. 예를 들어 잘 알려져 있는 슈크림, 정확히는 슈아라크렘(chou à la crème)이라는 프랑스 전통 과자가 있죠. 전통적인 레시피는 크렘 파티시에르(crème pâtissière, 커스터드 크림)에 리큐어(liqueur)를 더해 슈에 짜 먹는 방식인데요, 제가 먹었을 땐 너무 무겁다는 느낌입니다. 그래서 이 커스터드 크림을 예전 방식대로 재현하는 데 중점을 두기보다, 좀 더 가볍게 한다든지 산미를 더한다든지 제 나름대로 좀 더 먹기 좋고 편하게 바꿀 것 같습니다. 이런 게 바로 현대적인 맛, 곧 컨템퍼러리라고 생각해요.

용　말씀을 들으면서 제가 메종 엠오에서 먹었던 고히제리(コーヒーゼリー, 커피젤리)가 한층 더 재밌다는 생각이 들었습니다. 그걸 먹기 몇 개월 전에 오사카의 오래된 커피숍에서도 고히제리를 먹었거든요. 그 두 가지를 비교해보면, 말씀하신 동시대성의 반영이 어떤 것인지 좀 더 구체적으로 다가옵니다. 오사카의 고히제리는 꽤 뻣뻣하고 단맛도 없는 젤리에 잘 배이지 않는 커피 크림을 끼얹어 먹는, 완결성에 의구심을 품을 만한 오래된 음식이었습니다. 반면 메종 엠오의 고히제리는 그런 질감의 단점과 맛의 단조로움 등이 보완돼 하나의 완전한 음식으로 승화되었다는 인상이었어요. 또한 셰프님은 컨템퍼러리 프렌치를 추구하는 한편 일본 음식의 요소들도 현대화하시잖아요. 일본 문화에서는 어떤 영향을 받았는지도 궁금합니다.

오　우선 고히제리 같은 경우는 제가 어렸을 때 먹었던 추억의 맛을, 프랑스 과자의 기법을 사용해서 만든 거였어요. 그래서 완전히 프랑스 과자라고 생각합니다. 그리고 제가 받은 일본의 영향을 생각해보면, 일본 양과자는 대개 프랑스 과자보다 단맛이 덜해요. 맛 자체가 너무 강하지 않을뿐

더러 식감도 전체적으로 가볍게 마무리하는 편입니다. 예전부터 익숙한 식감과 맛의 형태가 지금 프랑스 과자를 만들면서도 나오는 것 같습니다.

**메종 엠오의
표정을
세공하는
시스템**

용   주방에서 맛을 완성하는 과정은 한 사람의 노력이 아닌 분업 체계로 이루어진다고 알고 있습니다. 현재 메종 엠오의 과자들을 오쓰카 셰프와 이민선 셰프가 함께 만들고 계시잖아요. 제품 개발이나 맛의 설계 과정에서 각각의 역할 분담이 어떻게 이루어지나요?

민   전혀 그렇지 않아요. 전부 오쓰카 셰프가 결정합니다. 셰프가 '어떤 아이디어의 제품을 할 것이니 이러이러한 작업을 하라'고 지시를 주면 저는 그에 따라 충실히 만드는 거죠.(웃음)

오   그런 방식이 보통이라고 생각해요. 어떤 이의 의견도 듣지 않습니다.(웃음) 다른 사람의 의견을 듣기 시작하면 끝이 없고 흔들리게 되니까요.

민   예전에 이런 얘기를 한 적이 있어요. 셰프마다 조금씩 다르기는 하겠지만, 오쓰카 셰프가 함께 일했던 조엘 로뷔숑(Joël Robuchon) 셰프나 피에르 에르메(Pierre Hermé) 셰프 그 누구도 다른 사람의 의견 때문에 뭔가를 만드는 일은 없었다고요.

용   하나의 아이디어가 나오면, 주방의 위계에 따라 각자 다른 부분을 담당하여 그것을 실현해내죠. 그 과정의 분업 체계가 궁금했습니다.

민   작업 방식은 이야기하신 대로 오쓰카 셰프가 설계하면 다른 셰프가 시공하는 방식입니다. 새로운 메뉴를 알려주면 저는 그대로 테스트해보고, 테스트 결과물에서 조정해야 할 부분을 듣고, 다시 시행하는 것이죠. 각 단계마다 필요한 결정은 모두 오쓰카 셰프가 합니다.

용   그 과정에서 충돌은 없으신가요?

오   제가 어차피 수용하지 않기 때문에 충돌이 있을 수가 없습니다.(웃음) 만약 여러 의견을 들어서 음식을 만든다면 정체불명의 가게가 되고 말 거예요.

**과거와
현재가 만나
이루어지는
미세 조정**

용   오쓰카 셰프님은 신제품의 영감을 주로 어디서 얻으시는지 궁금합니다.

오   과거의 기억이나 재료, 쌓아온 경험을 바탕으로 지금까지 생각해온 것들이 나오는 것 같아요. 고히제리처럼 예전 추억에서 만든 제품들도 있고요.

용   피에르 에르메에 대한 얘기를 하지 않을 수가 없는데요. 피에르 에르메 도쿄 매장에서 총괄 셰프로 일하셨을 때 받은 영향에 대해 들어보고 싶습니다. 많은 셰프가 리더이면서 경영자이기도 하죠. 음식 내적인 영역뿐 아니라, 음식 외적으로도 어떤 영향을 받으셨는지 궁금합니다.

오　우선 파티시에로서 피에르 에르메 셰프에게서 어떤 소재를 두려워하지 않고 대담하게 사용하는 방법을 배웠어요. 물론 가장 기본적인 기술과 실력을 갖춘 다음에 가능한 일입니다.

　　당시에 점포가 도쿄에만 백화점 포함해서 열 개 이상일 정도로 많았거든요. 경영 측면에서는 대량생산을 하면서도 품질을 유지, 관리하는 법을 공부했습니다. 많이 만들수록 품질이 떨어지는 문제가 발생할 위험이 커지는데, 품질을 관리할 수 있는 경계선을 아슬아슬하게 유지하면서 가능한 가장 많은 양을 생산하는 거죠.

용　피에르 에르메와 메종 엠오가 나오면, 또 밀푀유(millefeuille) 얘기를 하지 않을 수 없습니다. 2016년 가을에 제가 피에르 에르메 도쿄 매장에 갔다가 이보다 더 압축할 수 없을 정도로 압축된 맛의 밀푀유를 경험했습니다. 전통적으로 밀푀유는 세 겹의 페이스트리(pastry)로 만들지만, 오쓰카 셰프님은 좀 더 가벼운 맛을 추구하기 위해 두 켜의 밀푀유를 만들었다고 들은 기억이 나는데요. 이처럼 독립적으로 매장을 운영하면서 피에르 에르메를 비판적으로 수용한 예가 있나요?

오　메종 엠오의 밀푀유는 피에르 에르메를 비판적으로 수용한 결과라기보다는, 기본적으로 지금까지 일했던 곳의 프렌치 레시피를 전부 미세 조정한 결과에 가깝습니다. 앞서 이야기한 것처럼 동시대적 미각이나 일본인으로서 받은

메종 엠오는 세 겹의 페이스트리를 쌓아 만드는 전통적인 방식의 밀푀유를 두 겹으로 변형해 좀 더 가벼운 맛을 추구한다.

영향을 토대로 만들어진 제 필터에 통과시키는 것이죠. 말씀하신 압축적인 스타일의 밀푀유는 제가 끝까지 맛있게 먹을 수 있는 맛은 아니거든요. 그래서 프랑스인들이 즐기는 맛의 농도를 제가 좋아하는 스타일대로 가볍게 바꾸고 있습니다.

다섯 가지 요소의 이상적인 균형

용 몽블랑 엠오나 브리오슈(brioche)나 바바(baba) 등이 메종 엠오의 소위 시그니처 디저트로 불립니다. 그렇지만 저는 지금은 나오지 않는 '샌드위치 시트롱(Sandwich Citron)'이 아직도 생각나거든요. 샌드위치라고 이름 붙였지만 사실은 케이크죠. 그 점도 재미있었지만 무엇보다 메종 엠오 과자에서 두드러지는 신맛이 인상적이었습니다. 안에 들어가 있던 시트러스 콩피(confit), 즉 시트러스 껍질의 쌉쌀함이 잘 표현된 디저트였습니다. 그와 더불어 짠맛이 두드러지죠. 디저트에서 짠맛을 다루는 게 낯설 수 있지만 단맛, 신맛, 짠맛 세 요소가 모여서 메종 엠오 디저트의 상징적인 표정을 만들어낸다고 생각합니다. 이러한 맛에 이르게 된 사고 과정이 항상 궁금했습니다.

오   이 역시 피에르 에르메에서 일했던 영향이 큽니다. 피에르 에르메가 주로 소금을 쓰고, 산미를 내고, 복잡한 구성의 맛을 추구했기 때문에 그러한 미각에 익숙해요. 개인적으로도 평탄한 맛보다는 여러 층을 이루는 복잡한 맛을 좋아해서 짠맛이나 신맛을 사용합니다. 과자 하나에도 깊이가 있었으면 해요.

용   메종 엠오의 디저트를 먹으면, 작은 과자에서도 방금 말씀하신 집약적인 여러 가지 맛이 서로 맞물리면서 순차적으로 나타난단 말이죠. 맛의 켜를 구현한 훌륭한 예라고 생각하는데, 한국 음식이나 디저트에서 그런 켜를 느끼기가 참 어렵습니다. 일본의 디저트 역시 한국보다 대체로 재료도 뛰어나고 형태도 예쁘고 완성도가 높지만, 맛의 켜는 못 느낄 때가 많았어요. 그런 점에서 오쓰카 셰프가 내는 맛이 다른 계열에 서 있다고 생각했습니다.

오   그건 일본 요리와 프랑스 요리의 차이라고 볼 수도 있습니다. 예를 들어 프랑스 요리는 여러 맛의 층을 점점 더

27

해가는 스타일이라고 한다면, 일본 요리는 여러 맛의 층을 점점 빼가면서 단순하게 소재를 내세우는 스타일이라고 할 수 있는데요. 일본 파티스리의 양과자 역시도 이런 일본 요리의 특성을 띠고 있습니다. 그 결과로 쇼트케이크(shortcake) 같은 과자도 나왔고요. 다양한 맛이 레이어링되는 프랑스 스타일이 제 취향이고, 거기에 일본 요리의 영향이 더해져 지금의 제 스타일이 만들어진 것 같습니다.

민　예전에 맛의 레이어링에 관련해서 오쓰카 셰프가 이런 얘기를 한 적이 있어요. 음식을 만들 때 항상 단맛, 신맛, 짠맛, 향, 식감 이 다섯 가지 요소의 '균형'을 중요시하고, 특히 향은 세 가지가 한계라고 생각한다고요. 그 이상이 되면 복잡한 수준을 넘어 아예 향을 알 수 없게 돼버리는 경우가 생깁니다. 그래서 맛을 구축할 때는 본인이 생각하는 가장 이상적인 균형을 늘 의식한다고 했습니다.

**대중과의
접점 찾기**

용　메종 엠오의 특징적인 맛으로 전면에 나서는 짠맛, 두드러지는 신맛 등을 이야기 나눴는데요. 이민선 셰프님은 프론트에 많이 계시다 보니 구매자들의 피드백을 좀 더 자주 들으실 듯합니다. 메종 엠오가 문을 열고 어떤 피드백을 가장 많이 들으셨나요?

민　그래도 맛있다고 얘기해주시는 손님들이 많아요. 동네 단골이 늘어가는 것도 느낍니다. 그런데 처음이나 지금이나 빵이 너무 달다, 너무 짜다, 아니면 너무 시다, 그리고 빵이 탄 게 아니냐고 하는 이야기를 들을 때가 있습니다. 특히 인기 메뉴 중 하나인 피낭시에(financier)는 금속 틀을 써 고온에서 강하게 굽다 보니 색깔이 진한데, 그걸 보고 탄 것 같다고 하시는 분들도 있고요. 저희가 파이도 그렇고 전체적으로 색이 진한 걸 좋아하거든요.

용　그래야 캐러멜화(caramelization)*가 일어나고 맛에 복잡한 뉘앙스가 들어가죠.

민　아직은 동네에 있는 파티스리 자체가 익숙하지 않잖아요. 그런 반응들이 이해가 가고, 그래서 그럴 때는 그냥 "원래 이런 색깔입니다. 이건 이렇게 드시는 겁니다." 하고 말씀드려요.

> ✱ 캐러멜화는 당류가 일으키는 산화 반응을 일컫는다. 재료를 가열하면 표면의 탄수화물이나 아미노산(amino acid)이 열에 반응하면서 진한 갈색으로 변하고, 그 색깔만큼 재료에 풍부한 맛과 향이 깃든다.

용　그럼 어떤 반응이 돌아오나요?

민　대부분 안 사고 그냥 가시죠.(웃음) 아마도 손님들이 흔히 접하는 제과점의 맛과 다르다 보니까 거부감을 느끼는 경우가 생기는 것 같습니다.

용　오쓰카 셰프한테도 그런 피드백을 전달하세요?

민　얘기해도 원체 신경을 안 씁니다.(웃음) 그냥 "소오?(그래?)"이러고 말아요. 실패했다고 생각하는 제품을 내놓는 일은 있을 수 없고, 저희는 맛에 대한 나름의 자신을 갖고 판매하는 것이기 때문에 "괜찮아."라고 하는 거죠. 그 맛을 제대로 느낄 수 있는 서비스의 형태나, 좀 더 많은 분들한테 전달할 방법에 대해서는 계속 고민하고 있습니다.

용 부정적인 반응이 서울에 매장을 준비하면서 우려했던 것보다 큰가요?

민 우려했던 것보다 적습니다. 거부감이 더 클 거라고 예상했거든요. 왜냐하면 2014~2015년에 오픈을 준비하면서 당시에 사람들이 많이 찾는 가게들을 한 번씩 찾아갔었는데, 한창 인기였던 마카롱에 주력하는 곳이 많았고 메종 엠오 같은 파티스리가 별로 없었습니다. 그래서 더욱더 '우리가 하려는 걸 안 좋아할 수도 있겠다. 큰 기대를 하지 말아야겠다.'라고 생각했어요.

용 마카롱을 만들어야겠다는 생각은 안 하셨어요?

오 제가 마카롱을 별로 좋아하지 않기도 하고, 이미 평생 만들 분량을 다 만들었기 때문에 아마 두 번 다시 만들 일은 없을 것 같습니다.(웃음) 피에르 에르메보다 맛있는 마카롱은 못 만들 것이기도 하고요. 시중에 맛있는 마카롱이 있는데 굳이 제가 만들 필요는 없지 않을까요.

특징적인 맛을 친숙하게 제시하기

용 시장조사를 하면서 한국인의 입맛을 충분히 이해하셨을 텐데, 그에 맞춰 조정해야겠다는 생각은 안 하셨어요?

오 그런 생각은 전혀 하지 않았어요. 그렇게 조정한 맛이라면 제가 만들지 않아도 되죠. 그렇게 맞추기 때문에 맛이 점점 평탄해지고 비슷해지는 게 아닌가 싶습니다.

용   실패가 두렵지는 않으셨나요?

오   매일 걱정합니다. 매일, 매일, 매일. 내일은 손님이 와 주실까……. 그래서 맛에 대한 방향은 바꾸지 않는 대신, 판매 방식을 한국에 맞추려고 했습니다. 판매가 되고 안 되고 는 상당 부분 그 방식에 달려 있다고 봅니다. 맛 외적인 부분, 가령 음식을 제안하는 방식, 판매하는 방식에 변화를 줄 수 있겠다고 판단했어요.

용   예를 들어서 시식을 권한다거나?

민   네. 그뿐 아니라 어떤 아이템을 어떻게 구성할까 하는 문제도 판매 방식에 대한 고민에 포함됩니다. 저희가 시장 조사를 하고 관찰하면서 한국 사람들은 빵을 좋아한다고 느꼈습니다. 그것을 의식하고 있진 않은 것 같지만요. 그래 서 이런 생각을 했어요. '마들렌(madeleine)이나 피낭시에 같 은 종류가 케이크보다는 더 익숙한 맛이 아닐까. 그런데 제 과점에선 보통 마들렌을 봉지에 넣어놓으니까 마들렌을 잘 알거나 그걸 사러 온 손님이 아니면 손이 잘 안 가는 게 아 닐까. 그렇다면 우리는 시식도 권하고, 구매하기 더 편하게 봉지 포장을 하지 말고 진열해서 판매하자. 갓 구운 느낌도 더 살리고, 익숙한 과자를 조금 차이가 나게 제시해보자.' 이런 방식이 한국뿐 아니라 일본에서도 새로운 형태였을 겁 니다. 피에르 에르메 셰프가 다른 업무차 서울에 왔다가 매 장에 들러 둘러본 후에 저희가 마들렌을 파는 방식이 새롭 다고 얘기하셨던 게 기억이 납니다.

오   예를 들면 지금 인기 있는 브랜드 중에 일본의 베이크 치즈 타르트(Bake Cheese Tart)가 있는데요. 마찬가지로 더 쉽게 어필할 수 있는 방식을 활용해서 더 큰 인기를 얻은 것 같습니다. 제품 자체는 베이크라는 회사에서 아주 오래전부터 나왔던 것이지만 전에는 매출이 거의 나오지 않았다고 해요. 그런데 사장님이 금방 구운 걸 우연히 먹어보고 '이걸 굽는 대로 팔아보자.'라고 제안을 했어요. 따로 콘셉트를 잡아 판매했더니 폭발적인 인기를 얻어서 브랜드화까지 가능해진 거죠. 지금은 만들기 자체보다 일종의 프레젠테이션, 소비자한테 제안하고 판매하는 일이 더 어렵지 않나 싶습니다.

**파티시에를
파티시에답게
만들어주는 것**

용   질문의 방향을 조금 바꿔보겠습니다. 음식 중에서도 페이스트리는 공예적인 측면이 강하잖아요. 그래서 반복과 숙달이 굉장히 중요하다고 합니다. 사실 모든 요리 세계가 그렇지만 반복이 사람을 지치게 만들죠. 혹시 직업인으로서 매너리즘이 찾아올 때에는 어떻게 극복하시는지요? 음식 내적인 방법일 수도, 외적인 방법일 수도 있겠습니다.

오   매너리즘에 빠진 적은 없습니다. 다른 분들이 보면 매일매일 똑같은 작업이라고 느낄 수도 있지만 매일매일 다르거든요. 매일 똑같은 것 속에서도 차이가 있고, 그런 작은 차이를 알아채지 못하는 분은 그만두시는 게 좋다고 생각

합니다.(웃음)

용   비슷한 이야기를 알리니아(Alinea)의 셰프 그랜트 애
커츠(Grant Achatz)의 자서전에서 읽은 적이 있습니다. 반복이
라는 것이 얼마나 자신을 완벽하게 해주는가에 대한 내용
이었습니다. 요리에는 미세 조정이 있기 때문이죠.

오   똑같은 작업을 반복하는 것이야말로 파티시에다운
모습을 만들어주는 요소라고 생각해요. 예를 들어 학생이
만든 마카롱과 몇십 년간 경력을 쌓은 파티시에가 만든 마
카롱의 차이를 저는 분명히 알 수 있습니다. 같은 레시피로
만들었어도 다른 물건인 거죠. 감각적인 문제일 수 있는데,
먹는 행위 자체가 어차피 감각적인 것이니까요.

용   이민선 셰프님은 매너리즘에 대해서 어떻게 생각하
시는지요. 차마 느낄 수도 없는 상황인가요?(웃음)

민   네, 저는 차마 그런 것을 왈가왈부할 수 있는 입장이
아니어서……(웃음) 그래도 오쓰카 셰프의 얘기를 알 것 같
습니다. 제가 매일 아침, 같은 작업을 하지만 어떻게 하면 조
금 더 내가 하고 싶은 대로 할 수 있을까 고민하거든요. 오
늘은 조금 더 이런 식으로 해보고 싶은데 마음대로 안 되
고……. 아마 그건 공예나 음악 하는 분들도 비슷할 거예요.
오쓰카 셰프가 평소에 같은 악보를 연주하더라도 프로의
연주와 아마추어의 연주는, 특히 프로가 듣는다면 분명한
차이가 난다는 이야기를 자주 합니다. 같은 레시피라도 누
가 만드느냐에 따라 큰 차이가 날 수 있고, 그런 차이는 반

마들렌과 사블레 브르통(sablé breton). 일반 제과점의 과자 포장 방식에서 벗어나 더 먹음직스러워 보이고 구매하기 편하도록 봉지 포장을 하지 않고 진열해서 판매한다.

복하는 과정을 거치면서 생겨난다고 생각합니다.

용 저는 다른 일을 하고 있습니다만, 직업마다 반복되는 업무가 있지요. 결국 반복을 어떻게 소화하느냐, 싫어도 감내하느냐는 문제가 프로와 아마추어를 구분 짓는 기준점 중 하나라고 생각합니다.

**내부자이자
외부자로서
경험한 한식**

용 다음으로 한국에서 경험한 맛에 대해 여쭤보겠습니다. 앞서도 이야기 나눴지만 메종 엠오를 준비하는 과정에서 한국 음식의 특성을 충분히 살펴보고, 현재 한국에 사는 생활인으로서 식사를 하면서 느낀 점도 있을 텐데요. 한국 음식에서 느낄 수 있는 맛의 패턴, 인상에 대한 이야기를 듣고 싶습니다.

오 원래 매운 음식을 잘 못 먹어서 우선 매운맛이 힘들어요. 그래서 설렁탕, 콩국수처럼 안 매운 음식을 찾으면 간이 안 되어 있어서 좀 혼란스럽습니다. 강한 매운맛과 단맛이거나, 아예 간이 안 되어 있거나. 한국에서 먹는 음식들은 약간 극단적이거나 맛이 따로따로 나뉜 듯한 이미지입니다. 그게 좋거나 나쁘다는 것이 아니라 외국인의 입장에서 먹어봤을 때 그런 인상을 받았어요. 그리고 매운 음식은 자극적인 매운맛이 먼저 오니까 아무래도 그 뒤에 오는 감칠맛이나 다른 맛을 느끼기 어려운 것 같습니다.

용 이민선 셰프님 생각은 어떠세요? 저는 외국 생활을 하고 돌아와서 내부자이자 외부자의 시각으로 다시 한국 음식을 보게 되고, 전작인 『한식의 품격』도 쓰게 되었거든요.

민　저도 비슷하게 느껴요. 솔직히 말해서 10년 전쯤 제가 한국을 떠났을 때하고 다시 돌아왔을 때를 비교해보면, 백반집이나 한정식집 같은 곳은 어떤 면에서 더 나빠진 것 같기도 합니다. 음식 가격은 별로 오르지 않았는데 양이나 규모는 맞추려다 보니까 반찬의 질이 좋을 수가 없겠죠. 맛깔스러워 보이게 나오기보다 급히 구색을 맞춘 듯한 느낌을 받을 때마다 안타깝습니다. 분명 더 매력적인 요소, 더 많은 사람들에게 사랑받을 수 있는 여지가 있는데 아직 충분히 개발이 안 된 것 같아요.

　만드는 편에서나 먹는 편에서나 바꿔가야 한다고 생각합니다. 일식은 해외에서 붐이 일면서 일식집이 많아진 것은 물론이고, 서양인이 라멘 가게를 하고 사케 소믈리에(sommelier)를 하기도 해요. 일본 정부뿐 아니라 일반 기업도 개발에 투자하고 노력한다는 뉴스를 곧잘 봅니다. 제가 잘 모르는 것일 수도 있지만 한국에서, 적어도 지금 제 식생활 영역에서는 아직 그런 시도나 변화를 체감하기 어렵습니다. 좀 다른 반찬을 먹고 싶어요.

사람에 달린 미래

용　2017년 4월 조금 다른 콘셉트의 매장인 '아 꼬떼 뒤 파르크(à côté du Parc)'를 오픈하셨잖아요. 비에누아즈리

✱ 빈에서 비롯되어 19세기 중후반에 파리에서 인기를 끌고 자리 잡은 페이스트리. 크루아상, 브리오슈 등 버터를 많이 쓴 빵을 일컫는다.

(viennoiserie)✱ 중심의 제과점이라고 보면 될까요? 레스토랑을 오픈하고 싶어도 사람을 구하기가 힘들다는 이야기를 자주 듣습니다. 주방에는 경력에 따라 여러 인력층이 필요하지만 어떤 층은 아예 전무하다고도 하고요. 그렇기에 인력 확보가 매장을 열 때 가장 어려운 점이 아닐까 추측해보는데요, 새로운 매장을 열게 된 과정을 들려주시겠어요?

오　　제안이 왔을 때 처음에는 거절했어요. 그런데 마침 일본에서 같이 일했던 후배가 파리에서 활동을 접고 다음 단계를 고민하기에 의향을 물어봤어요. 다행히 얘기가 잘 되어 한국에 오게 됐고, 특히 말이 통하는 친구라서 같이 하게 됐습니다. 앞으로도 사람이 있고 없는 문제에 따라서 사업 전개나 매장 운영 방향이 달라질 것 같습니다.

용　　메종 엠오라는 가게의 디저트가 굉장히 다르다는 점이 알려지면서 팬도 생기고, 일해보고 싶어 하는 사람은 많을 겁니다. 이력서를 보냈다는 얘기도 들은 적이 있고요. 그렇지만 두 번째 매장도 아는 분이 있어서 가능했다고 말씀하셨던 것처럼 그걸 수용하기가 어려울 수 있겠다고 생각합니다. 메종 엠오뿐 아니라 이런 경우를 종종 보는데요, 인력의 양성이나 관리 등에 모두 비용이 들기 때문이겠죠. 과연 인력 양성이나 교육에 사업과 경제성까지 고려해 어느 수준까지 투자해야 할지 결정 내리기는 참 어려울 것 같습니다. 사업자로서 메종 엠오라는 프렌치 디저트 전문점을 운영해

나가는 일은 어떠한가요?

민 　모든 의사 결정 과정에서 경영이라는 측면을 생각하지 않을 수가 없죠. 사실 과자를 만드는 일은 현재로선 들어가는 수고에 비해서 이익은 별로 남지 않습니다. 그렇다 보니 다른 이들이 내가 만든 과자를 맛있게 먹으면서 좋은 시간을 보낼 수 있게 한다는 사명감이나 자기만족도 필요하고요. 이윤은 가게 운영의 전체적인 균형에서 해결하고 있어요. 저희가 차(茶)를 함께 파는 것도 그 때문입니다. 매장 공간이 협소하고, 차가 주메뉴가 아니기 때문에 찻값에 필요 이상의 이윤을 붙이지는 않습니다. 파티스리 경영 면에서는 피에르 에르메나 생과자를 주로 만드는 다른 파티스리도 마찬가지일 거예요.

용 　음식 전체의 문제라고 생각합니다. 맛은 비가시적이기 때문이죠. 특히 파인다이닝(fine dining)으로 갈수록 잘 드러나지 않는 고난도의 노동 집약적인 과정을 많이 거치잖아요. 이를테면 페이스트리 크림을 만들기 위해 생크림을 데우고, 바닐라 등의 향신료를 우려 넣고, 또한 계란 노른자가 멍울지지 않도록 데운 크림과 온도를 맞추는 등의 과정은 꽤 지난합니다. 하지만 결과물에는 시각적으로 드러나지 않는 탓에 소비자의 경험이 쌓이기 전까지는 그 변화나 차이를 이해하기가 어렵습니다.

**셰프의
책임과 덕목**

용   인력에 대해 질문한 이유를 좀 더 말씀드리면, 오쓰
카 셰프님도 피에르 에르메에서 오래 일하다가 독립하셨
지요. 피에르 가녜르(Pierre Gagnaire)나 토머스 켈러(Thomas
Keller)처럼 오래 일하면서 미슐랭 별도 받고 한 셰프들의 인
터뷰를 보아도 긍정적인 의미에서 '자기 사람을 키우는 일'
에 대한 생각을 항상 갖고 있습니다. 주방에서 단계를 밟아
올라가고, 헤드셰프가 됐다가 브랜드 안에서 자기 레스토
랑으로 독립하는 등의 과정을 거치잖아요. 두 분께서는 그
런 계획을 하고 계신지요?

오   저도 그렇게 성장해왔고, 말씀하신 내용이 셰프의 책
임이자 해야 할 일이라고 생각합니다. 하지만 아직은 적당
한 때가 아니라고 봅니다. 먼저 한국에서는 언어의 장벽 때
문에 제가 제대로 전달하고 가르치기가 어렵습니다. 그렇다
고 적당히 가르치는 건 용납이 안 되고요. 물론 가르치는 사
람뿐 아니라 수용하는 사람의 자세도 중요합니다. 제대로
받아들여주지 않으면 가르쳐주기도 힘드니까요.

　　제 성격이나 스타일이 말로 많이 설명하고 배우기보
다는 자연스럽게 옆에서 같이 일하면서 보고, 깨우치고, 스
스로 성장해온 편이에요. 그렇기 때문에 그런 방식이 기본
이라고 생각합니다. 다만 현대에는 맞지 않는 방법일 수 있
겠죠. 무엇보다 현재로선 제 일만으로도 벅차고, 가게가 아
직 자리를 잡아가는 단계이다 보니 사람을 키우는 일에 신
경을 많이 쓰기가 어렵습니다.

용   본인의 매장을 갖고 있는 분들, 오래 일해서 독립한 분들, 아니면 나이 많은 셰프분들을 만나 인터뷰를 할 때 꼭 물어보는 질문입니다. 페이스트리 셰프에게 가장 필요한 덕목이 무엇이라고 생각하시는지요? 젊은 사람들이 이 일을 하고 싶어 한다면, 이렇게 오래 10년, 15년 일해서 독립적인 나의 브랜드와 매장을 갖게 되는 단계까지 오려면 어떤 덕목이 중요할까요? 답변이 참 궁금합니다.

오   꾸준함. 꾸준히 하는 게 기본입니다. 동일한 작업을 하면서도 생각하는 것, 본인이 어떻게 느끼는지를 늘 염두에 두는 것. 이런 것들이 중요하다고 생각합니다.

민   제 생각도 비슷합니다. 시키는 일을 정해진 대로만 하고 아무것도 느끼지 않으면 다음 단계가 없는 것 같아요. 내가 왜 이렇게 해야 하고, 이럴 때는 어떻게 해야 하는지 스스로 깨달을 때. 그때 셰프가 함께 일하면서 가르쳐줬던 것보다 더 많은 걸 배울 수 있었고, 그다음으로 나아갈 수 있었습니다. 보통 다음 단계로 올라간 선배들을 보면 주어진 일만 하는 게 아니라 어떻게 해야 각 작업 과정의 결과가 향상될지, 어떻게 좀 더 효율적으로 일할지, 어떻게 좀 더 좋은 제품을 만들 수 있을지를 매일매일 관찰하고 고민하는 분들이었어요.

용   그 안에서도 원리를 이해하고 응용하는 등의 자세가 필요하다는 말씀이시죠.

민   네, 만드는 일뿐 아니라 시스템적인 면에도, 요리 외적

팥빙수를 새롭게 해석해 여름 디저트로 선보였던 바슈랭(vacherin). 비스킷 위에 올라간 레몬과 팥, 바닐라 무슬린(vanilla mousseline) 크림을 머랭이 감싸고 있다.

인 영역에도 적용된다고 생각합니다. 매일 하는 작업 속에서도 차이를 발견하는 힘이 필요한 게 아닌가. 물론 저는 아직도 많이 부족합니다.

다양한 과자의
즐거움

용   마지막 질문입니다. 케이크가 금방 품절되는 상황은
긍정적일 수도 있지만, 먹는 사람 입장에서는 좀 슬픈 일이
기도 합니다. 갈 때마다 없어서 매번 울면서 돌아왔다는 얘
기를 자주 들었어요. 브랜드 확장에는 말씀하셨듯 품질 관
리의 어려움도 따르니 쉬운 일은 아닙니다. 이런 점을 포함
해서 미래를 어떻게 계획하고 계신지 궁금합니다.

오   아까 아 꼬떼 뒤 파르크 오픈을 얘기하면서 말씀드렸
던 것처럼 인력이 가장 중요합니다. 아 꼬떼 뒤 파르크 셰프
처럼 좋은 인력을 만난다면 앞으로 또 다른 형태의 가게를
준비할 수도 있죠. 그렇지만 현재 체계에서 품질을 유지하
는 동시에 제가 만들 수 있는 최대한의 양을 하고 있습니다.
그 이상을 만들면 품질 유지가 잘 안 되든지 체력에 무리가
오든지 할 거예요. 함께할 수 있는 사람이 있느냐에 따라서
앞으로의 상황도 달라지지 않을까 합니다.

용   혹시 좀 더 구체적인 계획은 없으신가요?

오   서울에 사업적 기회가 있다고 봤지만 처음부터 가게
를 엄청 크게 하고 싶은 생각은 없었어요. 큰 욕심 없이 단
지 좀 더 많은 분들이 먹고 찾아줬으면 좋겠다는 생각으로
시작했기 때문에 무리한 확장을 하고 싶지는 않습니다. 인
력이 있다면 다른 일을 구상할 수 있겠지만 현재 구체적으
로 염두에 둔 계획은 없습니다.

민   평소에 오쓰카 셰프가 본인이 조절 가능한 범위 안의
일만 하고 싶다고 얘기해왔어요. 다른 사람한테 맡기거나

저희가 세심히 보지 않는 상황은 절대 있을 수 없다고요.

오   그리고 잘 팔리는 제품만 많이 만들려면 할 수는 있습니다. 예전에 몽블랑이 한창 인기였을 때 몽블랑만 더 만들 수도 있었겠죠. 하지만 그렇게 되면 다양한 과자를 먹는 '다양한 즐거움'이 없어지잖아요. 그건 저희가 처음에 생각했던 의도에서도 벗어나는 것이고요. 현재 과자, 잼 등 전부 포함해서 40~50가지를 하고 있는데, 두 사람이 함께 만들 수 있는 최대치에 가깝습니다. 제품당 수량은 적을지 몰라도 여러 종류의 제품을 만드는 걸 고집하고 있습니다.

용   지금까지 귀한 분들 모시고 말씀 들어봤습니다. 두 분 나와주셔서 감사드립니다. 마지막으로 하고 싶은 이야기나 인사 부탁드립니다.

민   지금까지 얘기 들어주셔서 감사드리고, 앞으로도 메종 엠오 사랑해주세요. 열심히 하겠습니다.

오   앞으로도 많이 찾아주세요. 감사합니다.

2 재료, 이야기, 문화를 여행하는 요리

**두 번째
미식 대담**

주반 서울 종로구 사직로9가길 12
와인, 맥주, 하드리커, 전통주 등의 주류와 함께 다양한 향신료 요리,
새로운 스타일의 한국 음식을 만드는 요리주점.

김태윤
역사학을 전공했고, 2008년 도쿄 핫토리영양전문학교에서 수학했다.
2011년 통인동에서 지중해의 조리법에 한국 재철 재료를 접목한 요리를
내는 '7pm'을 열었고, 2015년에는 인근 사직동에 '주반'을 열었다.
남양주 '준혁이네 농장'과 함께 '그린 마일 밥상' 프로젝트를 분기마다
진행하고 있다. 2018년 6월에 7pm의 후속 격인 '이타카'를 오픈했다.

"이상을 꿈꾸는 것이 사람이 지닌
특권이자 의무라고 생각합니다.
혼자 조리대 앞에 서서 생각했던
것과 달리 현장에는 훨씬 더 많은
실질적인 변화의 씨앗이 퍼져 있다는걸
시장에 나가면서 깨닫게 됩니다."

이용재(이하 용)   고급 양식을 흔히 '파인다이닝'이라 일컫습니다. 파인이라는 단어는 높은 수준(high quality)을 의미하는데요, 과연 이 높은 수준이 한국에서 무엇으로 어떻게 구현되고 있는지 고민이 많습니다. 양식임에도 여전히 반찬 문화의 영향 아래 가니시(garnish)의 나열처럼 많은 요소 또는 많은 양을 내세우거나, 푸아그라처럼 비교적 고민의 여지가 적은 고급 재료에 기대는 음식을 흔히 봅니다. 그런 가운데 일종의 반(反)파인다이닝을 추구하지만, 음식으로 구현해내기까지 폭넓은 고민을 거쳐 역설적으로 '파인'한 맛의 세계를 보여주는 셰프와 두 번째 「미식 대담」을 진행합니다. '주반(酒飯)'과 '7pm'의 김태윤 셰프입니다.

김태윤(이하 김)   안녕하세요. 반갑습니다.

용   김태윤 셰프는 원래 두 개의 레스토랑을 운영했습니다. 주반은 서남아시아와 동남아시아 음식에 기반을 두고, 향신료가 두드러지는 음식과 전통주를 짝짓는 시도를 하고 있고요. 현재는 잠시 운영을 접은 7pm은 지중해를 중심으로 한다고 보면 무리가 없을까요? 주반과 7pm 음식의 근간을 소개해주시면 좋겠습니다.

김   7pm은 지중해 중심의 요리를 냈습니다. 그런데 지중해에 접한 나라들이 워낙 많죠. 좀 더 구체적으로는 지중해 북쪽과 동쪽, 즉 남유럽과 중동 지역 요리라고 할 수 있습니다. 그리고 주반을 7pm의 세컨드 브랜드 개념으로 시작해서 초반에는 주반의 큰 기둥 역시 지중해 음식에 뒀습니다.

100년 된 한옥을 개조한 주반의 마당 한편에는 넝쿨과 네온사인이 어우러진 담벼락이
자리해 있다.

하지만 점차적으로 아시아 음식의 색채를 띠게 되면서 지금은 지중해 음식의 자취가 거의 남지 않았습니다. 그 기둥도 없어질 예정이고요.

**맛의
세계 일주**

용 제가 김태윤 셰프와 「미식 대담」을 준비하면서 가장 먼저 생각했던 주제가 '여행'입니다. "나를 키운 건 팔할이 바람이었다"라는 시구(詩句)가 있듯, 김태윤이라는 셰프를 호명하면 그 안에 배어 있는 여행의 흔적까지 함께 소환한다는 기분이 들곤 합니다. 스스로는 어떻게 생각하십니까. 여행과 개인 혹은 직업인으로서 성장에 대해 이야기를 나누고 싶습니다.

김 그 시구는 조금 오글거리네요.(웃음)

용 저도 인용할까 말까 여러 번 고민했습니다.(웃음)

김 현재 저의 정체성을 설명하는 가장 중요한 키워드라면 여행이 맞습니다. 여행이 미친 영향을 헤아려보면 그렇게 표현할 수 있을 것 같아요. 사주에도 역마살이 있다고 나옵니다.(웃음) 주로 20대 때 여행을 많이 했고, 지금도 틈나는 대로 다닙니다. 왜 그럴까 스스로 생각해보면 주체적으로 살지 못했던 10대 시절에 대한 보상 심리가 작용했던 것 같아요. 첫 여행이 군대 제대 후 티베트로 떠난 배낭여행이었고, 그 이후에 중독된 것처럼 자꾸 떠나게 됐어요.

용 영적인 곳을 주로 가시나요?

김 그렇다기보다 흔히 가지 않는 곳에 가보고 싶었습니다. 그리고 제가 동양사를 전공했는데 중국에 제대로 가본 적이 없어서 티베트를 여행하는 김에 긴 여정을 계획했어요. 인천에서 배를 타고 텐진으로 들어갔고, 중국 내륙을 횡단해서 티베트까지 갔다가 네팔로 넘어간 후에 다시 남중국으로, 상해까지 갔습니다.

용 경로만 그려보아도 만만치 않은 일정이었겠는데요.

김 두 달 정도 걸렸어요. 이 첫 여행에 큰 영향을 받아서 학교 다니면서도 돈을 모아 방학 때마다 떠났습니다. 아무래도 경제적인 이유 때문에 여행지가 주로 아시아에 집중되었고 그중에서도 오지 위주로 다녔습니다. 마지막 장기 여행 중 7개월 정도를 인도 콜카타에서 보냈는데요, 책이나 방송, 어떤 매체에서도 배울 수 없었던 유무형의 값진 경험을 했습니다. 시간은 많고 동행도 없고 주로 혼자 다녔어요. 나는 어떤 사람인지, 무엇을 좋아하고 싫어하는지, 이런 비일상적인 상황에서 어떻게 행동하는 인간인지, 세상 사람들은 어떻게 살고 있는지, 밖에서 바라보는 내 세상이나 한국에서의 모습은 어떠한지……. 서울의 일상에서 생각하지 못했던 근원적인 질문을 스스로 묻고 답하는 과정을 겪었습니다. 그러면서 정체성이라는 걸 찾아갔고, 요리에도 그런 시간, 고민, 경험이 어느 정도 투영된다고 생각합니다. 실제로 요리하는 기간이 길어질수록 추상적인 생각과 경험을 더 구체적으로, 덜 어색하게 표현할 수 있는 것 같고요.

용   최근에도 여행을 다녀오셨죠. 어떠셨나요?

김   샌프란시스코를 경유해서 페루를 다녀왔습니다. 샌
프란시스코에서는 자유로움이 가장 크게 다가왔어요. 사
람들이 생활하는 모습이나 분위기가 자유롭고 그게 음식
에서도 느껴져서 좋은 경험이었습니다. 페루 역시 현재 세
계 미식 신(scene)에서 주목받는 곳이죠. 또 아시다시피 음
식을 조명하기 이전에 고대 문명의 흔적이 곳곳에 남아 있
는 곳이니 꼭 한 번 가보고 싶었어요.

용   문명의 발상지이자 감자의 고향 아닌가요.

김   맞습니다. 감자와 옥수수의 고향. 음식, 역사 유적지,
자연 등등 제가 좋아할 만한 요소를 다 갖춘 곳이었어요. 그
리고 페루는 해안 지역부터 고산지대, 아마존 지역까지 굉
장히 다양한 기후대를 가진 드문 나라거든요. 페루 음식이
발달한 요인 중의 하나도 이 다양한 기후라고 생각하는데,
그걸 직접 가서 보고 싶은 마음이 컸습니다.

**음식으로
문화를
이해해가는
여정**

용   샌프란시스코와 페루, 그리고 중국과 티베트 이야기
를 듣고 있으니 맛의 세계 일주를 떠나야 할 것 같다는 생각
이 듭니다. 어떤 지역에서 경험한 맛을 나의 음식 세계에 차
용하는 장면도 머릿속에 떠오르고요. 그런 사례를 구체적
으로 들려주시죠.

김   요리 공부하던 학생 시절에 제일 재밌게 봤던 TV 프

로그램 중 하나가 「릭 스타인의 요리 기행」입니다. 릭 스타인(Rick Stein)이라는 영국 요리사가 진행하는, 꽤 오래전부터 제작돼온 시리즈예요. 편안하고 나긋나긋한 인상의 나이 든 요리사가 세계를 돌아다니면서 각 지역 음식을 먹어보고 관찰하고 배우는 포맷인데, 그런 여행이 요리사로서 많이 부러웠습니다. 요즘 한국에도 '먹방'이 많아졌지만 그중에서도 「요리인류」처럼 요리의 문화적 의미, 요리를 둘러싼 다른 사회적인 요소들을 비중 있게 다루는 프로그램이 늘어나면 좋겠어요.

한 음식을 이해하는 데 있어 지역의 문화나 정서를 경험해보았는지의 여부는 그 요리에 대한 전혀 다른 해석을 낳을 만큼 중요한 요소라고 생각하거든요. 예를 들어 스페인에는 식전에 바르(bar)에 가서 타파스(tapas)라는 가벼운 음식을 즐기는 문화가 있습니다. 바르 문화, 타파스가 소비되는 장소의 정서를 이해하지 못하면 타파스를 제대로 만들기 어렵다고 생각해요. 이것이 틈나는 대로 열심히 이곳저곳 다니고 관심 있는 지역은 몇 번이고 계속 가는 이유입니다. 제가 기본적으로 실증적인 사람이라 직접 가서 보고 몸으로 느끼는 걸 선호하기도 합니다.

모든 음식이 특수한 문화, 종교, 지리, 사회적 여건에서 만들어지고 전승되어가는 것이기 때문에 하나의 음식으로 아주 많은 이야깃거리를 만들어낼 수 있잖아요. 저도 그 데이터를 축적하고 습득해나가는 단계입니다.

태국 해산물 요리에 두루 쓰이는 소스인 남찜딸레(nam chim thale)를 응용하여 제철 통영 석화 위에 뿌려 낸 '피피 아일랜드'.

용　　요약해보면, 특정한 맛의 요소보다는 전체적인 경험이나 문화처럼 좀 더 큰 그림을 본다는 말씀이시죠?

김　　네, 그렇기 때문에 경험이 음식에 반영되기까지 속도가 상대적으로 더딜 거라고 생각해요.

용　　내부에서 소화하는 시간을 거쳐야 하기 때문인가요?

김　　스스로 이해하고 받아들이는 데 시간이 오래 걸릴 수 있고, 그 내용을 요리라는 도구로 표현하는 일도 마음대로 되지는 않습니다. 또 한국에서 '팔리는' 음식으로 만들기 위해서 초안 상태의 요리를 어떻게 풀어낼지 고민하고 다듬어가는 과정이 필요해요. 저 혼자 맛있다고 팔 수 있는 게 아니기 때문에 대중적인 음식으로 내기까지는 시간이 걸립니다. 이런저런 시도를 계속하면서 실력이 조금씩 느는 거죠. 5년 전이랑 지금을 비교해보면 훨씬 더 하고 싶은 이야기를 편하게 다루게 된 것 같습니다.

용　　먹방 이야기가 나와서 여쭤보면, 방송 출연 제안을 받지는 않으셨나요? 아니면 출연을 일부러 안 하시는지요?

김　　한두 번 있었는데 고사했습니다.

용　　특별한 이유가 있으십니까?

김　　제 개인의 자유가 가장 중요하기 때문에……. 그렇지만 양면적인 문제예요. 제 얼굴이 알려지면 일상에서 불편을 겪게 되겠지만, 다른 한편으로 방송이라는 도구를 활용해서 더 많은 손님들이 저희 업장을 찾고 제 음식을 접하게 되면 제 업장이나 스태프들에게 물론 좋은 일입니다. 점점 더 말할 수 있는 기회와 소통할 수 있는 채널이 많아진다는 점도 매력적이고요.

용 개인의 브랜드화라 할 수 있겠죠.

김 주로 예능에 무게중심을 둔 프로그램에서 섭외가 들어왔어요. 그런데 제 예능감은 가까운 사람들한테만 보여주고 싶어요. 제가 보기보다는 좀 재미있습니다.(웃음)

용 충분히 이해할 수 있습니다. 최근 음식 관련 방송은 전문적인 직업인들을 초청해도 모든 게 예능으로 깔때기처럼 빨려 들어가서 음식은 하나의 소재로만 쓰일 때가 많습니다. 실제로 방송 출연 후에 손님이 많이 늘어나는지도 궁금하네요.

김 주변 이야기를 들어보면 대중적인 메뉴만 팔린다고 해요. 예를 들어 중식 요리사는 짜장면하고 탕수육만 계속 만드는 상황이 벌어지는 것이죠. 손님이 많아지는 건 좋은 일이지만 양날의 검인 것 같습니다.

용 무조건 많이 알려지는 것보다 어떻게 알려지느냐가 중요하겠죠.

김 너무 진지한 모습으로 비치고 싶지도 않아요. 저는 결국 음식으로 이야기해야 하는 사람이잖아요. 음식을 먹어보기 전에 어느 쪽으로든 저에 대한 편향된 이미지가 굳어버리면 좋지 않다고 생각합니다. 그래서 어떤 매체든지 그것이 끼칠 영향력을 현명하게 판단하려고 노력합니다.

**동일한
재료의 변용**

용 　제가 주반과 7pm의 음식을 골고루 먹어보았는데요. 현재 상태가 최종 기착지라고 생각하지는 않지만, 맛에 적극적으로 도입하려는 음식 세계나 여러 측면에서 지중해에 강하게 뿌리내렸다고 느꼈습니다. 요리의 원천으로서 지중해가 특별히 더 매력적인 이유는 무엇일까요?

김 　지중해라는 바다가 역사 전공자 입장에서 보면, 유럽을 포함한 범서양의 역사에서 아주 무궁무진한 이야기의 보물창고예요. 그리스 로마 신화,『일리아스』와『오디세이아』로 거슬러 올라갈 수 있죠. 지도를 펴놓고 보면 지중해에 접한 나라가 스무 개 정도 됩니다. 비슷한 위도의 지역들이라 요리에 사용하는 재료도 비슷해요. 제한된 재료를 각자의 민족적 전통, 종교, 지리적 환경에 따라 서로 다르게 해석하는 점, 다시 말해 동일한 재료의 '변용'이라는 측면이 요리하는 사람으로서 가장 흥미로웠습니다.

용 　구체적으로 어떤 재료인가요?

김 　토마토, 가지, 그리고 바질, 오레가노(oregano) 같은 허브류. 그 외에도 많은 공통 재료를 다채롭게 변용합니다. 동시에 공통적으로 복잡하지 않은 요리법을 사용한다는 것도 마음에 들었어요. 산물이 다른 지역에 비해서 풍부한 곳들이기 때문에 굳이 복잡하게 조리할 필요가 없거든요. 다양한 해산물이나 염장음식의 사용이 한식하고 맞닿아 있기도 하고요. 해석하기에 따라서는 다른 서양 음식에 비해 한국 사람들이 접근하기 수월하겠다고 생각했습니다.

앞서 말했듯 지금은 동남아시아와 서남아시아 음식 쪽으로 닻을 옮기고 있는 상황이에요. 지중해 요리를 안 하겠다는 의미는 아니지만 현재 주반에 집중하다 보니 자연스럽게 그쪽 음식에 더 매진하고 있습니다.

**맛과 문화의
화학적 변신**

용   본격적으로 맛에 대한 이야기를 나눠보겠습니다. 예를 들어 한국 식재료인 굴비를 브랑다드(brandade)라는 양식의 조리법으로 풀어낸 음식을 내고 계시죠. 브랑다드는 원래 소금에 절인 대구와 올리브오일, 그리고 감자나 유제품 등을 끓이고 갈아서 퓌레(purée)나 스프레드(spread)처럼 부드럽게 만든 요리입니다. 이런 시도를 양식의 조리법에 한식의 재료를 '접목'한다고 해야 할까요? 아니면 '대체'나 '치환'이라는 단어가 개념적으로 더 적확하다고 보시나요?

김   말씀하신 단어들 모두에 조금씩 부족한 점이 있는 것 같아요. 적확한 단어를 아직 찾지 못했습니다.

용   접목이라는 단어는 물리적인 느낌이 강하죠. 한국계 미국인 코리 리(Corey Lee) 셰프가 인터뷰에서 했던 말도 떠오릅니다. '음식은 화학적인 변화를 거쳐 만들어지지만 퓨전은 물리적 결합을 뜻한다'고 생각한다는 내용이었는데요. 셰프님이 말씀하신 바와 같은 맥락이라고 생각합니다.

김   재료의 접목 혹은 치환은 말하자면 정반합의 원리에 가깝다고 생각합니다. '이 재료를 저 재료로 대체해볼 수 있지 않을까?' 하는 아이디어로 가능한 작업이고, 일반인도 가정에서 어렵지 않게 해볼 수 있을 거예요. 저는 정반합의 예를 보여주는 동시에 이분법적인 사고를 탈피해, 그 과정에서 새로운 의미, 쉽게 말해 저만의 '스타일'을 만들어내는 요리를 하고 싶습니다.

　　이 부분을 어떻게 설명해야 할지 고민해봤습니다. '전유'와 '재전유' 사이 어디에선가 이루어지는 작업을 지향한다고 정리하면 좋을 것 같아요. 여기서 전유라는 건 지중해 요리 전체와 관련된 '개념'을 사용하는 것이고, 재전유는 한국 사람들이 보다 쉽게 공감할 수 있는 '어법'으로 만들어낸다는 의미입니다. 가령 굴비 브랑다드에서 제가 염장 대구 대신에 사용한 굴비는 단순한 건어물이 아니라 한국의 식탁에서, 그리고 한국인들에게 더 큰 의미를 지니는 재료잖아요.

　　어법이라는 단어를 사용했죠. 자기 생각을 일정한 법칙이 있는 언어로 유려하게 표현하기 위해서는 많은 시간과 노력이 필요하기 때문에 장기적인 시각에서 접근하려고 합니다. 특정 메뉴가 단순한 접목이나 치환에 그치게 되면 스스로도 만족하지 못하고, 안 하느니만 못한 시도로 평가받을 수 있으니까요. 제가 7~8년 정도 이런 작업을 이어가면서 생각보다 사람들의 입맛이 보수적이라는 걸 깨달았어요. 제 기준에서는 새로운 음식에 대한 도전 의식이나 호기심이 덜합니다. 그래서 허탈감을 느낄 때도 있고 반대로 성

한국의 로컬 재료인 영광 굴비를 남프랑스 지방의 요리인 브랑다드의 조리법으로 풀어낸
'영광–니스'.

취감이나 재미를 더 얻기도 합니다.

용　대중이 보수적이라는 데에 한편 동의합니다. 익숙하지 않은 맛에 대한 두려움이 호기심을 내리누르는 가장 큰 요인 같습니다. 그러나 다른 한편으로 까르보나라 떡볶이가 인기를 끌고, 치즈등갈비도 우리 의식을 한 번 스치고 지나갔지요. 이런 사례를 보면 선정주의에 기댄다는 혐의가 짙긴 하지만 두려움 못지않게 호기심도 자리하고 있거든요.

**균형과
대비의 원리**

용　다음으로 2011년부터 지금까지 계속해온 시도, 곧 메뉴를 기획하고 개발하는 구체적인 과정을 쭉 듣고 싶습니다. 음식은 디자인 프로세스처럼 여러 좌표가 만나는 지점입니다. 맛, 양과 비율, 또 플레이팅의 미적인 표현 등이 맞물리는 지점에서 한 접시의 음식이 탄생하죠. 다큐멘터리의 한 장면이 떠오르는데요, 피에르 가녜르 셰프가 주방에서 조금씩 조금씩 재료를 더하고 빼면서 반복적으로 보정하던 모습입니다. 셰프님은 어떤 과정을 거치시나요?

길　단순하게 말씀드리면 외국 요리를 가져오는 것이기 때문에 먼저 정통 레시피를 따르거나, 그 지역에서 직접 먹어본 경험에 토대해서 음식을 만들어봅니다. 그다음 이 음식에서 대중적인 입맛에 어필할 수 있는 요소, 아니면 대중이 싫어할 만한 요소는 무엇인지 분석을 합니다. 꺼릴 만한 요소에는 다른 어떤 요소를 끼워 넣을까, 어떻게 하면 대중적으로 좀 더 접근하기 쉬울까 고민하고요. 이 지점에서 한국적인 재료나 정서를 넣고 싶거든요. 이 정도 진행됐을 때 보통 결과물을 레시피화하는데, 실제로 판매하는 음식으로 나오기까지는 몇 가지 기준을 더 거칩니다.

일단 맛의 대비나 조화를 고려하는데요. 저는 보통 단순하고 우직한 한두 가지보다는 좀 더 다채로운 맛을 보여주기를 선호해요. 여러 맛이 균형을 이루면서 한두 가지는 대비를 이루도록 만들려고 합니다. 그리고 질감(texture) 또는 식감의 표현도 간이나 맛 못지않게 아주 중요한 요소라고 생각해요. 물컹한 재료가 있으면 반드시 바삭한 재료가 나오고, 그 중간 텍스처도 있어야 하고요. 세 번째로 중요하게 여기는 건 색감입니다.

용   셰프님이 기획하는 '그린마일 밥상 프로젝트'의 최근 행사에서 바바 가누시(baba ghanoush)에 황태포를 심어 낸 음식이 아주 인상적이었습니다. 가지를 구워 속살만 으깬 바바 가누시와 바삭하게 구운 황태포가, 말씀하신 질감의 대비에 딱 맞았습니다. 황태포를 쓰신 걸 보고 질감의 악센트를 항상 의식적으로 염두에 두신다는 것을 느꼈어요.

김   그렇습니다. 그날의 행사 메뉴 중에서 가장 마음에 들었던 요리였고 반응도 좋았습니다. 아까 이야기한 전유와 재전유, 접목 혹은 치환의 예도 될 수 있고요.

용   해석하자면 황태포에 고추장 찍어 먹는 형식을 떠올릴 수 있겠죠. 그것까지 의도하셨어요?

'신사유람단'이라는 이름의 메뉴. 신선초, 미나리, 참나물 등의 한국의 허브 채소와 유자 향을 더한 광어 된장 초무침.

김　　네, 바바 가누시는 그것만 떠먹기도 하지만 디핑 소스 같이 활용하기도 하니까요.

용　　영어로는 비이클(vehicle), 곧 매개체 역할을 하는 거죠.

이상을 꿈꾸는 것은 의무이자 특권

용　　최근에 한국에도 다양한 감자가 있다는 취지의 기사 가 게재되었습니다. 그렇지만 기사에 인용된 통계를 보면, 상위 품종 두 가지를 빼면 다른 감자는 모두 점유율이 4퍼 센트 미만이었습니다. 이 정도 수준을 다양하다고 말하는 건 거짓말이 아닌가 하는 생각까지 들었는데요. 오히려 한국 식문화의 우울한 현실이 조명된 듯했습니다.

　김태윤 셰프님은 재료에 대한 탐구에 활발히 힘쓰고 있는 실무자라고 생각합니다. 그에 들어가는 품이 만만치 않을 텐데요. 그린마일 밥상 프로젝트를 운영하고 계시죠. 잠시 소개해드리면, 분기마다 남양주의 1인 농장 '준혁이네 농장'에서 재배되는 채소를 중심으로 코스를 꾸리고, 준혁이네 농장의 이장욱 농부님이 직접 농작물에 대해 설명도 해주는 행사입니다. 친환경 농법, 푸드 마일리지를 줄이는 로컬 푸드 등을 중시하는 준혁이네 농장은 『제3의 식탁』에서 댄 바버(Dan Barber)가 주창한 다품종 소량생산의 독립적인 생태계를 다져가는 곳이라고 할 수 있습니다. 댄 바버 셰프는 자기 농장에서 나온 작물로 레스토랑을 운영하는 '팜 투 테이블(farm to table)'의 개척자이지요. 각각 독립적인 생태계를 이루는 농장들이 늘어나고 네트워크를 통해 큰 생태계를 이루면, 우리가 맛뿐 아니라 윤리적인 측면에서도 더 나은 식생활을 누릴 수 있다는 요지의 주장을 합니다. 김태윤 셰프의 행사 기획 배경과도 맞닿아 있는 철학이라고 생각합니다.

　저는 두 번째로 열린 행사에 참석했는데, 다녀온 후에 기분이 굉장히 좋았습니다. 한국 식재료의 지평이 완전히 비관적이지만은 않음을 알 수 있는 기회였어요. 재료들이 주는 긍정적인 의미에서 복잡한 맛, 요리사의 손에서 재료가 한 번 더 승화하는 과정을 즐길 수 있었고요. 다른 한편으로는 이러한 노력이 과연 지속 가능할지, 너무 이상적인 세계는 아닐지 의문도 들었습니다.

길　일단 이상을 꿈꾸는 게 사람이 지닌 특권이자 의무라고 생각해요. 초반에 샌프란시스코 여행을 이야기했는데, 샌프란시스코를 중심으로 한 캘리포니아 지역에 주로 소량으로 아르티장(artisan)처럼 재료를 생산하는 사람들이 많습니다. 이 재료들을 써서 각자의 스타일대로 풀어낸 셰프들의 작업이 아주 인상적이었어요. 운 좋게 생산자 몇 분도 만나서 얘기해볼 기회가 있었는데, 지금 우리가 모범 사례로 평가하는 캘리포니아 퀴진(California Cuisine)*도 1980년대부터 일종의 운동으로 시작되었다고 합니다. 현재 상황은 30년 가까운 긴 시간 동안 풀뿌리 조직에서부터 시작되는 연대, 그리고 의식과 노력 같은 정신적 요소가 결합돼서 만들어진 결실인 셈입니다.

✱ 캘리포니아 퀴진은 지역에서 나는 재철 식재료를 활용한 요리, 그리고 캘리포니아의 지리적, 문화적 특성을 반영해 다양한 나라의 재료와 레시피가 섞인 요리법을 의미한다. 지역 농부와 식당 혹은 가정의 직접적인 커뮤니케이션을 통해 안전한 식자재를 확보하고, 지역 경제와 자연 환경을 생각하는 식문화를 추구한다.

용　단적으로 80년대만 해도 미국에서 이탈리아 음식하면 미트볼 앤 스파게티가 전부였죠.

열악한 환경에서 발견한 시장의 희망

용　최근엔 먹고 사는 생활인으로서도 장을 보러 갔다가 절망하고 돌아올 때가 많습니다. 특히 과채류는 먹을 만한 물건이 점점 줄어드는 것 같아요. 전체적인 한국 재료의 상황을 어떻게 보시는지 궁금합니다.

김   저 역시 직업인으로서나 생활인으로서나 아주 즐거워야 하는 식재료 쇼핑이 피곤한 과제가 될 때가 많아요. 음식이건 음식의 재료건 식문화에 대해서건 알면 알수록 알고 싶지 않아지는 괴로움이 있습니다.(웃음) 현재 한국의 식재료 현실이 처참하다고 느껴지기도 하지만 희망을 품을 계기는 있다고 생각합니다. 아직 대중적으로 알려지지 않은 저변의 활동들이 많아요. 내가 어떤 재료를 먹고 있는지, 올바른 재료란 무엇일지 관심 갖는 사람들도 늘어나고 있고요. 농장을 찾아가지 않더라도 접근 가능한 온라인 커뮤니티나 SNS 같은 채널도 많고, 정보의 루트가 훨씬 다원화됐잖아요. 이런 측면은 고무적입니다.

용   발달한 인터넷이나, 재고의 여지가 많지만 전국 택배 1일 생활권의 영향도 크겠죠.

김   이런 현상이 한국만의 독특한 상황은 아니라고 봅니다. 요즘 한국에서 파는 식재료 중 국산의 비율이 어느 정도나 될까요. 고급 마켓으로 갈수록 수입 재료의 비율은 더 높아지고요. 제가 요리 공부를 일본에서 했고 최근까지도 시장조사 차원에서 2년에 한 번씩은 가서 둘러보는데요, 유학 시절과 비교하면 더 안 좋아진 면도 있지만 항상 농산물의 품질이나 다양성 면에서 감탄합니다. 동시에 슬프고 착잡해지기도 해요. 그렇지만 말씀드렸듯이 저는 의무적으로라도 희망을 가져야 하는 사람이라고 생각해요.

위 왼쪽 2017년 11월에 열린 네 번째 그린마일 밥상 프로젝트에서는 준혁이네 농장에서
재배한 20여 종의 가을 농작물로 밥상을 차렸다. 행사 참가자들에게 밥상의 주재료인
농작물과 농법에 대해 설명하는 이장욱 농부님.
위 오른쪽 전갱이와 된장, 파, 생강 등을 다져서 만든 나메로(なめろう)를 감싼 농장 채소
부케.
아래 부유(腐乳)장 소스를 곁들인 농장 채소와 무늬오징어 스프링롤(spring roll).

그리고 현재 생산되는 농산물의 문제를 이야기하려면 소비구조 역시 짚고 넘어가야 합니다. 다른 차원의 문제이긴 하지만, 농부들은 소비자가 찾는 상품을 만들 수밖에 없으니까요.

용 이장욱 농부님도 비슷한 이야기를 하시더라고요.

김 관행농이건 다품종 소량생산이건 똑같습니다. 농부님이 일종의 도시 장터인 '마르쉐(marché)@'에도 참여하세요. 저도 출점해서 간단한 요리를 하고 있습니다. 준혁이네 농장 같은 곳과 협업을 선보이고, 채소를 활용한 간단한 음식들의 가능성을 보여주는 게 중요하다고 생각하거든요. 식재료나 식문화에 좀 더 관심 있는 사람들이 오는 행사이긴 하지만 대중에게 오픈된 시장이 자리 잡아가고, 사람들이 맛을 날카롭게 판단하는 걸 직접 볼 수 있었어요. 혼자 조리대 앞에 서서 한국의 식재료를 생각했던 것과 달리 현장에는 실질적인 변화의 씨앗이 훨씬 넓게 퍼져 있다는 사실을 시장에 나가면서 깨닫게 됩니다.

용 의무적으로 희망을 가져야 한다는 이야기가 무척 인상적입니다. 덧붙이자면 토머스 켈러 셰프가 1999년에 출간한 책인 『프렌치 론드리 쿡북(*The French Laundry Cookbook*)』이 떠올랐습니다. 당시로선 굉장히 특별한 시도를 담은 요리책이에요. 레스토랑 음식과 문화의 일부로서 버섯을 따는 사람, 치즈를 만드는 사람, 양을 사육하는 사람 등등 다양한 생산자들을 소개합니다. 이 책이 전하는 중요한 아이디어는 실무자 사이의 대화, 생산자와 조리사 간의 소통이 겠죠. 저처럼 일반적인 소비자가 장을 보고 절망하는 이유가 시장에서 산 채소나 과일이 어떤 맛을 목표로 삼은 것인지 알 수 없기 때문이라고 생각하거든요. 식재료의 핵심은 맛임에도 현재 우리는 맛에 대한 고려보다, 매대에 올려놓을 만한 상품을 생산하는 데에만 몰두하는 것이 아닌가 질문해봅니다.

프로슈토를 두른 두릅

용   음식과 맛에 관한 이야기를 좀 더 해볼게요. 제게 가장 인상적이었던 7pm 음식 중 하나가 바로 '프로슈토(prosciutto)를 두른 두릅'입니다. 프로슈토, 많이들 좋아하시잖아요. 돼지 뒷다리를 염장해 만든 이탈리아의 햄으로 파인애플이나 멜론 등과 같이 먹으면 단맛과 짠맛이 어우러집니다. 간단하다면 간단한 시도가 굉장히 인상 깊었던 이유는 그 메뉴 안에서 셰프님의 사고가 엿보였던 것입니다. 두릅은 쌉쌀하면서도 줄기를 씹으면 살짝 미끈거리죠. 그 질감과 프로슈토의 매끈한 지방을 조화시켰어요. 고기의 단맛, 짠맛과 두릅의 쓴맛의 조화가 단순한 듯하면서 복잡하거든요. 생각은 많이 하되 표현은 단순한, 그 지점이 굉장히 마음에 들었습니다.

한편으로 셰프님이 궁극적으로 추구하는 음식이 한식은 아니지만 한국 사람이기 때문에, 그러한 접근 방식이 외국 식문화를 현지화하는 시도의 한 갈래라고 생각했습니다. 앞서 사람들이 음식에 대한 호기심이 부족하고, 입맛이 보수적이라는 얘기도 나눴는데요. 이런 시도에 대한 반응은 어떤가요?

김 '어색한 맛있음'이 아닐까요.

용 아, 어색한 맛있음이요?

김 네, 잘 생각해보지 않은 조합이잖아요. 누군가는 프로슈토로 다른 재료를 싸서 먹어보고 싶다는 생각에 집에서 해봤을 수 있죠. 그런 경우와 다르게 돈을 지불하고 먹는 레스토랑이라는 공간에서 이런 음식이 실제로 나왔다는 사실을 약간 이상해하면서도 신기해하는 것 같았습니다.

용 맛을 보면 수긍하는 반응을 보였나요?

김 맛에 대한 표현을 모두가 하진 않지만, 눈이나 입을 보면 만족스러워했던 것 같아요. 그 메뉴는 제가 한 요리들 중에서 성공적인 조합의 사례라고 생각합니다. 하나의 플레이트를 만들 때 염두에 둔다고 언급했던 많은 요소들이 그 요리에 들어가 있습니다. 식감의 대비나 쓴맛과 짭짤한 맛의 조화, 프로슈토에 없는 향을 보완해주는 두릅의 역할, 또 봄나물의 의미가 부여돼 있어요. 봄나물이란 모두를 설레게 하는 봄철의 재료잖아요.

용 한국의 식단에서 그렇다고 할 수 있죠.

김 봄나물만큼 모든 사람을 설레게 하는 재료도 없지 않을까요.

<u>이</u>　특히 요즘 봄은 너무 짧죠.

<u>김</u>　그 찰나를 즐긴다는 의미겠죠. 접목, 치환이라는 주제에서도 말씀드렸지만, 대중적인 눈높이를 고려해서 생각은 복잡하더라도 결과물은 복잡하지 않아야 제가 말하고자 하는 바를 제대로 전달할 수 있어요. 그래서 가능한 한 군더더기 요소를 빼고, 아주 직설적으로 하고 싶은 이야기를 하는 메뉴를 한두 가지는 넣으려고 노력합니다.

<u>이</u>　일종의 자체 편집을 하신다는 말씀이네요. 글을 쓰는 사람으로서도 편집의 중요성을 항상 느낍니다. 고급화를 무언가 많이 보여주는 것이라 오해하는 경우를 쉽게 보거든요. 그럴 때마다 더더욱 편집의 시각이 필요하지 않나 생각해봅니다.

**칼을 벼리며
익히는
요리의 정신**

<u>용</u>　한식 조리를 공부하는 학생들에게 양식을 가르치신다고 들었습니다. 셰프님은 양식을 공부하셨죠. 여러 가지가 궁금한데요, 일단 서로 다른 세계의 접근이라는 점에서 가장 중요하게 생각하시는 요소는 무엇인가요? 한식을 공부하는 학생들은 조리에 대한 접근 방식이 다른가요?

<u>김</u>　접근 방식을 다르게 할 수도, 하지 않을 수도 있습니다. 제가 여러 퀴진 혹은 장르에 관심이 많아서 다양한 요리를 넓고 얇게 파다 보니까 결국 음식이 하나로 통한다는 생각을 자주 하게 됩니다. 제가 양식을 전공했지만 한국 사람

두릅에 프로슈토를 두르고 바냐 카우다(bagna càuda) 소스를 더해 쌉쌀한 맛 그리고
단맛과 짠맛이 단순한 듯 복잡하게 조화를 이루는 전채요리.

이기 때문에 한식을 하는 것에 일단 어색함은 없잖아요. 한
국에서 먹고 자라면서 기본적으로 한식의 유전자를 갖춘
다고 할까요.

　　제가 맡은 교과목 자체는 기초 서양 조리, 세계 요리
두 가지입니다. 기초 서양 조리는 가령 기본 소스 만들기 같
은 기초 수업이고, 세계 요리는 강의마다 각 나라의 대표 요
리를 소개하는 수업이라 둘 다 아주 기본적인 내용이에요.
저는 조리를 공부하는 학생들에게 구체적인 개별 레시피보

다 요리의 포괄적인 개념을 가르치는 게 더 중요하다고 생각합니다. 일례로 제가 다닌 일본의 조리학교는 입학하고 첫 일주일 동안 학생들에게 칼을 갈게 시켰어요.

용 하루에 몇 시간이나 시키던가요?

김 일주일 내내 칼을 갈진 않았지만 아침 1교시에 칼을 한 시간씩 갈게 했어요. 입학하면서 받은 칼 세트를 다 갈아야 하니까 일주일 정도 소요되는데, 그 경험이 굉장히 충격적이고 인상적이었습니다.

용 하실 만했나요? 일본에서는 수련을 위해 간장만 3년 뜬다는 말도 있잖아요.

김 지루하기도 하고, 그때는 이걸 왜 해야 하나 의문이었어요. 테크닉을 떠나서 그런 정신적인 측면이 일본에서 음식하는 사람과 한국에서 음식하는 사람을 나누는 기준이 될 수도 있다고 생각해요. 한국의 교육은 가치에 대한 생각이라든지 정신적인 면이 대개 빠져 있는 것 같아요. 학교 교육도 주로 기술적인 영역, 특히 레시피 전달에 초점이 맞춰져 있습니다.

용 칼을 가는 것과는 전혀 다른 영역의 기술이네요.

한 그릇의 요리가 품은 보편적 원리

김 일본에서 인상적이었던 또 다른 수업은 예절 교육 같은 것이었어요. 다도(茶道)도 배우고 인사하는 법도 배웠어요. 조리학교에서 그런 걸 왜 가르쳐야 하나 의문이 생기기도 하지만 사실 그게 서비스의 일부잖아요. 옛날에 비해서 오픈된 주방도 많아지고 접객이 홀의 영역만이 아닌 방향으로 점점 바뀌고 있어요. 그런데 한국에서는 서비스의 태도나 디테일을 가르치는 데가 전혀 없습니다. 그것도 문제라고 봅니다.

용　　그렇죠. 일종의 공적 자아를 수행하는 일로서 보디랭귀지나 제스처와 같은 요소가 점점 중요해지고 있습니다.

김　　서비스에는 연기의 측면이 있습니다. 한데 한 번도 생각해본 적도, 배운 적도 없는 사람한테 연기를 하라고 하면 잘 못 할 수밖에 없죠. 제 세대도 서비스의 개념과 태도에 관한 교육을 받지 못했어요. 그건 학교에서 배우지 않으면 안 되는 부분이거든요. 제가 나온 학교는 그 문제를 고민하고 있었다는 생각을 한국에 돌아와 실무를 시작하고 나서야, 그리고 강사로 학교에 돌아와서야 했습니다. 일본은 20년 전부터 그런 교육을 해왔기 때문에 서비스의 격차가 나는 것은 단순히 기술적인 문제가 아니라는 생각이 듭니다.

　　제가 그에 관한 교육을 실제로 할 수는 없지만 정신적인 측면의 중요성에 대해서는 많이 이야기하려고 합니다. 그것이 기술적인 측면을 제외하고, 퀴진의 유형에 상관없이 한 그릇의 요리가 갖춰야 할 보편적인 원리라고 생각해요. 위생 개념이나 생산자에 대한 감사, 재료가 재배되어 내가 손질하게 되기까지 과정 등을 생각하고 이해하는 것과 연결된 문제이죠.

<u>용</u>　말씀하신 일본 조리학교의 수업을 미국 조리학교 CIA(The Culinary Institute of America) 같은 곳에서도 진행한다고 들었습니다. 음식을 해서 서빙까지 하는 것이 교내 레스토랑에서 하는 마지막 과제라고 해요. 작가이자 요리사인 마이클 룰먼(Michael Ruhlman)이 CIA의 경험을 바탕으로 『셰프의 탄생』이라는 책을 썼으니 필요한 분들은 참고하면 좋겠습니다. 읽어보면, 기본적인 테크닉뿐만 아니라 전반적인 서비스도 다루거든요. 저도 예전 미식 칼럼에서 "파인다이닝에서는 모든 것이 연기다. 손님도 연기한다는 기분으로 가고, 웨이터나 모든 실무자가 연기한다는 기분으로 임해야 한다."고 쓴 적이 있어서 더 공감이 갑니다.

자유롭고 불친절한 요리 수업

<u>용</u>　일본에서 요리를 공부하고 두바이 등에서 실무 경험을 쌓으셨죠. 과거의 경험에 비춰 봤을 때 학생들을 가르치면서 느끼는 조리 교육 현장의 분위기는 어떻습니까?

<u>김</u>　제가 요리 공부를 시작하고 나서 조리과 지망생이 갑자기 크게 늘어났던 시기가 있었어요. 원인이 무엇이었냐면 2010년에 인기였던 「파스타」라는 드라마입니다. 최근 3~4년 사이에 소위 먹방이 대세가 되면서 조리학과 지망생이 또다시 증가했습니다. 요리사가 선호하는 직업 상위권에 올라 있고요. 정말 상전벽해를 겪는 기분입니다.

<u>용</u>　긍정적이라고 보십니까?

김 관심의 환기라는 측면에서는 긍정적일 수 있지만 이들이 왜 조리학과를 지망하는지가 중요하겠죠. 그 이유는 요컨대 스타가 되고 싶은 겁니다. 아이돌 지망생이 늘어난 것과 비슷한 현상이죠.

용 스타의 꿈을 요리로…….

김 스타의 꿈은 좋지만 되고 싶다고 다 될 수 있는 건 아니니까요.

용 정곡을 찌르는 얘기를 편안하게 하시네요.(웃음)

김 그런 허영심을 가지고 일하기에는 육체적으로나 정신적으로 너무 고된 직업입니다. 90퍼센트 이상의 학생들이 생각과는 다른 현실에 절망하고 1년 안에 거의 다 포기해요. 졸업하고 나서도 요리사가 되어 현업에서 일하는 친구들은 많지 않습니다. 늘어난 지원자 수만큼 살아남는 사람의 비율은 훨씬 줄어들었습니다. 아직 이 길이 맞는지 아닌지 확신 없이 앉아 있는 사람들에게 제가 무엇을 가르칠 수 있을까 더 고민이 되고요.

저는 주입식으로 가르치기보다 스스로 사고할 수 있는 기회를 만들어주는 것이 더 좋은 방법이라고 판단했습니다. 자유롭게 생각하다 보면 의외의 부분에서 재미를 느낄 수도 있거든요. 예를 들면 레시피를 주더라도 좀 더 자율적으로 진행할 수 있도록 레시피 안에서는 계량을 친절하게 가르쳐주지 않습니다. 책처럼 다 쓰인 레시피를 보면 뭘 적거나 생각할 필요가 없어지잖아요. 성문화된 요리법이 창의성의 발현을 가로막는 요인이기도 하고요. 그래서 거의 백지에 그날 요리 제목이랑 가짓수 정도만 적어서 줍니다. 황당하고 불친절하다고 생각하는 학생들도 있겠죠. 그리고 한식 요리를 하는 곳에서 양식 요리를 가르치는 것이기 때문에 시험 문제도 개별 자유 주제를 주거나, 여태까지 배웠던 내용을 한식으로 풀어낸 요리를 팀플레이로 가져오라는 식으로 냅니다.

한편으로 교육의 전체 틀을 바꿀 수는 없는 위치에서 제가 할 수 있는 일은 아주 제한적이에요. 교과목 안에서 사고를 최대한 자유롭게 하고, 질문하고 듣는 시간을 최대한 많이 가지려고 합니다. 물론 기본기의 습득은 전문직에서 매우 중요한 요소입니다. 하지만 충분히 창의적일 수 있는 분야의 일을 학계나 업계가 경직되게 만드는 면이 더 크다고 생각하거든요.

학생 혹은 미래 소비자와의 소통 창구

용　가르치는 일이 스스로를 객관적으로 평가해볼 수 있는 기회라고도 생각하는데요, 교육 현장을 거치면서 어떤 측면을 보완해야 한다고 생각하셨습니까?

길　유머?(웃음)

용　아까 예능감 있다고 말씀하셨잖아요. 아, 많은 사람한테 보여주지 않으니까?(웃음)

길　이 친구들이 저보다 한참 어리잖아요. 20대 초반부터

76

20대 후반 정도의 연령대예요. 같은 길을 가는 젊은 세대하고 소통할 수 있는 창구가 마련됐다는 점이 큰 도움이 됩니다. 그리고 자율성에 맡긴 과제를 던져 줬을 때 과제를 해석하는 방식이 사람마다 팀마다 다르고, 신선한 결과물이 나올 때가 있어요. 실무를 오래한 사람일수록 의외로 경직되고, 자기 업장을 운영하는 사람은 현실적인 고려 때문에 창의적인 발상에 벽을 하나씩 치는 경향을 보이거든요.

용 자기 업장을 시작하면 계발을 하기 어렵죠.

김 제가 공부할 때 스케치하고 적어놓은 것들을 지금 보면 창피하고 같은 사람이 맞나 싶기도 한데요. 그때랑 비교하면 정보를 습득하는 채널이 많아져서 학생들이 정말 많은 걸 보고 소화해내고 있다는 걸 느껴요. 유머라고 농담처럼 말했지만 유머의 요소가 음식에 들어갈 수도 있고, 유머를 달리 말하면 사고의 유연성이겠죠.

이런 경험 속에서 제 음식의 현재성에 대해 생각하게 됩니다. 강의에서 만나는 세대가 당장은 아니어도 10년이 지나면 제 음식을 소비하는 주 소비층이 되는 거잖아요. 문화적 다원성이나 혼종성이 생활의 일부로 자리 잡은 세대예요. 이런 시점에 내 음식은 어떤 위치에서 어필해야 하는지, 어떤 위치를 고수해야 하는지, 쉽게 말해 세대 차를 어떻게 극복해야 할지 고민을 많이 했습니다.

용 지금 이야기하신 세대는 치킨을 한국 음식이라고 생각할 정도로 30대 후반인 셰프님이나 40대 초반인 저보다 훨씬 다른 나라 음식에 익숙하잖아요. 그런 세대가 점점 자라나는 가운데, 과연 현재 한식의 형식이 그들에게 호소력 있게 다가갈 수 있을까 하는 시각에서도 한식에 대한 고민이 필요하다고 생각합니다.

김 한식에 대한 개념 자체도 지금 저희가 생각하는 것과 다를 수 있습니다. 한식의 다양성, 또는 한식의 범위를 어디까지로 볼 것인가 하는 문제도 마찬가지이고요. 어떻게 풀어낸 한식을 경험했느냐는 질문의 시작점이 제가 속한 세대의 경우 집밥이었죠.

용 혹은 명절에 대대적인 요리를 한다거나.

김 밖에서 먹을 때도 변형이 없는, 집밥의 확장 형태로서 외식을 했다고 하면 현재 10~20대가 경험하는 한식의 세계는 훨씬 넓죠. 시작점 자체가 다르니까요.

용 지금은 이종격투기 같은 느낌의 피자도 일상적으로 먹잖아요. 피자 위에 피자를 얹는다든지……

김 교육계에 들어가기 전까지는 실무자의 입장에서 그런 음식의 경향을 우려하거나 폄하하는 시각이 조금 있었어요. 그런데 생각이 많이 바뀌었고 또 바뀌어야겠다고 생각합니다. 이대로 생각이 굳어버리면 10대, 20대와 소통할 수 없다는 걸 깨달았기 때문입니다.

용 '아재'가 된다는 두려움인가요?

김 아재는 당연히 되는 거고요. 음식까지 그렇게 되면 안 되는 거죠.

차돌박이와 콜리플라워, 시금치로 만든 페이스트, 서남아시아의 여러 향신료를 넣고
남인도풍으로 볶아낸 '천축국 차돌박이'.

**전통을 잇는
대중 공간**

용　　그린마일 밥상 프로젝트도 그렇고, 7pm에서도 그렇
고 복수의 인원이 가면 음식을 한 접시에 내시죠. '패밀리
스타일'의 서빙이라고 할 수 있습니다. 앞에서도 말씀드렸다
시피 김태윤 셰프는 일종의 안티(anti)파인다이닝을 추구하
고 있는데요, 이에 대한 얘기를 들어보고 싶습니다.

김　　안티파인다이닝을 주창하는 건 아니고요.

용　　반(反)파인다이닝을 한다고 명시하시진 않지만, 7pm
이나 주반의 제스처 안에 많은 의미가 내포되어 있다고 생
각합니다.

김　　맞아요. 일단 파인다이닝이라는 형태나 공간 자체가

낙지 젓갈을 크림치즈와 여러 허브들과 함께 섞고 그 위에 자색 고구마 칩과 파래 크래커, 메밀 면 튀김을 곁들인 '신세계'.

저한테는 아직도 어렵고 어색합니다. 저도 제 인생에서 그런 곳에 가는 게 필요한 순간이 있고, 공부 때문이건 기념일이건 곧잘 가면서도 아주 편하지가 않아요. 연기해야 하는 상황도 그렇고 오롯이 음식에 집중하는 것도 그렇고요. 파인다이닝은 기본적으로 격식을 갖춘 곳이고, 격식이 꼭 필요한 공간입니다. 그에 대한 반감은 없지만 그 격이 음식 이외의 요소를 높여주는 한편, 음식의 본질적인 요소를 감하게 만들 수도 있습니다.

　'음식을 나눈다'는 것은 나라에 관계없이 전통적인 식사 개념에서 아주 핵심적인 요소라고 생각하거든요. 물

커피빈, 캐러멜 강냉이, 딸기 파우더를 더한 된장-바닐라 아이스크림. 된장과 새로운 친구들의 만남을 의미하는 '너의 새 친구들'이라고 이름 붙였다.

론 지금은 시대가 많이 변해서 전통적인 식사 개념이 퇴색됐지만, 오히려 그렇기 때문에 식당이라는 대중 공간에서는 그 끊어진 부분을 이어줄 수 있습니다. 어떤 점에서는 의무감도 갖고 있습니다. 동양에서는 음식의 나눔 문화가 서구권보다는 강하잖아요. 퀴진이나 음식의 종류에 상관없이 패밀리 스타일이 한국 사람들에게 더 가까운 서빙 형태이기도 하고요.

　　이건 재전유의 과정과 연결되기도 합니다. 다른 아시아의 톱 레스토랑에서는 코스 형식과 패밀리 서빙 형식을 같이 사용하는 경우가 많아요. 외국인들이 그곳의 문화를 이해하는 데도 큰 역할을 할 수 있고요. 저도 그런 레스토랑에 가면 이것이 이들이 '전통 요리가 아닌 다른 요리를 하면서도 정체성을 보여주는 방식'이라고 느껴요. 외국인이나 개별 서빙에 익숙한 사람은 불편할 수도 있지만 시사하는 바가 있다고 생각합니다.

용   나눔을 이야기하셨는데, 제 생각은 그렇습니다. 한식에서 반찬을 놓고 젓가락을 써서 공유하는 문화의 의미는 과장됐다고 생각해요. 7pm과 주반 같은 식당에서 접시를 돌려 음식을 덜어 먹는 경우와 음식을 한데 놓고 다 같이 젓가락으로 집어 먹는 경우는 각각 나눔의 개념이 다르다는 의미입니다. 보통 같이 식사하는 사람들 사이에 위계가 존재하기 때문에 어떤 반찬으로는 젓가락이 쉽게 못 갑니다. 분배가 정확하게 되지 않는 것이죠. 이런 문제도 한식이 좀 더 고민해야 합니다.

실무와 자기 계발 사이에서 균형잡기

용   자기 객관화에 대해 질문하고 싶습니다. 테크닉과 표현은 항상 상관관계에 있는데요, 셰프님은 현재 원하는 맛이나 플레이팅을 구현하는 본인의 조리 기술 수준이 만족스러우신가요? 아니면 조금 더 계발하기 위해 따로 시간을 써야 한다고 생각하시나요?

김   답이 정해져 있는 질문 아닌가요.(웃음) 당연히 충분하지 않다고 보고요. 예전보다 덜 어색하게 표현한다고 하면 맞을 것 같습니다. 요리하는 기간이 늘어나면서 하고 싶은 얘기를 담아내는 데 조금 더 자유로워진 정도? 식사 경험이라는 것이 단순히 '맛있는 음식을 먹었다.'에서 끝나지 않잖아요. 손님들에게 식사를 잘 대접하기 위해선 조리의 기술적인 측면만을 개발해서는 안 된다고 생각합니다. 그래서 음식과 관련된다고 생각되는 것들은 뭐든지 흡수하려고 합니다. 전시회를 간다든지, 인문학 강의를 듣는다든지, 여행을 간다든지, 패션 잡지를 본다든지, 독서를 한다든지……. 가족과 시간을 보내는 것도 마찬가지고요. 혼자서 철저하게 개인적인 삶을 살면서 패밀리 스타일 서빙을 추구하는 건 어폐가 있다고 생각해서요.

용 글쎄요, 저는 주로 파티 음식을 준비하는 쇼 프로그램을 보면서 '저런 상황을 준비하자'는 생각으로 요리를 독학했거든요. 식탁을 내가 상상하는 세계를 표현하는 장이라고 여긴다면 크게 문제되지 않는다고 봅니다.

길 그 말도 맞지만 제 스스로가 그러고 싶어요. 좋은 요리를 만들려면 일 자체도 마찬가지이지만 저한테도 여유가 필요하거든요. 특히나 한국 사람들이 쉽게 간과하고 지나가는 점이라서 의식적으로 노력합니다. 마음의 여유, 가족과의 시간, 독서. 이런 것 없이 10년 이상을 살았기 때문에 앞으로 요리사로서뿐 아니라 저라는 개인이 더 행복하기 위해서는 삶의 여유를 상수로, 억지로라도 끼워 넣으려고 합니다. 최근에는 안 하던 운동을 시작했어요. 옛날 같지 않

중동의 샥슈카(shakshuka) 소스에 번데기, 루콜라(rucola), 으깬 메추리알을 넣고 식용
꽃을 얹은 '호접몽'. 오랜 세월 길거리 음식으로 이어져온, 종이컵에 담아 먹는 번데기에서
아이디어를 얻었다. 외국인에게 종종 혐오 음식으로 여겨지는 번데기도 다른 맛과의
조합과 꾸밈으로 아름답게 다시 태어날 수 있다는 뜻에서 호접몽이라는 이름을 붙였다.

게 한 해 한 해 주방에서 여름을 나기가 힘들어서 체력을 길러야겠더라고요. 원래 운동을 별로 안 좋아해서 획기적인 삶의 변화인 셈인데 생존을 위한 거죠.

그리고 이제 주방에서 불 쓰고 칼 잡고 할 일이 예전보다 많이 줄었습니다. 주방 일을 나누고 저는 좀 더 머리 쓰는 일 위주로 하다 보니까요. 그래서 그린마일 밥상 프로젝트 같은 행사는 될 수 있으면 직원들 힘을 빌리지 않고 제가 처음부터 끝까지 다 하는 걸 목표로 합니다. 한 2주 정도 준비하면서 요리를 위한 강도 높은 시간을 보내요. 실무에서 벗어날수록, 다른 영역의 자기 계발 시간이 많아질수록 삶의 여유나 계발의 시간이 부족한 것과는 다른 의미에서 두렵거든요. 시간은 누구에게나 유한하고, 그 시간 내내 주방에 있는 사람보다 감이 떨어질 수밖에 없잖아요. 실무에 집중하는 시간을 의도적으로 만들려고 합니다.

음식의 외면과 내면

용   앞서 드린 질문을 조금 다른 방향에서 다시 여쭤볼게요. 셰프님 음식을 먹어보면 제가 사용한 "반파인다이닝의 추구"라는 워딩이 어떤 의미인지 이해할 수 있다고 생각합니다. 한국에서는 '파인'한 음식의 추구를 소위 프로덕션이나 프레젠테이션으로 압도하려는 경향이 강합니다. 시각성이 큰 비중을 차지하는 표현 수단은 구성 요소를 많이 갖춤으로써 일종의 눈속임이 가능하기 때문일 텐데요. 이런 경향이 강한 또래 셰프들의 음식 사이에서 본인이 추구하는 가치관이 소위 신포도 취급을 받을 우려가 있다는 생각은 해본 적이 없으신지요? 예를 들어 테크닉이 별로 안 좋아서 못 하는 것 아니냐는 오해를 받지는 않으시나요?

김   화려함이나 외적인 면의 추구를 나쁘게 보지는 않습니다. 그 안에 알찬 내용물이 있으면 그보다 좋을 수 없죠.

용   물론입니다. 두 세계가 합일이 되면 좋죠.

김   대세를 따르는 요리사든 아니든 모두 그걸 추구한다고 생각해요. 가능하든 가능하지 않든 이상적인 완성체의 모습을. 기본에 충실하지 않은, 겉치레만 화려한 요리는 당연히 돈 주고 소비하는 사람의 입장에서 비판할 수 있고, 같은 직업인의 입장에서 봐도 좋게 볼 여지는 없다고 생각하지만 그게 대세이기도 하잖아요. 인스타그램에 예쁘게 찍어 올릴 수 있는 음식이 사람들의 인정을 받으니까요. 제가 하는 일은 변방의 움직임이라고 할 수 있겠죠.

용   소위 셰프 커뮤니티와는 교류가 많지 않으신가요?

김   친하게 지내는 사람은 몇 있지만 호형호제하면서 찐하게 지내는 사람은 없어요. 친구가 없습니다.(웃음)

용   친구 없는 사람 둘이, 오늘 이렇게 얘기하고 있네요.

김   예전에 비해서 필요성도 덜 느끼는 편입니다.

용   점점 더 스스로를 보는 시간이 중요하다고 생각하게 돼요.

김   저는 제 전공하고 다른 일을 하고 있어서 예전에 알던 사람들과 세계가 달라지더라고요. 어느 순간부터 할 얘기가 점점 없어지고 서로의 세계를 이해하지 못하게 되고 자연스럽게 멀어졌습니다. 현업에 있는 친구들은 그나마 자주 만나는데, 이 업계도 다른 곳과 마찬가지로 끼리끼리 모이는 경향이 있어요. 제 작업이 변방이라는 말을 했죠. 비율로 보면 변방에서 일하는 사람들이 많지 않습니다.

새로운 행보를 위한 잠시 멈춤

용 마지막 질문입니다. 현재 7pm이 문을 닫은 지 꽤 됐습니다. 현재 재개장 또는 리브랜딩을 계획 중이신가요? 다음 행보에 대한 상을 어떻게 그리시는지 궁금합니다.

김 고민 중입니다. 아직은 물밑에서 천천히 진행되는 중이에요. 7pm을 닫은 제일 큰 이유는 내가 지금 어떤 위치에 있는지, 어떤 요리를 하고 싶은지 답이 나오지 않는다는 것이었어요. 두 개의 업장을 운영하다 보니 지치기도 했지만 그보다는 오롯이 저를 들여다볼 시간, 더 길게 가기 위한 '멈춤의 시간'이 필요했습니다. 대중은 어떤 음식을 원하는지, 향후 미식 신이 어떻게 진행될지에 대한 '통찰'이 필요했고요. 주방 안에만 처박혀 있으면 잘 모르거든요. 요리 외의 부분에 투자하는 시간이 절대적으로 부족했기 때문에 그 시간을 만들고 싶었고, 그렇게 하고 있는 편입니다.

그 결과가 7pm의 리브랜딩이 될지는 아직 모르겠어요. 7pm이 지중해나 유럽 음식에 집중하는 곳이었다면 현

사람(생산자, 요리사, 소비자)과 환경의 '지속 가능성'에 가치를 두고 로컬, 제철 식재료를 활용한 지중해풍 요리를 추구하는 '이타카(ITHACA)'를 2018년 6월에 오픈했다.

재는 그 닻을 서남아시아, 동남아시아로 옮기고 있는 시점인데요. 계속 아시아 음식을 하겠다는 의지라기보다 경계를 좀 더 허물고 싶습니다. 어떤 언어로 표현해야 할지가 고민입니다. 물론 알아듣기 쉬운 언어여야겠죠. 표현 방식에 대한 고민이 구체적으로 정리되어야 메뉴가 나올 수 있기 때문에 아직 멀었습니다. 7pm을 2016년 12월 31일부로 닫았고, 리브랜딩에도 유효 기간이 있어서 압박감도 느껴요. 하지만 최대한 여유 있게 집중하려고 노력 중입니다.

용 제가 2016년에 7pm과 김태윤 셰프에 대한 레스토랑 리뷰를 기고한 적이 있습니다. 그때 "'권숙수(權熟手)'의 권우중 셰프가 한식의 방향에서 한국 음식의 현대화를 추구

이타카의 지향이 드러나는 메뉴들.
왼쪽 산양유 페타(feta) 치즈, 하리사(harrisa, 고추를 향신료와 함께 갈아서 만든 북아프리카의 소스), 크레송(cresson)을 곁들인 딱새우 수박 샐러드.
오른쪽 대추-타마린드(tamarind) 소스, 서로 다른 조리법으로 요리한 두 가지 부위를 맛볼 수 있는, 방목으로 키운 흑염소 스테이크.

한다면, 김태윤 셰프는 반대 방향에서, 즉 서양 음식이나 다른 아시아 음식에서 한식적인 요소를 추구하며 오고 있는 것이 아닌가. 그 둘이 어느 지점에서 만날지 혹은 만나지 않을지 두고 봐야겠지만, 각자 다른 방향에서 오고 있는 두 사람의 작업이 굉장히 흥미롭다." 이런 이야기로 글을 마무리했는데요, 이번에 대화를 나누면서 다시금 그 생각이 났습니다. 「미식 대담」에서 이런 깊이 있는 이야기를 더 많이 나눌 수 있으면 좋겠습니다. 고맙습니다.

김   불러주셔서 감사합니다.

3 머리로 분석해서 손으로 풀어내는 한식당

세 번째
미식 대담

광화문국밥 서울 중구 세종대로21길 53
돼지국밥과 평양냉면을 주메뉴로 하는 한식당.

박찬일

잡지사 기자로 활동하던 중, 1999년 이탈리아로 떠나 ICIF에서
요리와 와인을 공부했다. 이후 한국에 돌아와 20년 가까이 요리사로
살아왔다. '뚜또베네', '라꼼마' 등을 거쳐 2014년 서교동에 무국적
술집 '로칸다 몽로'를 열었고, 2016년 '광화문 몽로'에 이어 2018년에
'청담 몽로'가 문을 열었다. 2017년에는 한식당 '광화문국밥'을 열었다.
글쓰는 요리사로서『추억의 절반은 맛이다』,『박찬일의 파스타 이야기』,
『미식가의 허기』,『노포의 장사법』등 여러 책을 펴냈다.

"왜 평양냉면은 냉면 기술자를
데려와서 하지 않으면 안 되는가.
그래서 한번 해보고 싶었어요.
여태껏 먹어본 냉면을 머릿속으로
분석하고 손으로 구현해보고자 하는
요리사로서의 욕심이기도 했습니다."

이용재(이하 용)　　안녕하세요. 음식 평론가 이용재입니다. 세 번째 「미식 대담」은 '몽로'와 '광화문국밥'을 운영하고 있는 박찬일 셰프님을 모시고 공개방송으로 진행합니다. 제가 라디오 공개방송을 들으면서 자란 세대라 그런지 사뭇 설레는 마음으로 시작합니다. 박찬일 셰프님, 어서 오십시오.

박찬일(이하 박)　　반갑습니다.

용　　이번 「미식 대담」을 준비하다가 문득 '거슬러 올라가는 맛의 역정'이라는 표현이 떠올랐습니다. 2017년에 셰프님께서 한식집 광화문국밥을 여셨는데요. 지금도 하고 계시지만 본래 셰프님의 출발점은 이탈리아 음식이죠. 이탈리아 음식을 쭉 오래 해오다가 결국 한식으로 돌아오는 과정이, 상투적이지만 마치 맛의 물살을 거슬러 올라오는 연어와 같다는 생각이 들었습니다. '역정'이라는 단어를 사용한 것은 그 과정이 쉽지 않았으리라고 예상하기 때문입니다. 최근 광화문국밥의 전(全) 메뉴를 섭렵하면서 제가 책을 통해 여러 층위로 지적했던 한식의 개선점들이 어느 정도 구현되고 있다는 느낌을 받았어요. 그래서 셰프님과 함께 이야기 나누고 싶었습니다.

내 멋대로 하겠다는 선언

용　　2014년 서교동에 '로칸다 몽로'가 생겼고, 2016년에는 '광화문 몽로'도 문을 열었습니다. 그리고 '광화문국밥'까지 복수의 레스토랑을 운영하는 게 처음이시라고 알고 있습니다. 몽로에 대한 이야기부터 시작해볼게요. 광화문 몽로 가게 앞에 크게 "무국적 술집"이라고 적힌 돌 간판이 서 있는데요, 저는 '무국적'이라는 표현이 여러 모로 흥미로 웠습니다. 실제로 몽로의 음식은 이탈리아 요리의 범주 안에 속해 있다는 생각이 들고요. 한편으로 '무국적'과 '주점'의 조합이 다소 보수적인 한국의 고객층에게 심리적인 부담을 덜어주려는 시도는 아니었을까 생각했습니다.

박 이런 경우가 꿈보다 해몽이 좋다고 할까요.(웃음) 길가다 보이는 중국집 대부분은 "정통중화요리"라고 써놓았습니다. 하지만 정통(authentic) 중화요리를 하는 집은 거의 없죠. 다만 간판에 용감하게 '한국식 중화요리'라고 적지 않는 겁니다. 왜냐면 여전히 기원, 정통성 있는 음식이라는 점을 강조할 때 사람들에게 잘 어필하기 때문이죠. 그런 점에서 무국적이라는 단어는 정체성을 명확히 하지 않음으로써, 마케팅과 현실의 간극에서 생기는 충돌을 소극적으로 피해 가려는 의도이기도 합니다. 정통 이탈리아식이라 해놓고 매운 음식을 낸다든가, 소스의 양이 많다든가 이탈리아적이지 않은 요소를 내놓으면 지속적으로 손님과의 충돌이 일어나잖아요. 창업하려는 분들은 새겨들으셔야 하는데요, '짬뽕'이라고 팔면 5천 원밖에 못 받지만, '짬뽕 국물'이라고 하면 1만5천 원을 받으실 수 있습니다.(웃음)

식당은 종류마다 보수적인 형태가 있잖아요. 예를 들어 전채를 먹고 파스타, 육류나 생선 요리로 이어지는 코스

위 멍게와 키조개 카르파치오. 5~6월에만 판매하는 제철 요리다.
아래 전형적인 이탈리아식 문어 샐러드.

몽로의 대표 메뉴인 '박찬일식 닭튀김'. 튀김옷에 라이스페이퍼를 붙여 튀겨서 특징적인
형태를 완성한다.

구성처럼 클래식한 양식이 저는 계속 낯간지러워서, 그러면
편하게 펍(pub) 같은 술집을 하자고 생각했어요. 요약하면
무국적 술집이란 제가 하고 싶은 음식을 제 멋대로 하겠다
는 일종의 선언이자, 다른 한편으론 도망갈 자리를 마련해
놓은 선언이기도 합니다.

**한식으로
자극받은
미각의 곤란**

용 　본격적으로 광화문국밥과 한식에 대한 얘기를 시작
해볼까 하는데요. 몽로 이후의 프로젝트가 한식이라는 사
실이 굉장히 흥미로웠습니다. 셰프님께선 기본으로 제공해
야 하는 김치와 밑반찬 관리의 어려움 등 한식당의 현실을

이미 너무나 잘 알고 계실 테고, 한식에 승산이 없다고 보셨
으면 시도 자체를 안 하셨을 것 같은데요. 어떤 특별한 계기
에서 시작하셨는지 궁금합니다.

박   우선 저는 한국 사람이고, 한식을 당연히 제일 좋아
합니다. 일상적으로 먹는 음식이니까요. 한편으로 한국에
서 이탈리아 요리든 프랑스 요리든 일식이든 자극적이거나
맵지 않은 요리, 발효된 향을 잘 안 쓰는 요리를 하시는 분
들은 아실 거예요. 발효된 음식의 폭발적인 맛이 짠맛, 감칠
맛 모두를 수용해버립니다. 그런 음식이 바로 김치죠. 한식
에서 많이 쓰는 생강, 마늘, 파는 향신료 중에서도 가장 센
축에 속합니다.

    요리사들이 한식 반찬으로 식사를 하고 나면 혀나 비
강에 맵고 자극적인 감각의 여운이 남은 상태예요. 따라서
콩소메(consommé, 맑은 수프)같은 음식의 맛을 섬세하게 파
악하기 어렵습니다. 다시 말해 한국 요리사가 자극이 강한
식사를 유지하면서 다른 나라 음식을 준비하는 방식엔 결
정적인 결함이 존재한다고 생각해요. 물론 음식을 할 때마
다 매번 간을 보고 평가하진 않죠. 시스템과 레시피에 의해
서 지속적으로 음식 조리가 관리되고, 문제를 거르는 장치
를 갖고 있습니다. 허나 완벽한 레시피와 오류를 완벽히 걸
러내는 장치가 있는 미슐랭 별 셋짜리 레스토랑에서도 셰
프가 끊임없이 맛을 봅니다. 거기서 셰프가 하는 얘기는
'청소해라, 맛봐라.' 두 가지밖에 없습니다.(웃음) 그것처럼

정확한 게 없어요. 그런데 혀가 이미 한식으로 상당히 자극을 받은 상태에서 맛을 세심하게 보기가 어렵습니다.

이런 이유에서도 한국 요리사들이 한식에 몰두하는 것이 자연스럽다고 봅니다. 제가 한식당을 하는 것은 제 정체성을 표현하는 것이에요. 그 정체성의 바탕에는 한식을 먹을 때 제가 가졌던 불만이 자리해 있기도 하고요. 그걸 직접 한식을 하면서 풀어보는 것이죠.

한식 천 원
인상론

박 한국에서 스테이크, 파스타 먹을 땐 별로 불만이 없는데 한식을 먹을 때는 이상하게도 예민해집니다. 그리고 자책하죠. '4만 원짜리 스테이크 먹을 때는 찍소리도 안 하던 게 6천 원짜리 한식 먹을 때는 왜 이렇게 불만이 많나.'

제가 두루뭉술하게 주장했던 '한식 천 원 인상론'이 있습니다. 음식값을 천 원만 올리고 위생과 조리 기술, 인력에 대한 휴식 등을 보강해주자는 것입니다. 사실 2천 원 인상론을 주변에 얘기했더니 반응이 뜨뜻미지근했습니다. 직장인 친구한테 물어봤어요. 동네에서 지금 6천원 하는 된장찌개나 김치찌개를 8천 원 하면 먹겠냐고. 2천 원이 오르면 좀 부담스러울 것 같다고 하면서, 대신에 위생적으로 하고, 수저통을 열었을 때 숟가락 머리랑 젓가락 손잡이가 나란히 붙어 있지만 않으면 천 원은 더 낼 용의가 있대요. "그럼 숟가락집에 넣어주면?" "그것만 해도 천 원 더 내지." '그렇구나. 그럼 내가 한번 시도해보자. 대신 남의 돈으로.'(웃음) 그래서 한식당을 낼 테니 자본금을 모아보라고 설득해서 그렇게 시작하게 됐습니다.

용　식당 창업 팁이 하나 더 나왔습니다.(웃음)

박　처음부터 국밥을 해야겠다는 생각이 분명했던 건 아니었어요. 손이 제일 덜 가는 한식당이 뭘까, 그리고 내가 가지고 있는 조리 기술을 가장 잘 적용할 수 있는 음식이 무엇일까를 고민했죠. 저는 제가 한식을 잘한다고 생각하지는 않습니다. 저보고 콩나물무침 하라고 하면 저는 영원히 한식집에서 반찬 담당하는 요리사들보다 못할 거예요. 잘할 수 있는 것을 생각해보니까 제가 양식 셰프이다 보니 '스톡(stock)'과 '브로스(broth)'의 차이를 알거든요. 그럼 국밥이죠. 국물이 있는 육개장, 설렁탕, 곰탕 같은 음식은 그래도 제가 가진 조리 기술을 이용해서 먹을 만하게는 할 수 있겠다는 판단이었습니다.

용　보충 설명을 드리면 한식에서 고기와 뼈 등으로 낸 '육수', 즉 바탕이 되는 국물이 '스톡'이고, 그 육수에 다른 재료나 양념 등을 더해 맛을 낸 '국물'이 곧 '브로스'입니다.

**한국인의
소울푸드**

용　국밥 이야기가 나왔는데요, 제가 광화문국밥에서 식사를 한 후, 영수증을 받아들고 의미심장하다고 느꼈던 점이 있습니다. 영수증에 사업 주체가 "소울푸드 코리아"로 표기되어 있더라고요. 돼지국밥이 한국인의 소울푸드라는 생각이 반영된 것인가요?

박　　그런 의미가 어느 정도 담겼죠. 돼지국밥은 부산 사람들의 소울푸드입니다. 부산에 가서 지역 일간지를 보면 흥미로운 사실을 발견할 수 있습니다. 광고란을 보면, 돼지국밥집 개업 광고가 실리거든요. 지역 일간지에 광고할 만큼 부산 지역에서 돼지국밥 식당이 상당히 중요한 사업이라는 걸 알 수 있죠. 그리고 몇 장 넘어가면 토막 시민 광고란에 이런 소식이 실립니다. "○○고 62회 동창회. 장소 밀양돼지국밥" 각종 모임 장소로 고깃집보다 돼지국밥집이 많이 등장합니다. 실제로 돼지국밥을 많이 먹는다는 걸 알 수 있지요. 《부산일보》의 박종호 기자가 "경상도 사람들의 피에는 돼지국밥의 육수가 흐르는 게 아닐까."라는 재밌는 말을 하기도 했어요. 부산 사람들의 소울푸드는 돼지국밥이고, 부산 사람이 아니더라도 한국인에게 소울푸드라는 말이 적용될 수 있는 음식이 있다면 국밥의 형태가 아닐까 생각했습니다.

　　제가 돼지국밥을 워낙 좋아하기도 합니다. 국밥을 먹으려는 목적으로만 당일치기로 혼자 부산에 갔던 적도 있을 정도로요. 그런데 서울에는 부산으로 대표되는 경남 지역의 돼지국밥 맛을 제대로 표현하는 식당이 많지 않기에 원래 부산 돼지국밥을 하려고 했어요. 돼지국밥도 뼈를 끓이는 형식, 곧 육수를 내는 방식이 다양합니다. 잘 알려진 돼지머리국밥의 형태가 있고, 거기에 돼지 머리뼈나 사골을 더해서 국물을 더 뽀얗게 내기도 하고, 살코기만 넣어서 맑게 끓이면서 고기에 좀 더 방점을 찍는 방식 등등이 있죠.

그중에서 사골도 섞지만 고기에도 힘을 주는 방식에 관심이 갔습니다. 달리 보면 서울식 돼지곰탕에 가까운 형태인데, 버크셔(Berkshire)✻라는 돼지 품종을 사용하면서 처음 의도에서 약간 빗나가게 됐어요. 버크셔는 닭고기의 단백질 구성과 약간 유사한 구조의 감칠맛

✻ 근섬유가 다른 품종에 비해 가늘고 많아서 육질이 부드러운 한편 탄력이 있으며 감칠맛이 좋다. 털빛이 검고 등 지방이 두꺼운 편이다.

과 색깔을 띠기 때문에 애초 생각과 달리, 소 곰탕과 유사한 형태의 맛이 되었습니다. 돼지의 좀 텁텁하고 구릿한 살맛이 아니라, 어찌 보면 세련미가 있다고 할까요? 재료가 주는 역학에 따른 결과이죠.

머리로 분석하고 손으로 풀어낸 잡종 냉면

용　광화문국밥은 돼지국밥과 함께 냉면도 하고 있습니다. 두 가지 음식을 내놓게 된 동기가 다르리라 생각되는데요, 냉면은 어떤 계기로 하게 되셨는지 궁금합니다.

박　그건 '일타쌍피' 제도라고, 겨울에는 국밥 팔고 여름에는 냉면 팔아서 매출 하락을 방지하는 고도의 전략이라고 할 수 있습니다.(웃음) 물론 고도가 아니라, 누구나 할 수 있는 기본적인 생각이죠.

무엇보다 냉면 역시 제가 매우 좋아하는 음식입니다.

냉면을 진짜 해보고 싶었어요. 왜 냉면은 창업이 안 되는가, 왜 특히 평양냉면은 냉면 기술자를 데려와서 하지 않으면 안 되는가라는 의문이 있었습니다. 평양냉면, 함흥냉면 모두 그런 경향이 있지만, 함흥냉면 기술자는 상대적으로 구하기가 어렵지 않아요. 함흥냉면은 매운 양념을 기초로 하기 때문에 편차가 적은 편이고, 편차가 적기 때문에 일정 수준 이상의 기술을 보유한 분들이 많습니다. 실제로 함흥냉면집이 더 많죠. 입에 들어갔을 때 더 높은 만족감을 줄 확률이 높은 것이 함흥냉면입니다. 반면 평양냉면은 기술자를 구하기가 상당히 어렵습니다. 그만큼 그 기술이 비밀리에 전수되며, 동시에 고난도의 조리 기술임을 예측할 수 있죠.

그래서 제가 한번 해보고 싶었어요. 여태껏 먹어본 냉면을 머릿속으로 분석하고 예측해서 손으로 구현해보고자 하는 요리사로서의 욕심이기도 했습니다. 오직 스톡과 브로스의 차이만 아는 용감함으로 한번 시도해본 겁니다. "면은 순면(純麵)"이라는 얘기를 실행해본다고 메밀가루를 반죽해서 직접 순면을 뽑아보고, 갖은 시도를 다 해보면서 여러 시행착오를 겪었습니다.

냉면에 대해선 의정부 계열, 장충동 계열이라고 계열을 논할 정도로 얘기들이 많아요. 어떤 분이 저희 집 냉면은 우래옥 계열이라고 하셨는데 마른 편육, 비교적 고기 향이 많이 나는 국물 등 때문이었겠죠. 저는 이런 식 저런 식 다 해보고 싶습니다. 결국 지금 내고 있는 냉면은 제가 먹어본

광화문국밥의 평양냉면은 현존하는 평양냉면의 각종 양태를 파악하고, 이탈리안 셰프로서 소화하여 한식에 몰두하는 것이 자연스러운 한국인의 감각으로 풀어낸 음식이라 할 수 있다.

냉면을 토대로 구현하다 보니까 이 집 냉면 같기도 하고 저 집 냉면 같기도 한, 말하자면 '잡종 냉면'이라고 볼 수 있습니다. 냉면에 계열이 있고 혈통이 있다면, 광화문국밥의 냉면은 그야말로 제가 먹어본 냉면을 머릿속에서 손으로 풀어낸 굉장히 거친 냉면이라고 할 수 있어요.

40년 경험에서 도출한 섭씨 85도

<u>용</u>   가장 궁금했던 것 중 하나가 광화문국밥 음식의 레퍼런스였습니다. 한국의 탕반은 고기를 쓰고 뼈를 쓰지만 기

본적으로 지방의 존재를 부정하는 경향이 있습니다. 맑은 국물을 원하지요. 광화문국밥의 돼지국밥은 그렇지 않다는 측면만 봐도 제가 알고 있는 돼지국밥, 나아가 탕반류와 거리가 있다고 생각됩니다.

박 　버크셔 품종으로 국밥을 하는 집이 거의 없어서 레퍼런스가 안 잡힌다고 느껴졌을 거예요. 국밥류, 곰탕류, 그리고 콩소메와 같은 이탈리아의 맑은 수프류가 모두 저에게 크고 작은 영향을 주었습니다. 나주곰탕이나 국물 음식에 밥을 말아 내는 토렴*처럼 40년 이상 제가 경험해 온 국물 요리와 그것을 먹는 방식이 지속적인 자극이 되었지만, 특정 식당을 참고하지는 않았습니다.

> *　건더기가 든 뚝배기에 뜨거운 국물을 부었다 내렸다 하면서 미리 해둔 밥과 썰어둔 고기를 데우는 방법.

한편으로 이런 영향 아래 자극을 주는 요인들과 상호 작용하면서 결국은 제가 하고 싶은 것을 하게 됩니다. 이를테면 저희 가게는 밥을 말아서 내지 않는, 소위 따로국밥을 합니다. 처음에는 토렴이 중요하다고 생각했어요. 토렴은 찬밥과 뜨거운 국물의 온도를 적절히 맞춰주고, 빨리 먹을 수 있게 해주고, 의도한 것은 아니지만 밥이 국물에 풀릴 때 전분질이 점차 풀어지면서 국물 맛을 조금씩 변하게 하죠. 하지만 토렴을 한 이유는 보온 밥솥이 없었기 때문이 아니겠습니까. 밥을 지어놓으면 식을 수밖에 없으니까요. 저는 토렴의 효과를 현대식으로 얻어보고자 했어요. 국물을 밥이나 국수에 계속 부었다 따라내는 형태가 아니라, 토렴용 육수를 마련하고 거기에 고기와 밥을 담가놔서 제가 원하는 온도를 만드는 거죠. 밥을 말아 내면 노동량이 줄고 인건비가 훨씬 덜 들어 유리한 점이 있지만, 밥풀의 향이 국물에다 수렴돼버리는 단점이 있습니다.

지방과 국물의 관계에 대해서는 지방이 일정 정도 국물에 섞여들었을 때 맛이 훨씬 좋아진다고 생각해요. 국물이 훨씬 풍성한 맛을 냅니다. 예를 들어 뼈를 사용해서 진하고 탁한 국물을 뽑아내면 고소한 맛을 끌어낼 수 있지만, 지방이 주는 기름진 맛까지 포함하진 못하거든요. 그런데 지방의 사용은 국물의 온도라는 변수를 고려해야 합니다. 기름은 국물 온도가 올라가면 유화(乳化) 상태로 풀려 있다가 식으면서 굳은 채로 위에 떠 있기도 하니까요. 저희 집은 국물이 뜨겁지 않게 섭씨 85도 정도에 제공합니다. 그 정도 온도에서 먹으면 지방이 갖는 고소함을 느낄 수 있어요. 현재는 국밥의 지방이 적은 편이에요. 지방이 많은 고기를 써서 고기의 단백질과 밀도 높은 지방 그리고 국물에 풀린 약간의 지방 맛이 같이 어우러질 때, 입 안에서 느껴지는 맛의 조화가 어떨지 궁금합니다. 아직은 이런 시도를 해볼 만한 단계에 도달하지 못한 것 같아요. 지방이 너무 많으면 국물이 미끈거리고, 국물 위에 떠 있는 지방이 초반에 집중적으로 올라오면서 혀가 담백한 육수의 맛을 느끼는 걸 방해할 수 있거든요. 지방을 적절히 잘 쓰기가 참 어렵습니다.

용   국밥의 온도를 85도에 맞춘다고 하셨죠. 국물만 떠먹

닭고기의 단백질 구성과 유사한 구조의 감칠맛과 색깔을 내는 버크셔 품종의 돼지고기를
사용해 소 곰탕과 유사한 형태의 맛을 내는 광화문국밥의 돼지국밥. 박찬일 셰프가
경험해온 한식 국밥 및 곰탕류, 그리고 이탈리아의 맑은 수프류 등의 영향이 모두 녹아
있다.

을 때는 거의 딱 맞았고, 밥을 말면 살짝 뜨겁다는 느낌이었어요. 온도의 유지와 관리를 어떻게 하시는지 궁금합니다.

박　식기를 온장고에 보관해서 최초 온도를 65도에 맞춰놓고, 100도의 끓는 육수를 부으면 딱 85도가 됩니다. 손님 상에 올라가면 80도 정도가 유지되는 것이 시뮬레이션상의 의도였습니다.

　온도를 맞추고 유지하는 데 몇 가지 어려움이 있죠. 가령 식기를 전기 온장고에 보관하는데, 온장고 내부의 온도가 고르게 유지되지 않습니다. 열선이 있는 쪽은 더 뜨겁고 어떤 쪽은 더 차가워요. 또는 장사가 한참 잘 돼서 그릇들이 많이 나갔다가 식기세척기를 거치고 나면 그릇의 온도가 또 다 달라지고요. 그래서 의도한 온도보다 조금 떨어질 수도 있고 조금 높을 수도 있지만, 적어도 첫술을 떴을 때 혀를 데게 하지는 말아야겠다는 생각이에요. 대부분 시간이 없어서 식을 때까지 기다리지 못하니까요. 혀를 데면 미각을 잘 못 느껴서 소금을 더 쳐야 되고, 더 짜게 먹게 됩니다. 이것이 이를테면 위궤양 방지 온도, 식도염 방지 온도라고 생각해요. 그리고 진짜 이유는 말씀 안 드리려고 했는데, 음식 온도가 약간 떨어져야 회전이 빨라집니다.(웃음)

소금의
위력

용　어떤 음식을 먹고 나면 맛에 대한 의사 결정 과정을 가장 중요하게 고민해봅니다. 셰프는 어떤 맥락에서 이런 결정을 했을까를 항상 궁금해해요. 광화문국밥의 요리를 먹고 느낀 가장 뚜렷한 차별점은, 항상 평범하지만 위력적인 요소인 소금이었습니다. 일단 테이블에 새우젓은 있어도 소금이 안 놓여 있습니다. 그리고 국물에 소금 간이 되어 있다고 안내문이 붙어 있죠. 한식 중에서 국물에 소금 간을 해서 내는 곳이 많지 않습니다.

박　소금 간을 미리 해놓은 것은 테이블에 소금 통을 놓을 자리가 없고, 그러면 새우젓을 조금 써서 원가가 조금 줄어들기 때문입니다.(웃음)

용　자꾸 운영상의 편의만 말씀하시지만, 그게 전부가 아니라는 사실을 듣고 계신 분들은 이미 아실 거예요.

박　소금 간을 안 한 음식이 우리에게 자율성을 부여하기도 합니다. 각자 원하는 만큼 소금 간을 할 수 있으니까요. 상상해보세요. 팔팔 끓는 뚝배기에 소금 간이 하나도 안 된 순댓국이 담겨져 나옵니다. 붉은 다대기랑 새우젓과 함께. 기호에 따라 넣어 먹을 수 있어 좋습니다만, 간을 맞추려면 일단 한 번은 간을 봐야 하잖아요. 문제는 첫술을 뜨면서 이미 실망하게 된다는 점이에요. 저는 첫 숟갈의 국물에서부터 첫사랑의 감동과 같은 걸 느끼고 싶은데, 간보기 행위 때문에 맛없는 국물을 먹어야 합니다.(웃음)

　　간은 음식의 맛을 결정합니다. 간을 어떻게 하느냐에 따라서 음식의 캐릭터가 생생하게 살아나기도 하고 흐릿해지기도 하죠. 소금 간을 안 하면, 섬세한 원화를 흐리고 다

깨진 256비트의 JPG 파일로 보는 것과 같습니다. 소금을 쳐서 그것이 보정된다면, 적어도 간에 대해서만큼은 셰프가 책임을 방기하는 것이라고 생각합니다. 그렇기 때문에 고급 식당의 테이블에는 대개 소금과 후추 통이 놓여 있지 않아요. 그것이 고급 식당과 고급 아닌 곳을 나누는 기준이기도 해요. 대부분 셰프가 정해준 간이 그 식당의 성격이라고 생각하거든요. 그런데 한식, 그중에서도 유독 뚝배기 음식은 간이 안 되어 나오는 경우가 많습니다. 육개장은 간이 다 되어 있는데 왜 설렁탕, 곰탕만 간을 안 해서 나올까요. 지방이 들어간 음식은 더더욱 간이 중요한데 말이죠.

요컨대 소금 간 하는 건 제가 해야 될 일이라고 생각했어요. 제가 먹었을 때 첫술부터 맛있는 소금 간을 손님들한테 일정하게 공급할 수 있도록 염도계로 맞춰놨습니다. 이런 방식에 불만을 표하는 손님들이 더러 있을까 우려도 했어요. 아직까진 문제 제기 하시는 손님이 거의 없어서 결과적으로 제 판단이 틀리지는 않았다는 생각이 듭니다.

용 셰프님의 냉면에서도 소금의 위력이 발휘된다고 생각합니다. 면 반죽에 소금이 들어가나요?

박 면 반죽에 소량 넣습니다. 이유는 크게 두 가지예요. 아시다시피 메밀은 글루텐(gluten)이 없기 때문에 면으로 뽑아 삶으면 금방 붇고 탄력이 떨어지죠. 그래서 반죽에 소금을 넣어 면의 탄력을 보강합니다.✱ 광화문국밥 일반 면의

✱ 소금은 글루텐의 그물망과 같은 구조를 더 촘촘하게 당겨줌으로써 면의 탄성을 강화한다.

메밀 함량이 80퍼센트 이상, 순면의 경우 92퍼센트 정도예요. 거기에 통밀가루와 소량의 전분을 배합해서 구수한 맛과 탄력을 보충합니다. 소금을 넣은 반죽을 순간적으로 삶아내면 면의 탄력성이 개선되거든요. 전분만 쓰기보다 소금으로도 개량해주는 것이 좋다고 생각했어요.

다음으로 면을 삶을 때도 끓는 물에 소금 간을 살짝 하고 있어요. 면과 물의 소금 농도가 비슷할 때 국수의 영양을 물에 덜 빼앗긴다고 과학적으로도 밝혀졌습니다. 또한 면과 물의 염도가 비슷하면 삶은 면이 국물의 수분을 빨아들이는 삼투압 현상을 일정 수준 막는 효과도 생기고요. 원래 전통적인 레시피에서는 반죽에 소금을 쓰지 않는데, 과학적 근거와 시식의 결과 양쪽을 고려해서 결정했습니다.

**전통의
허상에서
벗어난
새로운 시도**

용   맛도 그렇지만 면의 질감도 매우 독특했습니다. 1일 한정 30그릇인 순면을 여러 번 시도 끝에 먹어볼 수 있었는데요, 다른 냉면집의 순면보다 오히려 다량의 노른자를 써서 반죽하는 파스타 타야린(Tajarin)과 비슷하다는 느낌을 받았습니다. 지단과도 그 질감이 굉장히 잘 어울렸고요.

박   레퍼런스가 있다면 열 개쯤 있고, 없다면 또 없는 냉면입니다. 지단 얘기를 먼저 하자면, 삶은 계란을 올린 냉면이 클래식이지만 더 이상 계란이 귀한 고급 식재료라서 넣어주는 것이 아닙니다. 100개가 넘는 계란을 한 번에 삶고,

고들고들함과 부드러움이 공존하는 독특한 면의 질감이 지단과도 잘 어우러진다.

식히고, 껍질 까고, 자르는 노동량은 지단을 부치는 것과 별 차이가 없습니다. 국수집에서 하는 수준으로 지단을 내는 건 생각보다 어렵지 않거든요. 한번은 삶은 계란의 노른자 가 변형돼 있었는데도 그대로 손님상에 나갈 뻔한 적이 있 어요. 황화철 때문에 가장자리가 푸르스름해진 노른자는 보기에도 좋지 않고, 들어가는 노동량에 비해 좋은 결과를 얻기 힘듭니다. 이런 이유로 삶은 계란의 문제점을 미리 방 지할 수 있고, 면과 물리적인 조화도 뛰어난 지단으로 바꾸 었습니다. 지단과 면을 같이 먹었을 때 질감의 호응이 서로 잘 되는 편이거든요.

'평양냉면이란 무엇인가'는 여전히 결론 나지 않은 문제입니다. 평양을 방문한 외국인들이 유튜브 등에 올린 평양냉면 영상이나 금강산, 개성 관광지 등에서 팔렸던 냉면을 확인해보면, 지금 먹는 평양냉면 혹은 그에 대한 우리의 관념이나 상상과는 너무나 다릅니다. 겨자나 다대기도 많이 풀고, 면이 색도 진하고 쫄깃쫄깃해요. 심지어 예전에 통일부에 자료 열람 신청해서《노동신문》에 나오는 냉면 레시피를 다 뒤져본 적이 있는데 굉장히 여러 레시피가 나와 있었어요. 평양 사람들, 또는 평양을 중심으로 한 권력층이 평양 음식을 대표하는 냉면에 대한 자부심이 상당하기 때문에 냉면에 대한 연구도 많이 되어 있고, 레시피도 다양합니다. 그렇기에 육수 종류도 물론 다양하죠. 꿩 냉면을 평양냉면의 표준으로 여기지 않아요. 공통점이라면 미원이 들어간다는 점이 아닐까 싶을 정도로, 꿩과 닭을 쓰거나 소와 돼지를 쓰거나 소, 닭, 돼지 다 쓰기도 하고 한 가지씩만 쓰기도 하고 조리법이 굉장히 다양합니다. 평양냉면이라는 음식의 형태는 한국뿐 아니라 중국, 일본 등 아시아권에서 유통되고 있지만, 평양에서조차 정의와 레시피 정리가 되지 않은 상태입니다. 그래서 저는 가끔 '면스플레인' 하는 것을 보면 이런 생각이 들어요. 평양 사람도 모르는데 여러분이 아십니까.(웃음)

상업화된 평양냉면은 일제강점기인 1920~30년대에 보급되었어요. 당시 냉면이 평양에서나 서울에서나 유행했

다는 기록이 여럿 남아 있습니다. 우리가 기억하는 오리지
널 냉면이 상당 부분 여기서 기원하지 않나 싶습니다. 제빙
산업이 활발해지는 등 식품 산업 발달의 흐름에서 냉면 역
시 자리 잡은 것인데요. 또한 이때 장의 산
업화가 이루어지면서 산분해간장,✳ 일본식
양조간장이 대량생산되어 불고기나 돼지갈
비처럼 간장이 들어가는 상업적인 음식들
에 일반적으로 사용됐습니다. 1950~60년
대 성장한 여러 노포 음식들의 상당수가 저
렴하고 단맛이 많은 산분해간장의 영향을 받았어요. 이러
한 일련의 변화가 분명히 지금의 냉면 맛을 규정하는 데도
크게 영향을 미쳤다고 봅니다. 뜻밖에도 일제강점기 식품
산업의 발달이 현재 우리가 즐기는 평양냉면의 레퍼런스를
생산한 것일 수 있죠.

✳ 단백질을 함유한 식물성 또는 동물성 원료를 미생물의 발효가 아닌, 식용 염산 등의 산으로 분해하는 화학적 방법을 거쳐 소금과 조미료 등의 첨가물을 배합하여 제조한 간장.

**아노미 상태에
처한 한식**

용　　앞서 국밥을 다루면서 이야기 나눴지만, 세프님의 국
밥을 딱 받아들었을 때 기름이 일정 수준 떠 있는 걸 보면
서 맛을 예상할 수 있었습니다. 맛은 시간 축 위에서 전개되
는 경험이라고 늘 말해왔는데요. 대부분의 한국 음식에서
맛의 켜나 충위를 찾아보기 어려운 데 반해, 세프님의 돼지
국밥은 일종의 선처럼 나아가면서 중간 지점에서 치고 올
라온다는 느낌을 받았습니다. 또한 냉면의 경우 많은 노포

의 냉면 국물에서 느껴지는 맛의 여운을 지우는 단맛의 꼬리가 덜했습니다. 이는 분명 의도적인 설계에 의해 구현된 결과라고 생각해요. 맛의 설계에 대해서 보다 자세하게 듣고 싶습니다.

박 그렇게 정교하게 설계된 음식은 아니고, 맛의 레이어에 대한 이야기로 넘어가면 제가 아는 바도 많지 않습니다. 과학적 지식으로 결과를 도출했다기보다는 요리사로서 경험, 요리 과정에서의 예상, 또는 자기가 구현하고 싶은 맛을 위한 시도 등의 결과물이라고 보면 될 것 같아요.

단맛이 갖는 켜도 매우 중요합니다. 단맛이 음식에 미친 영향은 당대 한식이 지닌 중요한 특징 중 하나이자 딜레마이기도 해요. 설탕을 잘 사용하면 맛의 쾌감이 부각되지만 그것이 과해지면 다른 맛을 끌고 가는 수준을 넘어, 오히려 방해하기가 쉬우니까요. 사탕을 먹은 뒤에 남는 들큼한 기분이 별로 좋지 않듯이 말입니다.

저는 종합적인 맛, 예를 들어 기름의 맛, 소금의 맛, 단맛, 신맛 등의 배합을 결국 경험적으로 해석하게 됩니다. 각각을 얼마큼씩 배합했을 때 최종적인 만족도가 높을 것인가를 고민하죠. 고민해야 할 요소가 여러 가지예요. 하나의 음식을 한 숟갈 먹었을 때 만족도와 식사 중반에 느끼는 만족도가 다릅니다. 한식 국물 요리의 경우, 매운 깍두기를 곁들이면 국물이 깍두기의 온도와 결합되어 온도가 계속 떨어지는 한편 혀에는 마비가 오죠. 혀의 감각이 둔해지고 힘

위 피순대.
아래 양(眽), 양지, 스지(사태에 붙어 있는 힘줄)로 구성된 '소내포수육'.

이 떨어질 때쯤, 어떻게 끝까지 힘을 잃지 않고 손님들한테 어필할 수 있을지 고민합니다. 김치를 먹지 않는다면, 그리고 음식의 온도가 떨어지지 않는다면 설명이 쉽습니다. 그러나 그렇지 않기 때문에 식사의 끝에 가서 오는 만족감으로 당이 주는 포만감 외의 해법을 찾기가 어려워요. 이 점이 한식이 겪는 어려움 중 하나예요.

그러다 보니 요리사들이 향신채를 더 많이 쓰고 더 뜨겁게 내는 식으로, 계속 더 강한 자극을 찾는 경향을 보입니다. 기름을 넣은 탕반이 자글자글 끓고 있으면 100도가 넘거든요. 외국인들은 그것을 일종의 마술 쇼처럼 신기하게 봅니다. 저렇게 뜨거운 기름을 어떻게 바로 먹지? 그것도 열전도율이 높은 금속 숟가락으로 떠서? 우리는 매일 마술을 벌이고 있는 거죠.(웃음) 달리 말하자면, 한식이 어떤 식으로 흘러왔는지를 살펴볼 필요가 있습니다.

뚝배기는 원래 설설 끓이는 용도의 내화성을 지닌 용기가 아니었습니다. 뚝배기는 본래 큰 가마솥에서 끓인 국을 퍼서 손님상으로 나르기까지 온도를 보존하기 위한 용도였어요. 요즘 많이 쓰는 뚝배기는 옛날 뚝배기하고 성분 자체가 달라요. 과거의 뚝배기가 옹기와 흡사한 형태와 성분을 지녔다면, 지금의 뚝배기는 고분자학이 낳은, 현대적이고 우주적이기까지 한 기술이 만들어낸 고도의 상품입니다. 뒤집어 말하면 이런 뚝배기로 음식을 먹은 지 얼마 안 되었다는 것이죠. 그것이 전통 한식이라고 주장할 근거는 없

광화문국밥의 메밀고기국수. 지방의 고소함이 녹아든 맑은 고기 국물과 메밀 면을 함께 맛볼 수 있는 계절 메뉴다.

다고 생각해요. 물론 역사가 짧아서 한식이 아니라는 말은 아닙니다. 다만 분명한 사실은 현재 한식은 변화의 시기에 직면해 있고, 부정적으로 보면 지속적인 외래 음식의 공격 상태에 놓여 있습니다.

현재로선 한식이 아노미 상태에 처해 있다고 생각해요. 한식이 가야 할 방향을 풀어가려면 고급화의 길도 있고 위생의 문제도 해결해야 합니다만, 보다 근본적으로 한식당에서 일하는 조리 노동자의 문제 역시 계속 논의해야 합니다. 조리 인력의 가장 큰 비중을 차지하는 분들이 보조 요리사와 설거지 노동자거든요. 이분들 대부분이 저임금에 4대 보험도 없는 환경에 노출되어 있습니다. 이들도 요리와 식당 운영에 참여하고 있지만, 어떤 매체나 사회단체에서도 이에 대한 문제 제기를 끌고 나간 적이 없습니다. 심지어 찬모라는 이름을 버젓이 사용해요. 조선시대 때 주로 노비계급의 여성 보조 요리사를 일컬었던 이름을 현대 민주주의 국가에서 그대로 쓰고 있는 거예요. 현재 그 일을 주로 맡고 있는 중년 여성 요리 노동자들을 어떤 시각으로 바라보는지가 여실히 드러나는 겁니다. 다른 노동자들에 비해서, 대중식당 주방에서 일하는 노동자들의 엄청난 숫자에 비해서는 너무 이야기가 안 되고 있어요. 이런 문제를 제쳐두고 한식의 미래를 논할 수 없다고 생각합니다.

한식의
영원한 화두,
김치와 반찬

용   주요리를 거쳐, 김치와 반찬을 이야기해보겠습니다. 탕반의 김치에 대해서는 신맛이 지방을 잘라주는가, 온도가 어느 정도여야 하는가 등 여러 측면을 고려해볼 수 있는데요. 사실 저는 김치가 없어도 되지 않을까라는 생각도 합니다. 맛보다는 김치라는 음식 자체에 드는 공력 측면에서 그렇습니다. 김치가 음식값에 포함되어 있는 기본 요소치고는 별도의 관리가 필요하고, 손이 너무 많이 가지 않나요? 김치의 조리 및 관리에 대한 생각을 듣고 싶습니다.

박   저희 가게에선 배추김치는 안 하고 깍두기만 하고 있습니다. 아무래도 깍두기가 조리하기에 더 용이해요. 만드는 시간도 덜 들고, 무가 배추에 비해 채소의 조직이 단단해서 익히는 정도를 조절하기도 수월하거든요. 서울 지역 국밥집들이 보통 깍두기를 제공한다는 점이 저에게는 다행스러운 일이죠. 서양식의 관점에서 또는 미각의 과학으로는 맵고, 결국은 뜨겁다고 표현할 수 있는 김치가 미각을 마비시킴으로써 맛의 쾌락을 낮추게 된다고 볼 수 있습니다. 하지만 한국식 탕반을 먹을 때는 물리적 통각조차 맛의 일부로 수용해야 된다고 생각합니다.

　　냉정하게 말해 김치를 안 주면 식당이 망하죠. 그게 핵심입니다. 기왕에 담그려면 좀 더 맛있게 하자고 노력하는 정도예요. 저는 광화문국밥을 통해 대중 식사를 표방했어요. '밥집'이라고 하는 대중 식사의 형식이 심리적인 안정을 줍니다. 외국인도, 비평가도 마찬가지예요. 편하게 한 그

룻에 몰두할 때 느낄 수 있는 가치가 더 클 때도 많습니다. 그런 식당을 지향했기 때문에 김치와 다른 음식의 맛이 충돌하느냐에 대해서는 깊이 생각하지 않기로 잘라버린 거죠. 대중 식사의 익숙한 문법, 예를 들어 마늘, 고추, 쌈장을 같이 제공하는 방법을 따르겠다는 생각이었습니다. 늘 먹던 구성을 갖추었을 때 오는 만족감. 생마늘을 하나 쌈장에 찍어 먹어야 입가심이 되는 것도 맛의 과학적 측면에서는 틀렸을 수 있지만, 맛에는 심리적인 측면도 있으니까요.

용　식당에서 김치에 들이는 품에 비해 그 가치가 제대로 평가받지 못한다는 생각을 담은 질문이었습니다.

박　김치 가격이 음식값에 반영되어 있지만 온당하게 반영되어 있진 않습니다. 한번은 이런 일이 있었어요. 예전에 했던 식당에서 직원들 식사용으로 김치를 사서 먹었는데, 어느 날은 김치가 너무 맛이 없어서 얼마짜리 김치인지 물어보니까 만 몇천 원이라고 해요. 그래서 속으로 '꽤 비싼 편인데 이렇게 맛이 없냐.'고 하면서 더 비싼 걸로 시키자고 했어요. 그런데 나중에 결산하면서 보니까 그 김치가 10킬로그램에 1만 원대였습니다. 저는 1킬로그램에 해당하는 가격인 줄 알았는데 그 열 배의 양에 해당했던 거예요. 충격을 받고 공급 업체에 물어보았더니 완제품 김치가 당시 가격으로 8천 원대부터 시작해서 1만 원, 2만 원대로 올라가더라고요. 같은 무게의 절인 배추가 그와 비슷한 가격이거나 더 비쌉니다. 그럼 그 김치를 어떻게 만들었을까 추측해볼 때, 약간 소름이 끼치면서 우리가 김치를 너무 홀대하고 있지 않은지 생각하게 되죠. 궁극적으로는 임금이 올라야 음식값에도 정당한 노동의 대가를 반영할 수 있습니다. 그리하여, 김치의 맛은, 결국 '시급 만 원'하고도 깊은 관련이 있다고 저는 주장하는 바입니다. 기호 3번 박찬일입니다.(웃음)

**치프이자
셰프인 존재**

용   셰프는 반드시 직접 요리를 해야 하는 존재는 아닙니다. 앞서 미슐랭 세계의 셰프가 맛보기와 청소, 두 가지를 챙긴다고 말씀하신 것처럼 셰프는 관리자의 역할을 해야 하죠. 그런데 중간 관리자급의 인력을 구하기가 참 힘들다는 이야기를 자주 듣습니다. 여러 업장을 관리하는 입장에서 이런 문제에 어떻게 대처하시는지, 식당 운영의 차원에서 맛의 일관성을 어떻게 관리하시는지 질문드립니다.

박   좋은 요리사들, 업장별로 책임 주방장들이 필요하죠. 호흡이 잘 맞는 분들을 구하지 못하면 굉장히 고전하게 됩니다. 셰프(chef)에는 치프(chief), 즉 우두머리라는 뜻이 담겨 있잖아요. 나의 책임과 능력을 나눠서 써줄 분들이 있으면 내 에너지를 다른 데도 좀 더 자유롭게 쓸 수 있죠. 여기엔 운도 어느 정도 따라줘야 하는 것 같아요.

셰프를 월급쟁이 셰프와 오너 셰프로 나눌 수 있을 텐데, 페이 셰프는 요리를 관장할 때 오히려 부담이 적을 수 있습니다. 오너 셰프의 걱정과 고민이 너무 커서 음식이 산으

국밥, 국수, 그리고 술! 박찬일 셰프가 운영하는 가게들은 셰프가 가장 좋아하는 음식을 하고 있다.

로 가는 경우도 어렵지 않게 봤습니다. 자기 음식에 대한 고민의 폭이 너무 깊어지다 보면 요리할 때도 어깨에 힘이 들어가서 무리수를 둘 수 있거든요. 시간이 지나면서 점점 숙련되고 노련함이 쌓여가기는 하겠죠. 페이 셰프가 부담이 더 적다는 것이 가게에 대해 책임 지지 않는다는 뜻은 아닙니다. 페이 셰프가 오너와의 관계나 평가 속에서 균형감을 갖추기가 더 용이한 면이 있는 것 같아요. 오너 셰프냐 아니냐에 따라 처하게 되는 상황과 대처 방식이 달라집니다. 결론적으로는 각 업장 셰프들의 역할이 여러 업장을 운영할 수 있는 동력의 대부분을 차지한다고 생각합니다.

용　마지막으로 앞으로의 계획에 대해 듣고 싶습니다.

박　앞으로 뭘 해야 되겠다는 생각은 못 하고 있습니다. 지금 당장 하고 있는 일들을 굴리고 꾸리는 것만으로 상당히 벅차거든요. 요리를 안 하는 방법이 없을까? 솔직하게 말씀드리면 그런 생각을 할 때도 있습니다. 요리, 또는 요리에 대한 기획에서 벗어나서 살 수 있을까? 그건 어렵겠죠. 당장은 뚜렷한 계획이 없습니다.

용　지금까지 박찬일 셰프님과 함께 말씀 나누었습니다. 양식의 방법론을 이해 및 체득한 상황에서 접근하는 한식에 대한 이야기이다 보니 제가 쓴 책『한식의 품격』의 지향점과도 잘 맞아떨어지는 면이 있었습니다. 앞으로도 이런 시각에서 작은 요소라도 새롭게 바라본 한식을 계속 맛볼 수 있으면 좋겠습니다. 감사합니다.

4 자기 계발과
지속 가능성 사이의 모색

네 번째   **바 틸트(bar TILT)** 서울 서대문구 연세로11길 27
미식 대담   칵테일의 변용에 관심을 둔 작은 바.

주영준
대학과 대학원에서 사회학을 공부했다. 술을 좋아해 바텐더 일을
배우며 아르바이트를 하다가 직접 가게까지 차리게 되었다.
2011년부터 신촌에서 '바 틸트'를 운영하며, 다양한 매체에 술에 관한
글을 기고하거나 번역한다. 『위스키 대백과』, 『유리』를 우리말로 옮겼다.

"가게를 운영하면서
내가 모자라는 부분을 획기적으로
변화시킬 수는 없다는 걸 느꼈어요.
지금 당장 힘닿는 한에서 좀 더 연습해보고,
좀 더 고민하고, 자료를 찾아보자.
약간 소심하고 성실하게 가고 있습니다."

이용재(이하 용) 2009년경부터 제 블로그나 잡지, 신문 등 여러 창구를 통해서 음식점 리뷰를 쓰고, 음식에 대한 비평을 개진해왔는데요. 긍정적이든 부정적이든 리뷰 대상이 직접 자신의 견해를 밝혀오는 경우는 굉장히 드뭅니다. 이를 포함해 평론에 대한 피드백을 받거나 논의가 전개되는 상황 자체가 가뭄에 콩 나듯 드물게 일어납니다. 네 번째 출연자는 본인의 블로그를 통해서 저의 리뷰에 대한 그보다 더 긴 리뷰를 썼던 분입니다. 깊이 인상에 남은 긴 글의 주인공인 '바 틸트(Bar Tilt)'의 주영준 바텐터와 이야기를 나눠보겠습니다. 어서 오십시오.

주영준(이하 주) 반갑습니다. 바 틸트의 주영준입니다. 섭외를 받고 출연자 리스트를 봤더니 무시무시한 분들, 신문에도 자주 나고, 좋은 업장을 오랫동안 운영하신 분들이 쭉 등장해서 대학가에서 코딱지만 한 바를 하는 제가 왜 포함됐는지 의문이었어요. 예전에 이용재 평론가님의 리뷰를 보고 제가 장문의 글을 썼던 기억이 나서 말이 많으니까 불렀구나 싶었는데 제 추측이 맞았군요.

용 어느 정도는 그렇습니다. 이왕이면 이야기를 잘 풀어내는 분들을 모시고 싶다는 생각이 들었어요. 본인 소개부터 부탁드립니다.

주 신촌에서 바 틸트라는 작은 바를 운영하고 있는 주영준입니다. 2011년부터 바를 운영해왔고, 그 전에는 대학원에서 사회학을 공부하면서 언젠가 술 다루는 일을 하고 싶다는 생각으로 이곳저곳에서 일을 배웠습니다. 대학원을 졸업하는 시점에 그냥 직접 한번 해보자는 잘못된 선택을 했다가, 그것이 다년간의 밥벌이와 빚벌이를 해준 사례이고요. 바를 운영하면서 술에 대한 글을 간간이 쓰거나 번역하면서 소일하는 사람입니다.

**일본 답사,
하룻밤
스무 잔의 술**

용　　주영준 바텐더와 함께하는 「미식 대담」의 주제를 세분화해봤습니다. 먼저 자기 계발이라는 주제, 그리고 자영업의 지속 가능성이라는 문제. 이렇게 크게 두 줄기의 이야기를 다뤄보려고 합니다. 지난 시간의 박찬일 셰프처럼 경력이 오랜 분이 출연한 다음에는 좀 더 젊은 실무자를 초대하면 좋겠다고 생각하던 차에, SNS에서 하룻밤에 술 스무 잔을 마셨다는 바텐더님 글을 봤습니다. 여러 생각이 스쳤습니다. 이후 24시간 넘게 아무것도 안 올라오기에 일단, 과연 이 사람이 살아 있을까 걱정했고요.(웃음) 다행히 살아계셔서 하룻밤 스무 잔의 기억이 가시기 전에 그 이야기를 들어보고 싶었습니다.

주　　다 잊을 뻔한 기억을 상기해주시니까 갑자기 속이 안 좋네요. 다음 날 제가 연락 두절된 이유는 이번 여행의 제일 큰 목적 중 하나였던 도쿄의 갓파바시(合羽橋) 시장 방문이었습니다. 한국의 남대문시장처럼 주방, 가전 용품점이 모여 있는 골목이에요. 시장이 생각보다 크고 가게들이 따로따로 떨어져 있어서 장을 보느라 하루 종일 바빴습니다.

용　술병으로 몸져누우신 줄 알았습니다.

주　에이, 아닙니다. 사실…… 어떻게 다녔는지 모르겠어요. 원하는 물건들을 사긴 했습니다만.

용　그러면 소위 바 호핑(bar hopping)을 하셨나요?

주　네, 체류하는 내내 먹었어요.

용　그럼 사흘 동안 대체 몇 잔이죠! 참고로 바 호핑이란 한군데 오래 앉아 있지 않고, 메뚜기가 뛰듯이 바를 옮겨 다니면서 술을 조금씩 조금씩 마시는 것을 뜻합니다. 거기에 어떤 규칙이 있는 건 아니죠?

주　규칙은 없습니다. 제가 중독자는 아니고요.(웃음) 일본을 자주 갈 수 없으니까 어떤 방식의 술과 서빙이 있는지 궁금한 곳, 소개받은 곳을 최대한 많이 돌아봤습니다.

용　두 가지 목적의 여행이었네요. 비품 구입과 일종의 취재 또는 자료 수집. 여러 잔을 마시다 보면 피로감도 올 텐데 어떻게 정리하십니까?

주　메모를 하면서 정리합니다. 다음 날 해독이 좀 필요하지만요. 예전에는 일본의 바라고 하면 도쿄의 긴자 지역이 주로 언급되었는데, 최근에 시부야를 중심으로 재미있는 곳들이 많다는 이야기를 들었습니다. 그래서 시부야, 에비스 지역에 있는 바의 트렌드를 구경해보고 싶었습니다.

용　"재미있는 바가 생겼다."는 표현을 쓰셨잖아요. 바가 재미있다는 건 어떤 의미인가요?

주   '재미있다'는 형용사는 너무 많은 의미를 '퉁쳐'버리는 것 같아서 좋아하진 않습니다. 재미있다는 건 기존의 일본식 바라고 일컫는 흐름이 아닌, 새로운 결의 음료를 지급하거나 새로운 스타일이나 분위기를 선보인다는 뜻이었어요. 지역별로 묶어서 여기는 긴자 스타일, 여기는 시부야 스타일이라고 딱 나눌 수는 없지만, 바 문을 열었을 때 감지할 수 있는 일종의 공기의 색이 있습니다.

용   저는 '백만 가지 표정의 바가 있다'고 말합니다만, 한국에는 바가 어떤 흐름을 타고 특정 장르나 양식 위주로 들어온다고 생각하거든요. 대표적으로 스피키지 바(speakeasy bar)*와 그와 결이 다른 일본식 바가 있겠습니다. 『바텐더』같은 만화를 통해서 유통된, 흰 셔츠에 검은 웨이스트코트, 나비넥타이 등을 맨 바텐더가 손님을 공손히 맞는 일본 바의 전형적인 이미지가 있죠. 재미있다고 표현하신 대상의 특징이 이러한 바의 개념과 다른 것인지 궁금했습니다.

✽ 미국 금주령 시대 몰래 밀주를 판매했던 술집에서 유래하여 비밀스럽게 운영하는 콘셉트의 바.

한국 바 문화의 변천과 과제

용   일종의 답사를 다녀오면 크게는 한국의 바 신부터 본인의 업장까지, 즉 나의 현실과 비교해보게 될 텐데요. 그 과정에서 느낀 소감을 들어보고 싶습니다.

주   바가 손님은 돈을 내고 즐겁게 술을 마시고, 바텐더는 술을 만들어서 손님에게 즐거운 시간을 선사하는 것에서 끝나는 문제라면, 훨씬 쉽게 모두가 즐거울 수 있을 텐데요. 여기엔 술 자체뿐 아니라 문화적, 사업적, 법적 문제까지 예민하게 걸려 있습니다. 이번 출장에서는 이런 여러 요소들을 나눠서 생각해보려고 노력했어요. 다시 말해 술 자체에 집중하기보다는 술 이외의 요소, 이를테면 바의 동선이나 손님들의 분위기, 가격대 등을 좀 더 면밀하게 보고자 했습니다. 그러면서 느낀 것 중 하나는 바 신을 구성하는 바텐더의 측면에서는 한국도 훌륭한 수준에 이르렀다는 것이었어요. 저는 비록 모자라지만.

용 기술적인 측면을 말씀하시는 건가요?

주 기술뿐 아니라 공부, 고민의 측면에서도 그렇습니다. 한국에서 바텐더로 일하고 있는 사람들의 수준 자체는 미국, 유럽, 일본처럼 바가 발전한 곳에 비해서 더 이상 크게 밀리지 않습니다. 물론 문화적인 차이는 있습니다. 한국에서 바 문화가 자리 잡은 지는 얼마 지나지 않았으니까요.

용 얼마나 됐다고 봐야 하나요. 20년?

주 그 정도라고 할 수 있죠. 예를 들어서 1998년에는 한 세계 대회에서 한국인 바텐더가 우승했어요. 그 이후로 '플레어 바(flair bar)' 문화가 발달했던 적이 있고, 패밀리 레스토랑 프랜차이즈인 TGI프라이데이 중심으로 편한 칵테일들이 개발되기도 했습니다. 또 인기 있는 칵테일 중 하나인 준벅(June Bug)* 의 레시피가 부산 TGI프라이데이에서 나왔

✿ 한국에서 인기 있는 대표적인 칵테일. 달고 상큼한 멜론 리큐어, 럼, 파인애플 주스 등이 들어가는 이른바 트로피컬 계열에 속한다.

다는 이야기도 있습니다. 꽤 맛있는 칵테일이거든요.

용   보충 설명을 드리자면, 플레어는 퍼포먼스 위주를 뜻합니다. 칵테일을 만들면서 잔을 던지고 받는다거나 한꺼번에 여러 잔의 술을 만든다거나 퍼포먼스를 적극적으로 보여주는 거죠.

주   플레어 바에서 예전엔 불 쇼도 하고 화려한 기술을 많이 보여줬어요. 요즘은 '워킹 플레어(working flair)'라고 하는, 술을 주조하는 과정에서 나오는 동작들에 세심히 신경 쓰는 바텐더들이 있습니다.

용   칵테일을 만드는 동작을 일종의 안무처럼 구성하는 건가요?

주   예, 음료 자체의 질에 집중하는 바텐더도 현란한 워킹을 보여주는 경우가 많습니다.

용   두 마리 토끼를 좇는 시도라고 볼 수 있겠네요.

주   저는 직접 경험해보지 못했지만, 90년대 한국에서 유행했던 플레어 바의 전통도 현재의 흐름이 긍정적으로 진행되는 데 도움이 된다고 생각합니다. 그 시절의 한국 플레어는 세계적인 수준이었다고 하고, 현재 국내의 유명한 바텐더들 중에 그쪽 출신들도 많다고 해요. 이런 차원에서 한국 자체의 문화가 어떤 가능성을 보여줄 수 있을 거예요. 물론 기본적으로 '서양 술'을 주재료로 사용하는 칵테일 신에서, 한국은 술을 자유롭게 사용할 수 있던 근대 이후의 역사가 길지 않다는 한계가 있습니다. 역사적 바탕의 한계겠죠. 하지만 바텐더 개개인의 역량이나 노력은 세계적인 수준에 뒤지지 않는다고 생각해요.

**한국의
바텐더는
어떻게
수련하는가**

<u>용</u>　바텐더가 수련을 위해 거치는 단계가 궁금합니다. 요리 분야의 최근 흐름을 보면 외국 조리학교라는 존재가 한국인의 시야에 들어왔고, 그 결과 어떤 지각 변동이 왔죠. 그 전에도 대학 교과과정에 호텔조리학과가 있긴 했습니다만 대개 도제식 교육을 거쳐 요리사가 양성되었습니다. 그런데 조리학교의 존재감이 지나치게 강하게 박히면서 그것이 마치 정도(正道)인 것처럼, 너무 한쪽으로만 흘러간다는 느낌이 들어요. 바텐더의 세계에도 정도로 여겨지는 과정이 존재하나요?

<u>주</u>　이 역시 시대마다 차이가 큽니다. 저는 21세기가 된 이후에나 술을 마시기 시작한 사람이라서 직접 경험해보지는 못했어요. 스승뻘 되는 선배 바텐더 이야기를 들어보면 한때는 호텔의 유명한 바텐더들이 자기 이름으로 스쿨을 열고, 거기 출신들이 바텐더로 활약하던 때가 있었다고 합니다. 플레어 시대에는 맨 밑에서 설거지부터 배우는 도제식의 꽉 짜인 커리큘럼을 갖춘 팀 단위들이 있었던 거죠.

지금은 루트가 다양한 것 같습니다. 몇몇 크고 훌륭한 바에서 바텐더를 잘 키워내기도 하고, 아예 외국의 유명한 바텐더에게 사사하기도 해요. 최근 주목받는 바 중 하나

인 텐더(Tender)의 양광진 바텐더는 긴자의 전설적인 바텐 더 우에다 가즈오(上田和男) 씨한테 직접 가르침을 받았고 가게 이름도 물려받았다고 해요. 그리고 외국 주류 브랜드 의 한국 지사 등 주류 회사에서 주최하는 프로그램도 상당 히 잘 짜여 있다고 알고 있습니다. 아직 하나의 정규 통로가 확고하게 자리 잡은 상황까지는 오지 않은 것 같습니다. 언 젠가 그렇게 될 수도 있겠죠.

용 물론 요리도 그렇습니다만, 바텐더 교육의 통로가 더 궁금한 건 바와 칵테일의 세계는 기본적으로 외부에서 만 들어진 술, 곧 완제품을 사용하기 때문입니다. 술을 기성품 이라고 봐도 되겠죠?

주 네, 공산품이고 기성품이죠.

용 기성품을 어떻게 쓰느냐는 상당 부분 지식이나 데이 터베이스가 쌓여야 풀 수 있는 과제라고 생각합니다. 기본 적으로 위스키(whisky), 특히 싱글몰트(single malt)를 좋아한 다면 머릿속으로 싱글몰트 지도를 그리겠죠. 아일라(Islay) 나 하이랜드(Highland) 같은 지역을 그리고, 각 지점에 위스 키의 특정 브랜드를 올려놓는 것도 일종의 학습이잖아요. 이런 학습이 어떻게 이루어지고 정보와 지식이 어떻게 계승 되는지가 궁금했습니다.

주 현장에서 실무를 배우면서 개인 시간에 독학하는 친 구들을 많이 봤습니다. 책을 읽고, 근무 시간 외에 연습하 고, 다른 바텐더들과 얘기하면서 서로 익혀가는 거죠.

<u>용</u>　아직도 대체로 개인에게 달려 있네요. 그 과업이 개개인에게 버겁거나 부담스럽지는 않나요?

<u>주</u>　어느 정도 시스템을 갖춘 수련 방식에 대해서는 저도 정확히 알지 못합니다. 근무하는 바텐더 수도 많고 술도 400~500병씩 있는 대형 바는 좀 더 체계화된 커리큘럼이 있다고 들었는데, 제가 그런 데서 일해보지는 않았어요.

**칵테일
독학기**

<u>용</u>　그럼 본인의 직업적인 수련 과정을 들려주시면 좋겠습니다. 간단하게 질문하자면, 매장을 내기 전까지 어떠한 과정을 밟으셨는지 궁금합니다.

<u>주</u>　먼저 술을 배우기 시작한 10년 전의 상황을 복기해볼게요. 그 즈음 좋은 바들이 하나둘 생겨나기 시작했습니다. 그때까지도 제 기억에는 좋은 칵테일을 마시려면 호텔 바를 가야 한다는 얘기가 있었고, 플레어 바의 분위기가 약간 남아 있었어요. 그리고 대학가나 일반 동네에는 굉장히 싼 술, 한 병에 6천 원 하는 싸구려 보드카(vodka) 위주로 내는 바가 있었죠.

<u>용</u>　**한 병에 6천 원이면 연료에 가깝네요.**(웃음)

<u>주</u>　연료죠, 소주보다 효과적인. 여하간 저는 그때 바와 펍에서 알바하면서 어깨 너머로 배우고, 글과 책을 통해서 배우고, 제가 손님으로 알게 된 좋은 바텐더들한테 물어보고 하면서 배웠어요.

용   초반에 독학을 했다는 말씀인가요?

주   네. 저희가 구글 시대에 살고 있지 않습니까.

용   방금 책을 읽으면서 공부했다고 하셨는데, 주로 어떤 종류의 책을 보시나요? 정보가 필요한 분들에게 도움이 될 것 같습니다.

주   기본 레시피책들이었어요. 주로 외서였고요.

용   독학할 당시에 한국에도 책이 충분히 나와 있었나요?

주   충분하지 않았습니다. 요즘에는 기술적인 정보나 깊이 있는 이야기도 인터넷에서 쉽게 찾아볼 수 있잖아요. 저역시 수많은 웹 매거진, 데이터베이스화된 웹 페이지에서 정보를 얻었습니다. 이를테면 과일 보관을 어떻게 해야 하는지, 이 술과 저 술을 섞을 때 무엇을 고려해야 하는지 등등. 다른 실무자들과의 교류, 그리고 온라인 자료가 저한테는 큰 도움이 되었습니다. 영어권 사이트들 보면 영상 자료도 많아요.

용   칵테일을 좋아하고 취미 삼아 공부도 하다가 특정 바의 인턴을 하게 되셨나요? 사회학과 대학원에 다니는 중이었는데, 전공과 다른 직업 선택에 갈등은 없으셨나요?

주   웃기고 슬픈 사연이 있습니다. 직업을 구체적으로 선택해야 되는 상황에서 제가 간간이 일했던 바의 사장님이 매니저 제의를 하셨어요. 부담 없이 해보고 잘 안 돼도 1년이든 반년이든 재밌게 놀고 나서 내 갈 길 가자는 생각이었어요. 그때부터 집중적으로 좋다고 하는 바도 다녀보고 제가 찾은 정보도 정리했습니다. 그런데 준비가 됐을 때쯤 사장님이 가게를 털어버린 거예요. 이왕 시작한 바에 제가 모아놓은 돈과 빚을 한번 던져보자고 결정했던 거죠.

50가지 술로도 좋은 바가 될 수 있다

용   술을 배우던 때를 얘기하시면서 "어느 시점에 좋은 바가 출현했다."는 표현을 쓰셨는데, 여기서 '좋다'고 함은 어떤 의미인가요? 플레어를 하지 않는 바를 말하나요?

주   저는 플레어도 좋은 바라고 생각합니다. 좋은 바란 조금 더 음료와 접객 자체에 대한 고민과 실천을 담고 있는 바라고 할까요. 극단적인 사례일 수도 있지만 학생 때 단골 가게 중에는 그렇지 않은 곳도 있었거든요.

용   마치 예전엔 바가 없었던 것처럼 얘기하지만 두 종류의 바가 있었습니다. 대학가 근처에서 술보다는 화장품에 어울릴 법한 보드카 아니면 병맥주와 쥐포를 파는 종류의 바, 그리고 완전히 다른 종류가 있었죠. 지금도 한국 사람들이 바를 왜곡되게 생각하는 데 영향을 끼쳤고요. 술을 즐기고 바텐더와 소통하는 개인적인 공간이 아닌 바, 바텐더 없는 바도 있습니다. 바에 대해서 좋다는 개념의 초점을 어디에 두고 계신지 궁금했습니다.

주   그에 대해 명쾌하게 정리한 글을 인터넷에서 본 적이 있어요. "바의 기준은 훈련된 바텐더와 즐기기 충분한 정도의 주류 라인업, 편안한 분위기에 있다." 저는 바를 설명하는 기준이 술을 다룰 수 있는 바텐더, 그리고 기본이 되는 술이면 된다고 봅니다. 술을 몇백 병씩 갖춘 바도 좋지만 최소한의 종류를 갖췄더라도 라인업이 괜찮으면, 가령 50병으로도 좋은 바가 될 수 있다고 생각해요.

용 술의 가짓수를 말씀하시는 거죠. 50병이면 규모가 작은 편일 텐데, 지금 틸트는 얼마만큼 갖추고 있나요?

주 250가지 정도 됩니다. 아예 위스키의 다양함으로 승부하려는 가게는 위스키만 200종류 넘게 가지고 있는 곳도 많습니다. 하지만 칵테일이 재밌는 또 다른 이유는 술 종류만 필요한 게 아니라는 점이에요. 저만 해도 다른 식재료를 활용하려고 노력하는 편입니다.

공산품의 수많은 가능성

용 아주 기본적인 질문을 이 시점에서 해보고 싶은데요, 칵테일이 특별히 좋은 이유는 뭔가요? 맥주, 위스키, 와인 등등 술에 대한 참으로 다양한 기호 중에서 왜 칵테일인지, 개념적인 이유가 있는지 궁금합니다.

주 지금 보면 조금 잘못된 생각이긴 한데, 뚜렷한 이유가 있었어요. 위스키나 와인 같은 술은 높은 확률로 가격과 맛이 비례하죠. 반면에 칵테일의 경우, 싸구려 밀조주를 어떻게든 그나마 먹을 수 있는 맛으로 만들어보려고 했던 시도가 칵테일의 발전사에서 꽤 중요했다고 생각합니다. 상대적으로 저렴한 재료로 만든 맛있는 술이 칵테일이라는 결론

바텐더와 손님의 대면, 곧 접객이 이루어지는 바 테이블 뒤로 250여 종의 술을 갖추고 있는 틸트의 백바(back bar)가 보인다.

이었어요. 그렇다고 해서 6천 원짜리로 맛있는 맛을 낼 순 없지만 어느 수준 이상이 되면 다양하게 즐겨볼 수 있습니다. 학생 때 가장 끌렸던 건 그 다양성 때문이었습니다.

용 공산품이기 때문에 다양한 제품이 존재하고, 또한 그것을 섞을 때 생겨나는 다른 가능성에 집중하셨다는 의미로 이해하면 맞겠습니까?

주 그렇죠. 저는 와인이나 위스키를 보면 예술품 같다는 느낌을 자주 받습니다. 그에 비해서 우리가 주로 다루는 진(gin)이나 보드카 등의 화이트 스피릿(white spirit)은 다르죠. 크래프트 보드카처럼 고가 상품이 있긴 하지만, 직업인으로서나 일반인으로서나 자주 접하는 화이트 스피릿은 거의 공산품이에요. 말씀하신 것처럼 공산품끼리 섞어서 만들어낼 수 있는 효과가 흥미롭습니다.

용 저희가 계속 공산품 이야기를 하는데 보드카나 술에 대한 다양한 기호를 폄하하려는 의도가 아니라는 점을 밝히고 가면 좋겠습니다. 공산품이라는 단어가 부정적인 어감을 띠기도 합니다만, 그것이 지닌 일관성, 지속 가능성처럼 긍정적인 특성을 전제하고 이야기 나누었습니다. 살짝 삼천포로 빠져보면, 저는 특히 한국 음식이 대량생산의 맥락에 어떻게 적응해야 하는지 더 적극적으로 고민해야 한다고 생각하고요.

**스타일은
디테일에 있다**

용 　바텐더는 기본적으로 스피릿과 리큐어를 다루는 일을 합니다. 그런데 많은 술이, 특히 위스키는 한국에서 생산되지 않습니다. 일본만 해도 직접 위스키를 생산하지만 한국에서는 소주를 제외하면 증류주를 거의 만들지 않죠. 이런 점에서도 바 문화가 완전히 외국 것이라 할 수 있는데요, 그럼에도 한국 바 문화의 한국적인 요소는 과연 무엇인지 고민해볼 수 있다고 생각합니다.

주 　주로 유럽, 북미 바텐더들의 게스트 바텐더나 마스터클래스 등을 통해서 이야기 나누는 자리가 생기면, 어떤 것이 한국적인 것인가 묻는 질문이 나오곤 합니다. 런던의 세계적인 바 나이트자(Nightjar)에서 일했던 루카 치날리(Luca Cinalli)가 한국에서 마스터클래스를 진행한 적이 있어요. 그때 그가 한국이 일본의 스타일을 따라가려고 하지만 특정 스타일엔 고유한 맥락이 존재하는 것이기 때문에, 맥락과 상관없이 스타일을 좇기는 힘들다고 혹평에 가까운 얘기를 했던 기억이 납니다.

용 　앞서도 일본적인 것에 대해 언급했듯이 정중하고 세심한 접객 등으로 상징되는 스타일을 말씀하시는 것이죠?

주 　긴 수련 기간을 거쳐서 항상 균일한 맛과 정제된 분위기를 내는 스타일의 바라고 할 수 있겠습니다.

용 　그런데 한국에서 바가 군이 그렇게 갈 필요는 없다?

주 　네. 그리고 한국적인 것을 찾아라. 맞는 말이긴 한데 외부자라서 쉽게 할 수 있는 말이기도 하죠.

<u>용</u>　일본을 따라가지 말라고 말하기는 쉽지만 대안이 될 만한 구체적인 재료를 찾기는 어렵습니다. 음식 문화 수준이 높은 일본을 따라가는 것도 쉽지 않고요. 다른 한편으로 그 지극한 완벽주의의 추구 뒤에 무엇이 남는지 질문해보면, 가혹하거나 답답하다는 생각이 들 때도 있습니다. 바텐더 동료들과 한국은 무엇을 추구해야 할지에 대한 의견도 나누시나요?

<u>주</u>　그런 얘기는 항상 끝이 없어요. 논의 대상은 음료의 완성도와 접객의 완성도라는 두 가지 기본 틀인데, 디테일로 갈수록 의견이 달라집니다. 가령 어떤 접객이 좋은 것인가라는 큰 질문이 있죠. 떠들썩하고 시끄럽고 편안한 분위기를 좋아하는 사람도 있고, 조용하고 주문도 속삭이듯이 하는 분위기를 좋아하는 사람도 있어요. 이 둘 사이의 우열은 없다고 생각해요.

<u>용</u>　동의합니다. 다만 실제 경험으로 미뤄보자면 조용하고 개인적인 분위기와 손님한테 무관심한 것은 다른 것인데, 그것이 구분이 안 되는 곳이 있습니다. 그 반대의 경우도 마찬가지고요. 한국 바들이 아직 조용함과 무신경함, 활기참과 시끄러움 혹은 선을 넘는 행동의 경계를 충분히 구분하지 못하는 것 같습니다.

<u>주</u>　지금 하신 이야기를 듣다가 '좋다, 재미있다, 잘한다.' 같은 추상적인 표현을 평소에 싫어하면서도 자꾸 사용하게 되는 이유가 떠올랐습니다. 말씀하신 대로 차라리 명확한

아이리시위스키 부시밀즈(Bushmills)로 만든 하이볼.

기준과 방향이 있다면 그 내용에 집중해서 구체적으로 이
야기할 수 있을 거예요. 조용하지만 무심하지 않은 분위기
를 내고자 할 때 음료 제조, 접객, 가게 내부 구성 등에 대한
수많은 세부 사항과 지침이 필요하잖아요. 실제로 철저한
바 매뉴얼이 나올 때까지 제법 긴 기간을 가오픈 형태로 운
영하다가 매뉴얼이 확정되고 나서 정식 오픈을 선언하는 경
우도 있어요. 그렇지만 좋은 분위기 혹은 잘하는 바텐더를
설명하는 긴 디테일의 목록을 이 자리에서 쭉 늘어놓을 수
는 없어서 자꾸 추상적인 표현이 나오는 것 같습니다.

　　예를 들어 손님이 오면 인사를 합니다. 가게의 기본이
죠. 그런데 어떤 인사를, 어떤 톤으로 할 것인지가 중요합니

다. 이를테면 항상 변하지 않은 인사말을 하는 것과 상황에 따라 변주하는 것 중 어떤 방식으로 업장의 톤을 구성할지 결정해야 하죠. 또한 칵테일을 낼 때는 음료의 본원적 의미를 최대한 보수적으로 해석한 음료를 낼 것인가, 아니면 현대적 변용을 적극적으로 활용할 것인가. 혹은 위스키를 추천할 때는 어떤 식으로 이야기할 것인가. 이런 질문들과 그 답이 곧 디테일의 목록에 들어갑니다.

용 제가 과장을 보태 백만 번 정도 받은 질문이 있습니다. 입맛은 주관적인 것인데 어떻게 평가를 하느냐. 그때마다 항상 '객관적인 요소로 주관을 쌓는다'는 표현으로 답합니다. 바에 대해서도 마찬가지 맥락에서 이해할 수 있겠지요. 앞서도 말했듯 바는 백만 가지 얼굴을 가지고 있습니다. 다만 두 개의 층위로 이뤄진 것이 아닐까요? 개성적인 면모가 있지만, 그 밑에는 모든 바의 공통적인 요소가 존재하는 거죠. 바를 이루는 공통의 토대에, 어떻게 내가 원하는 개성을 덧씌워서 내보이는지가 중요하다고 느낍니다.

생존이 곧 성공인 현실

용 대화의 주제를 바꾸어 생존과 지속 가능성의 문제를 다뤄보겠습니다. 요즘 자영업은 생존이 1차 목표인 현실입니다. 어찌 되었든 2011년부터 바를 유지해왔고, 생존하셨습니다. 한국의 자영업 주기로 보면 상당히 긴 시간입니다.

주 제가 바텐딩은 잘 못 하는데 자영업은 그럭저럭 해내고 있는 것 같네요.

용   그간의 소회가 궁금합니다. 그래도 어떠한 요인 덕에 여기까지 올 수 있었다고 보시나요? 생존과 지속의 비결이 있을까요?

주   비결이랄 것 없이, 생존이 결국은 제1의 과제가 되었습니다. 예전에는 제 일이나 음료와 공간에 대한 철학이 있었는데, 생존이란 과제 아래 목표나 철학이나 방식이 전부 바뀌어버린 것 같아요.

용   그 변화 과정이나 상황이 바뀐 계기가 있다면 듣고 싶습니다.

주   바를 시작할 때에는 괜찮은 술을 손님한테 서빙해보는 게 목표였습니다. 그때만 해도 좋은 술을 마시려면 호텔이나 강남에 가야 했고, 다른 곳들에선 말도 안 되는 술도 쓰고 그랬거든요. 그래서 일반 바보다는 조금 더 '말이 되는 술'을 적당히 저렴한 가격에 팔면 되지 않을까 생각했고, 그런 모델이 나쁘지는 않았던 것 같습니다. 이후 좋은 바들이 점점 늘어나면서 저도 계속 공부하게 됐고, 한편으론 더 비싼 재료를 쓰게 되면서 가격을 올릴 수밖에 없는 압박도 들어왔습니다.

용   좋은 바들이 생겨나면서 어떤 자극을 받았나요?

주   손님이 친한 친구가 되기도 하고 친구가 손님이 되기도 하는데, 제 주변에 술 좋아하는 친구들이 많아요. 그 친구들이 최근 몇 년 동안 너무 행복하다고 얘기합니다. 바의 전체적인 수준이 올라가면서 폭탄을 밟을 위험이 줄어들었다는 거죠. 소비자 입장에서는 위스키나 칵테일 시장이 커지면서 경쟁과 자극과 공유의 상호작용이 늘어난 덕분이라고 생각하더라고요.

바텐더인 생산자 입장에서는 편하게 만나서 얘기할 수 있는 바텐더 풀이 늘어났습니다. 요즘 전체 신에서 무엇이 유행인지, 어디서는 뭘 하는지, 해외에선 어떤 흐름이 있는지 등의 정보 교류도 그만큼 더 활발해졌어요. 이번에 새로 뭐가 수입된다거나, 이런 게 유럽 어느 챔피언십에서 1위를 했다거나, 아니면 근처에 새로 생긴 바의 바텐더가 뭐를 엄청 잘한다거나. 외부의 자극, 혹은 생산자에 대한 정보가 저에게도 큰 영향을 줬습니다.

손님들의 변화도 체감할 수 있는데요, 가령 초창기에는 신맛을 대부분 선호하지 않았어요. 저도 그다지 좋아하지 않았고, 신맛이 나는 레시피를 그대로 따르면 신맛이 너무 강하다는 반응이었거든요. 지금은 손님들이 신맛에 익숙해져서 레시피 그대로 내도 반응이 좋습니다. 좋은 음료를 많이 경험하면서 훈련이 된 거죠. 손님들 수준도 더 높아졌어요. 이런 여러 방면의 변화나 흐름 속에서 그때그때 필요에 따라 디테일을 수정해가면서 지금까지 버텨왔다는 생각이 듭니다. 운도 좋았고요.

**혼술을 즐기기
위해 필요한
고정관념**

용   이런 점도 궁금합니다. 현재 바에 대한 사람들의 스테레오타입이나 선입견이 존재하나요? 존재한다면 영업에 어떤 영향을 미치나요?

주   오히려 스테레오타입이 존재하지 않아서 문제인 것에 가깝다고 생각해요. 최근 들어서야 현대 한국 사회에서 혼자서 뭘 먹는 행위가 '혼밥', '혼술' 같은 조어로 조명되었잖아요. 바는 기본적으로 바 테이블을 갖추고 있고, 정석까진 아니지만 혼자나 둘이 간단히 와서 마시고 즐기는 곳입니다. 아직은 혼자서 바를 찾는 행위 자체에 특별하다는 이미지가 덧붙어 있습니다. 차라리 명징한 행동 양식이 존재한다면 손님들도 부담 없이 시키고 먹으면 된다고 받아들일 텐데요. 제가 바를 하는 초창기에는 그렇지 못했기 때문에 바텐더나 손님이나 서로 어려움이 있지 않았나 싶습니다.

용   좋은 표현은 아니지만 '교육'이 필요한 상황이라고 할까요. 손님이 바 문화에 낯설 수도 있음을 유념하고 완화해야 한다는 부담감이 여전히 존재하나요?

주   그런 경우는 예전보다 확실히 줄었지만, 바가 대중적이라고 말하기는 아직 이른 듯합니다. 혼자 가게에서 밥 먹는 형태나 1인 식당이나 이제 활성화되기 시작했으니까요.

**대학가 상권의
속성**

용   상권이나 입지 측면에서 생존 문제를 다뤄보고 싶습니다. 바 틸트를 대학가 상권이라는 맥락과 떼놓고 생각할 수 없겠죠. 지금까지의 생존에 대학가라는 입지가 큰 영향을 미쳤나요?

주   일단 신촌은 대학가 상권 중에서도 망한 상권이고, 지금도 망해가는 중이에요. 세 들어 있는 건물 2층이 저희 가게 빼고 왼쪽, 오른쪽 전부 고시원입니다. 일단 대입 인구가 줄어들면서 대학 자체의 규모도 줄어드는 상황이고요. 사실 신촌에 터를 잡을 때 대학가라는 지역적 특성을 별로 고민하지 않았습니다. 신촌이 어쨌거나 서울 서북부에서 교통이 꽤 편한 곳이면서 상대적으로 월세 부담이 덜했어요. 제가 신촌 지리나 분위기에 익숙하기도 했고요.

용   대학가라서 선택한 것은 아니더라도 당시에 상권이나 시장 분석을 하셨을 거잖아요. 어떤 점에서 승산이 있다고 보셨나요?

주   지금은 신촌에 좋은 바도 많고 2017년에는 '신촌 칵테일위크'도 성공적으로 끝났지만, 오픈 준비할 때만 해도 제가 생각하는 바의 최소 기준을 맞춘 곳이 두 개밖에 없었습니다. 물론 없는 데는 그만한 이유가 있죠. 기본 여건이 안 잡혀 있는 곳의 위험부담이 있지만, 일단 주변에 경쟁 상대가 거의 없으니 어떻게든 기본은 하겠다는 나이브한 생각이 컸습니다.

용   요즘 대학가 상권 중에 어떤 의미로든 쇠락하지 않은 곳이 있는지 의문이 들긴 합니다. 대학가 인근이라는 점에 기반해서 고객층 분석을 해보면 어떤가요? 학생과 학생 아

단맛이 강한 브로커스진(Broker's Gin)에 장미 시럽을 더해 날카로운 포인트를 준
틸트의 창작 칵테일 '에올리카'.

넌 손님의 비율이 어느 정도인지, 고객층이 변화해왔는지
궁금합니다.

주 구성에 변화가 있죠. 기존 손님들이 나이를 먹어가고,
이탈하는 손님도 있고, 새로 들어오는 손님도 생깁니다. 대
학가라서 나타나는 특징 중 하나는 학생들이 기간 한정으
로 머문다는 것입니다. 삶의 터전이 아니니까요. 졸업 후에
다른 곳으로 떠나는 경우가 많은데, 틸트 손님들 중에서는
컴퓨터 관련 전공자나 책 좋아하는 분들이 두드러지는 편
이에요. 나중에 보면 인문대 친구들은 파주에 가 있고 공대
친구들은 판교에 가 있더라고요.(웃음)

예전보다는 고객층의 평균 연령이 올라갔습니다. 제가 나이를 먹으면서 아무래도 저와 편하게 상호작용할 수 있는 연령층도 올라갔어요. 새로 유입되는 학생 손님들도 있긴 하지만 기존 손님들이 나이를 먹으면서 전체적인 나이대는 조금 올라간 것 같아요.

용   일부러 찾아오는 손님들도 많아졌나요?

주   감사하게도 확보된 손님, 단골이 늘어났습니다.

입지와 임대료라는 저울추

용   한국에서 왜 자영업이라는 주제는 음식으로 치면 맛있음, 즐거움, 행복함과 같은 감각이나 심상과는 만나지 못하고 끊임없이 생존이라는 과제의 무게에 짓눌릴까요? 사실 명확히 드러나는 답이 있습니다. 바로 부동산 문제죠. 임대차를 바탕으로 한 자영업일 경우에 소득의 한계선이 그려집니다. 임대료가 상당한 고정비용을 차지하는 탓입니다. 주영준 바텐더님도 이 때문에 어려움을 겪으시나요?

주   장사하는 사람들은 월세 싼 데는 장사가 안 돼서 망하고, 월세 비싼 데는 돈 벌어봐야 월세로 다 나가서 어렵다고 이야기하거든요. 저는 상대적으로 월세가 가벼운 데 있다 보니 나가야 할 액수에 대한 스트레스는 적지만, 월세가 싸다는 것은 곧 상권 변두리 낡은 건물의 2층이라는 열악한 입지를 뜻하죠.

용   지금껏 월세가 오르지는 않았나요? 임차한 매장의 장사가 조금이라도 된다는 낌새를 느끼면 어떻게든 인상 압박이 들어오고, 결국 장사하기가 어려워지는 스토리를 너무도 흔하게 봐왔습니다.

주 지금 가게는 신촌 상권의 가장 외곽에 있어서 그냥 지나가다 들어오는 손님을 기대하기 힘들거든요. 공간도 작고 2층이고 한계가 명확해서 월세 인상의 위협에선 상대적으로 자유롭습니다. 처음부터 싼 월세를 우선순위에 두고, 입지를 포기하고 잡은 자리였어요.

용 여러 조건을 두고 선택을 하기까지 갈등이 많았나요?

주 들어가고 싶은 좀 더 목 좋은 자리가 있었는데, 그때 생각에 바는 결국 손님이 다른 손님을 데려오는 곳이었어요. 내가 좀 더 열심히 해서 잘하면 단점을 상쇄할 수 있겠다고 생각했습니다. 월세가 저렴한 데 들어갔기 때문에 초기에 잘 버틸 수 있었던 면도 있지만 지금은 가끔 속이 탑니다. '내가 저기 들어갔으면 지금쯤……' 지금까지 살아남았기 때문에 할 수 있는 배부른 소리이기도 하죠. 크고 목 좋은 데서 성공한 사람은 또 반대로 생각하지 않을까요. '이 정도면 조금 더 외진 데로 갔어도 됐을 텐데, 그러면 이 비용이 빠지고 지금 사정이 더 나았을 텐데……'

용 브랜드 파워나 정체성이 확고하다는 판단이 서면 후자처럼 생각할 수 있겠죠.

**생존과 삶의
양립 가능성**

용   제가 항상 하는 이야기가 있습니다. 경영을 시작하면 자기 계발이 어려워진다. 가게를 여는 순간, 자기 수련이 너무나 힘들어진다는 점을 깊이 유념해야 한다.

주   시작하고 1~2년 정도 초창기에는 어떤 자질에 집중해야 할지, 어느 쪽으로 나아가야 할지 목표를 생각했습니다. 하지만 가게를 운영하면서 내가 모자라는 부분을 획기적으로 변화시킬 수는 없다는 걸 깨달았어요. 지금 당장 힘닿는 한에서 좀 더 연습해보고, 좀 더 고민하고, 자료를 찾아보자. 약간 소심하고 성실하게 가고 있습니다. 이를테면 제가 칵테일의 변용에 관심이 많아서 그 주제를 계속 개발하려고 해요. 그것도 저보다 훨씬 잘하는 친구들이 있으니까 지금 제 수준을 조금 더 향상시키자는 정도고요.

용   마지막으로 어려운 질문을 던집니다. 지금까지 이야기 나눈 자기 계발과 지속 가능성의 양 측면에서 각각 어떤 계획이나 목표가 있는지 듣고 싶습니다.

주   처음에는 내가 발전하면 가게는 지속될 거라고 생각했습니다. 그래서 이런저런 다양한 시도도 해보고 어떻게 하면 내 생활이 더 윤택해질까 고민도 했지만, 지금은 지속 가능해야, 가게가 살아남아야 자기 발전이 가능하다고 봐요.

용   선후 관계가 바뀌었네요.

주   애초에 선후가 있는 게 아니라 순환적인 거죠. 사업이 지속돼야 자기 발전을 할 수 있고, 발전을 해야 지속이 가능하잖아요. 이런 순환에서 비중을 어디에 두어야 할지 구체

적으로 고민하게 됐고, 장기적인 계획은 점점 살펴지 않게
됩니다. 이제는 진짜 '장사'의 영역에 들어왔다고 할까요. 바
텐더로서 생존이 아니라 장사꾼으로서의 생존. 생존의 햇
수가 한 해 한 해 늘어날수록 큰 그림에 대한 신뢰가 점점
줄어듭니다. 이 계절의 분위기에, 이런 날씨에 맞게 뭘 손봐
야 할지 눈앞에 맞닥뜨린 상황을 해결하는 정도예요. 중간
에 바도, 바텐더도 그만두려고 한 적도 꽤 많았어요.

용　아예 업계를 떠나고 싶을 만큼 회의를 느끼셨나요?

주　일은 여전히 좋고 재밌습니다. 하지만 아무리 재밌
는 일이어도 지치는 날이 있잖아요. 가끔 안정적인 생활인
이 된 친구들을 보면 더 그렇기도 하고요. 처음 가게 시작했
던 20대나 30대 초반에는 지금 내가 즐거운 게 최고라고 여
겼는데 30대 중반이 되면서부터 달라졌어요. '계속 밤낮이
바뀐 생활 패턴으로 살아도 되나. 언제까지 돈이 부족하면
극단적으로 아끼는 삶을 살 수 있을까. 제대로 된 성인 시민
의 삶을 살고 있는가.'라는 질문을 스스로에게 던질 때면 약
간 숨이 막히죠.

용　이야길 듣다 보니 프리랜서랑 똑같아서 감정 이입하
게 됩니다. 국면에 따라서 자기 계발과 생존의 우선순위가
바뀌는 것 같아요. 스스로에게 교육이 필요한 순간이 오지
만 그것도 에너지가 있어야 가능하고, 에너지를 찾기 이전
에 우선 생존해야 다음 단계도 생각할 수 있습니다.

주　재미있는 사실은 오히려 지금은 경영 순항 중이에요.

지난 3년간 바 틸트를 함께 지켜온 권민수 바텐더가 칵테일을 만들고 있다.

더 힘들고 나빴던 시절도 있었습니다. 여러 일을 겪고 나니까 마치 전쟁 겪은 어르신의 마음처럼 언제 또 힘들어질지 모른다는 불안, 두려움이 생겨요. 저만 그런 게 아니라 근처에서 장사 오래한 분들 보면, 확실히 생활 세계를 살아가는 일상의 보수적 감각이 강화되는 경향이 있는 것 같아요. 버텨낸 사람도, 버텨내지 못한 사람도 미래는 보수적으로 생각하게 되는 거죠.

<u>용</u>　칵테일, 곧 술이고 주흥의 세계인데 그 즐거움을 찾는 과정에서도, 결국은 생존과 자기 계발이란 무거운 주제를 놓고 긴 시간 이야기를 나누게 되네요. 어려운 걸음해주

셔서 감사합니다.

주   들어주셔서 고맙습니다. 대가들의 인터뷰를 보면 대
가이기에 할 수 있는 크고 기본적인 이야기들이 많은데, 저
는 대가가 아니라 작고 때론 주관적인 이야기들을 하게 되
었습니다. 말이 많아서 섭외되었기에 열심히 떠들었는데요,
편하게 들어주시면 좋겠습니다.

5 조리의 기본을 중시하는 한식 파인다이닝의 최전선

**다섯 번째
미식 대담**

권숙수 서울 강남구 압구정로80길 37
전통 한식을 현대적으로 해석하는 한식 레스토랑.

설후야연
한식 주안상을 콘셉트로 한 비스트로.

권우중
조리학과를 나온 후 조선호텔 주방을 거쳐, 일본과 뉴욕의
한식 레스토랑에서 헤드 셰프로 일했다. 이후 외식 기업의 R&D 셰프로
여러 레스토랑을 오픈했다. 한식 레스토랑 '이스트 빌리지'를 운영했고,
CJ푸드빌의 한식 총괄 셰프로 일했다. 2015년 '권숙수'를 시작해 오픈
2년이 채 되지 않아 미슐랭 2스타를 받았다. 2017년 3월부터 2018년
상반기까지 한식 주안상을 콘셉트로 한 비스트로 '설후야연'을 운영했다.

"풍족한 지원이 없는 다수의 평범한
요리사들이 열심히 해줘야 전체적인
미식의 수준이 높아질 수 있습니다.
제가 데리고 있던 요리사들이
자기 레스토랑도 차리고, 명예도 얻고,
경제적 안정도 이루는 성공 사례를
만들고 싶어요."

이용재(이하 용) "1만 시간의 법칙이라는 게 있다. 저널리스트 출신 작가 맬컴 글래드웰(Malcolm Gladwell)이 『아웃라이어』에서 소개한 개념이다. 무슨 일이든 1만 시간, 하루 3시간씩 10년을 투입하면 달인의 경지에 접어들 수 있으므로 끊임없는 노력의 중요성을 강조한다. 목표를 향한 개척자 정신과 행동을 견지한 채 부단히 노력해야 한다는 메시지를 담고 있다. 인터뷰를 가졌던 날도 그는 새벽 6시부터 후배 요리사와 장을 본 뒤, 주방에서 야채며 생선 손질을 하며 요리의 기본인 칼질을 가르쳤다고 했다. 그러면서 한 얘기가 1만 시간의 법칙이었다. '다른 분야도 그렇지만 요리에서도 기본이 중요합니다. 그래서 저도 1만 시간의 법칙을 믿습니다. 쉽지는 않지만 직접 후배를 가르쳐가며 일합니다. 세프라면 후진 양성에도 당연히 신경을 써야 한다고 생각하기 때문입니다. 조리학교 출신이라도 제가 원하는 만큼의 기본을 갖추지 못한 경우가 대부분이라 안타깝지만 내 사람으로 함께 일하려면 힘들더라도 가르치는 수밖에 없습니다. 손발이 잘 맞을 때쯤 떠나는 경우도 있지만 그건 숙명이라고 생각합니다.'"

다소 긴 인용으로 시작해보았습니다. 권우중 세프를 2012년에 취재했을 때 썼던 글의 첫머리입니다. 수년 전에 '1만 시간의 법칙'이 화제를 일으켰지만 그걸 뒤집는 연구 결과도 있습니다. 프린스턴대학교의 메타 연구에 의하면, 영역별로 차이는 있지만 맬컴 글래드웰이 강조하는 주도면

밀한 훈련이 그렇게 큰 차이를 낳지는 못한다는 결과가 나왔다고 합니다. 숙달이라는 과제가 연습 이상의 문제라는 의미이지만, 그렇다고 연습이 중요하지 않은 건 아니죠. 기본기 훈련을 무엇보다 강조하셨던 권우중 셰프님을 모셨습니다. 안녕하세요.

권우중(이하 권)　안녕하세요. 권우중입니다.

용　제가 셰프님과 대담을 준비하면서 수년 전 원고를 꺼내봤는데 감정이 북받치더라고요. 짧은 세월은 아닙니다. 그동안 셰프님에게 엄청나게 많은 일들이 압축되어 벌어지지 않았나 생각해보면서, 간단히 소개해드리겠습니다. 권우중 셰프는 2017년 서울판 미슐랭 가이드에서 별 두 개를 받은 '권숙수', 그리고 비스트로 개념의 '설후야연(雪後夜宴)'을 운영하고 계십니다.

다양한 요리를 거쳐 한식 하기

용　대학에선 호텔조리학을 전공하셨죠?

권　호텔조리는 아니고 조리과학과를 나왔습니다. 과학적이었는지는 모르겠지만 조리를 배웠어요.(웃음) 한국에서는 기본적으로 양식 시스템을 제일 많이 배웁니다. 예를 들어 양식이 40퍼센트이면 한식을 30퍼센트 정도 비중으로 배우고, 나머지를 중식, 일식, 제과제빵이 채우는 식이죠. 요리를 다 배웠다고 하긴 어렵지만 여러 장르의 기본적인 내용을 배울 수 있는 커리큘럼입니다.

용　이후에 호텔 레스토랑에서 수련하셨죠?

권　학생일 때부터 취업을 빨리 해서 여러 주방을 다녔어요. 처음에 희망했던 곳은 중식당이었습니다. 학교 다닐 때가 아니면 못 배울 것 같아서 중식당에 처음으로 발을 들였어요. 당시에는 모든 사람이 양식을 하는 분위기였지만 저는 처음부터 한식을 하려고 했고, 스타트를 중식으로 끊어보면 좋겠다고 생각했던 거죠.

용　어떤 연관성이 있다고 보셨나요?

권　우선 다양한 요리를 해보고 싶었고, 무엇보다 중국음식은 술 마시면서 먹기 좋은 안주라든지 폭발적인 맛이 있잖아요. 그 당시만 해도 어렸기 때문인지 그런 맛을 더 좋아했거든요. 그래서 중식당에서 일을 시작했고 마지막에는 호텔 주방에 있었습니다. 호텔 주방은 행사 진행하는 뱅큇도 있고, 소스랑 스톡 끓이는 파트도 있고, 프라이빗한 예약 처리도 하죠. 다양해서 힘들긴 했지만 재밌었고 여러 가지 경험을 쌓았습니다.

용　그 이후에는 도쿄에서 한식당을 여는 프로젝트에 참여하셨죠?

권　결과는 좋지 않았습니다. 외식 사업을 잘 몰라서 배가 산으로 간 경우였죠. 오픈을 했는데 프로젝트를 추진한 그룹 회장이나 사장이 오고 나면 메뉴가 바뀌고, 다른 전무가 와서 이야기하면 또 메뉴로 바뀌는 식의 시스템이었어요. 그렇게 한 1년 정도 있다가 나왔습니다.

<u>용</u>　비전이 없었군요. 모두가 말할 수 있다고 생각하기 때문에 한식 하기가 참 어렵지 않나 생각합니다.

<u>권</u>　모두가 전문가라고 생각하기 때문이죠.

<u>용</u>　평론하는 입장에서도 많이 겪었습니다. 그리고 뉴욕으로 옮기셨죠. 뉴욕에서 연수를 했다고 보면 될까요?

<u>권</u>　일본만 해도 정식으로 취업 비자를 받아서 갔지만, 뉴욕은 마치 영화를 찍으러 간 것 같았어요. 부모님이 원래 후견인처럼 절 지지해주시는 분들인데 일본 일을 떨쳐내고 돌아오니까 이때는 어디에 취직할 거냐고 뉴욕 가는 걸 반대하셨어요. 왜냐하면 제가 영문 이력서 스무 장을 만들고 3개월 어학 비자만 받아서 무작정 가려고 했거든요.

십몇 년 전만 해도 한식이 가장 발달된 도시가 도쿄였습니다. 한식 자체의 수준은 물론 한국이 높죠. 파는 음식이 아닌 영역의 내공이 엄청나니까요. 하지만 파는 음식으로서는 도쿄가 제일 뛰어났어요. 그때 당시에 새로운 콘셉트의 시도나 디테일을 살린 음식이 폭발적으로 생겨나고 있었고, 도쿄의 한식 레스토랑 수준이 높았습니다. 그래서 뉴욕에 가면 더 뛰어나고 엄청난 뭔가가 있겠다고 생각했던 거예요. 젊은 나이에 다른 요리도 배우고 싶었고요. 하지만 막상 가보니 현실은 그와 달랐고, 기본적으로 일하고 싶은 데가 없었습니다. 아무튼 우여곡절을 겪은 후 한국으로 돌아와서 메뉴 개발을 하게 됐습니다.

어디에도 없는 메뉴를 시작한 이유

용 이후 본인 업장도 시작하셨습니다. '이스트 빌리지(East Village)'로 알려지셨지만 그게 처음이 아니죠?

권 먼저 고깃집을 열었어요. 기업체 R&D의 장점은 현장 셰프보다 더 다양한 경험을 할 수 있다는 점입니다. 메뉴를 개발하면서 새로 만드는 레스토랑을 설계하고, 사업을 기획하면서 여러 부문의 콘셉트를 정합니다. 그 덕에 보통 레스토랑 전체 업무의 30~40퍼센트가 주방 일이라면 저는 70~80퍼센트의 업무를 경험해봤어요.

하지만 여전히 세금이나 인테리어, 경영자로서의 역할은 잘 모르니까 레스토랑을 시작하기에는 너무 두려웠어요. 계산기를 아무리 두드려봐도 1~2억으로 할 수 있는 수준이 아니었고요. 그렇다면 지금까지 메뉴 개발은 많이 해봤으니 간단한 식당을 해보자는 생각에 고깃집을 열었습니다. 장사는 잘 됐습니다. 열서너 평짜리 가게에서 나중에는 앞 건물의 서른 평짜리 지하 공간을 빌려서 냉장고, 냉동고를 둘 정도였으니까요.

용 비결이 무엇이었나요. 단맛? 단맛을 잘 쓰시잖아요.

권 기본적으로 요리에는 단맛을 많이 안 씁니다. 제가 모든 걸 직접 요리했기 때문에 아무래도 동네 다른 가게들보다는 맛있었겠죠. 또 초벌구이를 한 후에 내서 고기를 최상의 상태로 구울 수 있게 했어요. 그래서 잘됐던 것 같아요. 그렇게 1년 정도 하고 났더니 레스토랑을 너무 열고 싶어져서 이스트 빌리지를 시작하게 됐습니다.

가는 카펠리니(capellini) 파스타에 민들레 이파리와 줄기를 무쳐 내는 권우중 셰프의
대표 메뉴 '민들레국수'.

용　이스트 빌리지에서 나름의 한계를 느끼셨다고 들었
습니다. 공간의 한계였다고 보면 될까요?

권　지금 생각해보면 제가 부족했죠. 첫 레스토랑이다 보
니 제 머릿속에 들어 있던 걸 공간적으로나 음식으로나 제
대로 풀어내지 못했습니다. 그리고 레스토랑은 혼자 잘해
서 되는 게 아니라, 여러 구성원이 유기적으로 같이 움직여
줘야 하거든요. 저는 모든 걸 혼자 하려다 보니까 주방에만
있었고, 주방에서도 혼자 해결이 안 됐던 거죠. 하고 싶은
요리가 있어도 준비하다 보면 중간에 끝나버렸어요. 하루
에 스무 시간씩 주방에 있어도 시간이 부족했습니다.

<u>용</u>　사실 영업과 개발을 동시에 하기가 쉽지 않습니다. 거의 불가능에 가까운 듯해요.

<u>권</u>　레스토랑 영업과 경영은 요리와는 또 다른 세계라서 어려웠습니다.

<u>용</u>　게다가 애초에 굉장히 많은 메뉴를 하셨잖아요. 사람들이 이게 한식이냐고 얘기하는 경우도 많았다고 알고 있습니다.

<u>권</u>　지금도 그 원칙은 깨지 않았습니다. '다른 곳에서 하는 음식은 최대한 하지 않는다.' 예를 들면 처음 매장을 열었을 때는 녹두빈대떡도 하고 냉면도 했습니다. 그런데 손님들이 이 냉면은 우래옥보다 맛이 없다, 빈대떡은 순이네보다 맛이 없다고 비교를 하시더라고요. 한식은 그렇습니다. '이 집은 어디와 다르다.'가 아니라 '어디보다 맛이 없다.'로 귀결돼요. 그런 평가나 공격을 받으면 요리하는 사람으로서 상처를 크게 받습니다. '나는 그 집을 흉내 낸 것도 아니고 내 스타일대로 맛있게 하려고 했는데 왜 그걸 비교해서 더 못 한다고 생각할까……' 아마도 그 음식에 부끄러운 점이 있었다면 상처를 안 받았을 텐데, 정말 좋은 재료로 열심히 만들었거든요. 제 스타일이 담겨 있었고, 맛도 괜찮았어요. 공격을 하도 받아서 그런 메뉴는 다 뺐습니다. 그리고 어디에도 없는 메뉴를 하기 시작했습니다.

<u>용</u>　그때부터가 본격적인 이스트 빌리지인 셈이죠.

<u>권</u>　그렇죠. 물론 이게 한식이냐 아니냐는 얘기는 계속 들

었어요. 그래도 일단 비교는 안 하니까 그것만으로 숨통이
반은 트였습니다.

**겸업의
참패**

용   그러고 나서 가게를 강남 압구정 쪽으로 옮기셨습니
다. 고급 한식의 주요 기능이 상견례 같은 행사의 주최임을
감안했을 때, 그런 손님들을 받기에 이태원은 맞지 않다는
계산에서 승부수를 띄우신 건가요?

권   결과적으로는 대 참패였죠. 이유는 알고 있습니다. 욕
심이 과했어요. 이전하고 초반에는 손님이 꽤 들었습니다.
한창 바빠지는 시점에 대기업의 메뉴 개발 팀장 겸 한식 총
괄 셰프 제의가 들어왔어요. 그 전에 제가 그 기업 컨설팅을
해보았어서 두 가지 일을 병행할 수 있을 줄 알았습니다. 대
기업에 소속된 삶을 살아본 적이 없다 보니 순진하게도 열
심히만 하면 될 거라고 생각했죠. 하지만 실제로 근무를 해
보니까 원래 3시쯤 퇴근해서 가게에 갈 수 있게 해준다고
했는데 회의를 6시, 7시에 잡더라고요. 퇴근하고 달려가면
밤 10시예요. 영업은 다 끝나 있죠. 주방이나 홀 직원들은
그대로였지만 셰프가 현장에 없으니까 음식이 달라질 수밖
에 없고, 한두 달 지나고서 손님이 쫙 빠지기 시작했어요.

용   판단 착오였다고 볼 수 있겠네요.

권   다른 부족한 점도 분명히 있었겠지만, 제일 큰 원인
은 병행 불가능을 예상하지 못한 제 판단 착오였다고 생각

해요. 매달 누적되는 적자가 너무 심해서 어쩔 수 없이 문을 닫았습니다.

용　당시에 개발하셨던 음식 이야기도 해보겠습니다. '민들레국수'를 그때 개발하셨죠. 민들레국수는 엔젤헤어 파스타(angel hair pasta)보다 좀 더 가는 카펠리니에 민들레 이파리와 줄기를 무친, 셰프님의 전매특허 같은 요리입니다.

권　그 요리의 레시피를 회사에 알려준 것이죠. 파인다이닝 하나, 단품 메뉴를 파는 글로벌 브랜드가 하나, 한식 뷔페 하나까지 직영 브랜드가 세 개였어요. 오픈 시기엔 자문을 해주다가 오픈하고 한 달 후쯤 입사해서 대대적인 개편을 했습니다. 그때 민들레국수와 다른 제 메뉴들을 풀면서 메뉴 구성을 크게 뜯어고쳤어요. 메뉴 개발을 무진장 했고 기업에 어마어마한 수입을 가져다줬어요.

용　기업체에 들어가셨다는 얘기를 전해 듣고 나서 동네 식당에 갔다가 우연히 텔레비전에 셰프님이 나오시는 걸 봤어요. 「6시 내고향」 같은 프로그램에서 가스 화로에 파전 부치시는 모습을 보고 놀랐던 기억이 있습니다.

권　아, 그 프로그램은 제가 좋아하는 거예요. 방송을 할 때는 기준이 있습니다. 그 방송은 한 회만 빼고 제가 직접 산지에 가는 콘셉트였거든요. 배를 스무 번 정도 탄 것 같습니다. 1박 2일을 찍어도 실제 방송 분량은 10분밖에 안 나오고 출연료도 별로 안 줬는데요.(웃음) 엄청 힘들었지만 산지를 가면 많은 아이디어를 얻어 올 수 있습니다. 새로운 식재료를 발견할 수도 있고 식재료 공급을 받을 수도 있고요. 그래서 재료 선정을 같이 하는 조건으로 참여했어요. 찍을 때는 즉흥으로 요리하니까 맛이 없거나 이상하게 나올 때도 있었지만, 그 재료를 포착하고 제 것으로 만들 수 있었어요. 그때 경험이 지금 요리하는 데도 큰 도움이 됩니다.

<table>
<tr><td>

**이전에
없던 한식
레스토랑을
개척한 이유**

</td><td>

용 　다시 레스토랑을 운영해야겠다고 결정하신 계기는 무엇이었나요?

권 　우선 메뉴 개발자인 제 몸집이 회사 내에서 너무 커져버렸고, 저는 재미가 없어지기 시작했어요. 결정적으로는 한식 재단에서 셰프들을 모아 싱가포르에 보내준 행사가 계기가 됐습니다. 저 빼고는 다 파인다이닝 오너 셰프들이었는데 현장에서 요리하는 이야기를 들으니까 다시 요리하고 싶은 마음, 부러움이 너무 커지더라고요. 제가 맡은 R&D팀이 주방 관련된 인력만 열 명에 직속 요리사가 수십 명인 거대 조직이었어요. 그러다 보니 제가 주방에서 재료 하나 썰 일도 없었거든요.

용 　그리고 요리를 접기에는 사실 젊은 나이셨지요. 50대 이상이 돼서 R&D 분야로 가신 것이 아니었잖아요.

권 　상황이 매우 안 좋아서 쉽진 않았습니다. 이스트 빌리지가 망하고 빚더미에 앉았거든요. 오너 셰프다 보니까 대출을 끼고 가게를 시작했었는데, 결국에는 보증금도 못

</td></tr>
</table>

권숙수의 첫 번째 코스인 주안상. 현대적인 한식 코스 요리를 독상이라는 특징적인 형식으로 차려 낸다.

건지고 나온 상황이었어요. 퇴직금에, 또다시 빚을 지고, 회사를 나오면서 맡기로 한 자문역 비용을 전액 선금으로 당겨 받았어요. 유례가 없는 경우라고 하더라고요. 그렇게 합치고 합쳐서 가게를 오픈했습니다.

용　　인생역전이라 할 만합니다. 그렇게 권숙수를 열고, 비스트로 개념의 설후야연도 시작하고, 앞으로 자세히 이야기 나누겠지만 미슐랭 가이드에서 별 두 개를 받으셨잖아요. 권숙수가 미슐랭 별을 받은 이 시점을 해피엔딩이라고 볼 수 있을까요?

권　　아직은 해피엔딩이 아닌 게 일단 빚을 다 갚아야 하니다.(웃음) 다만 가능성을 믿게 된 것 같습니다. 제 자신에게 품었던 의심을 어느 정도 덜어낼 수 있는 계기였어요.

용　　외부의 인정이 그 계기가 됐군요. 과거에 셰프님을 취재했을 때 이런 말씀을 하셨습니다. "첫 번째로는 일단 망하지 않겠다. 두 번째는 젊은 사람들이 소개팅이며 기념일을 챙길 수 있는 한식 레스토랑으로 자리 잡겠다. 세 번째는 동료 요리사들에게 한식 레스토랑도 최소한의 생계 수단으로 자리 잡을 수 있다는 성공 사례로 각인되는 것이 목표다." 첫 번째에 대해선 지금까지 얘기했는데, 두 번째 목표는 어떤가요? 젊은 사람들이 소개팅이며 기념일을 챙기는 한식 레스토랑으로 자리 잡았나요?

권　　30대가 기념일에 오거나 소개팅을 하기에 권숙수는 좀 비싼 편이고, 설후야연에는 그런 날 오시는 손님들이 꽤 됩니다. 양식당에 비하면 적겠지만 예전에 세웠던 목표치 정도는 채운 것 같아요.

용　　세 번째 목표도 어느 정도 달성하셨나요?

권　　생활비를 벌면서 빚을 갚고 있으니까 어느 정도는 달성했다고 볼 수 있겠죠? 사람마다 기준이 다르겠지만 생존할 수 있는 구조는 만들어졌습니다. 그리고 제가 시작할 때와 다르게 지난 5~6년 동안 새로운 고급 한식당 시장이 생겼습니다. 상견례 중심이 아니라 자기 돈 내고 와서 먹는 고급 한식당이 예전에는 거의 없었거든요.

**별 두 개를 받은
유일한
오너 셰프**

용   본격적으로 미슐랭 가이드 얘기를 해보겠습니다. 당시에 후보로 초청받았을 때, 별이 하나라도 간다는 전제가 있었나요?

권   발표 5일 전쯤 메일이 왔고 그다음에 초청장이 왔습니다. 결과는 전혀 모르는 채로 행사장에 갔고요. 결과적으로는 초청받은 사람들 전부가 별을 받는 거였는데 누가, 몇 개를 받는지는 발표하는 순간까지 몰랐어요.

용   어떤 생각을 하고 가셨습니까? 5년 동안의 역정이 주마등처럼 스치고 지나갔나요?

권   여기서는 말 못 할 정도의 압박도 있었어요. 미슐랭 스타를 받으니까 물론 기분이 너무 좋았죠. 동시에 사람 마음이 얍삽하게도 발표 순간이 되니까 이런 생각들이 들더라고요. '누가 몇 개를 받을까. 훌륭한 레스토랑도 있지만 저기는 솔직히 기대보다 별로인데. 그래도 저 집보다는 맛있게 한다고 생각하는데 내가 더 적게 받으면 속상하겠다.'(웃음)

용   별 두 개를 받은 곳이 몇 군데였죠?

권   세 곳이었습니다. 피에르 가녜르, 곳간, 권숙수. 그중에서 오너 셰프는 저밖에 없었어요. 그에 대한 자부심을 느낍니다. 두 곳은 대기업 소속이라 막대한 자본이 들어갔고, 저는 그 가게들의 10분의 1도 안 되는 자본으로 오픈했거든요.

위 왼쪽 가평 잣국물을 부어 먹는 무만두.
위 오른쪽 당귀 아이스크림, 청사과 크림, 달고나를 품은 머랭과 팥이 들어간 초콜릿을
조합한 디저트 메뉴인 '복숭아나무'.
아래 송화 다식(茶食)과 바나나 케이크, 생강 캐러멜, 홍삼 마카롱으로 구성된 다과.

**냉철한
자기평가의
시간**

용　발표장에서 긴가민가하지만 별을 받을 것 같기는 한 그 순간에 권숙수의 장점과 단점을 평가해보셨어요? 머릿속으로 저울질을 해보는 거죠. 그동안의 운영에 대한 객관적인 분석을 할 수 있잖아요.

권　스스로를 높이 평가하지는 않았어요. 애초 제 스타일대로 요리하고 싶었던 것이었고, 다만 차별성을 갖추고 있다는 생각은 했습니다. 가게를 운영하면서도 프랑스 손님들과 셰프들의 반응을 보고 기대를 하게 되긴 했습니다. 미슐랭 별을 받기 전에 권숙수를 찾는 해외 손님은 대부분 유럽에서 온 분들이었어요. 재미있는 사실은 예나 지금이나 일본, 프랑스, 이탈리아 손님들은 맛있어하면서 음식을 싹 다 먹고 가는 반면, 미국이나 중국 손님들은 음식도 남기고 별로 안 좋아합니다. 저희 가게 음식의 특징 같아요.

하루는 어떤 손님이 음식을 먹고 저랑 인사를 하고 싶다고 했는데, 그분이 프랑스의 MOF(Meilleur ouvrier de France) 셰프였습니다.

용　MOF는 국가 직영 장인 제도로서 프랑스 최고 장인을 뜻하죠. 음식뿐 아니라 다양한 분야의 MOF가 존재합니다.

권　한국과 프랑스를 단순하게 비교할 순 없지만, 한국에선 그런 국가 공인 직위를 오랫동안 어떤 분야에서 종사한 사람에게 명예직처럼 주는 면이 있어요. 국가 공인을 받은 분들 중에서는 현장에서 요리를 거의 안 하거나 그와 상관없는 경우가 많습니다. 하지만 프랑스는 달라요. 요리 분야에서는 별 세 개 레스토랑의 셰프들, 아니면 거의 동급으로 잘하는 요리사들이 MOF를 갖고 있습니다.

용 맞습니다. MOF를 가리는 대회의 모든 과정을 며칠에 걸쳐 혼자서 치러야 하는 등 세계에서 제일 합격률 낮은 시험이라고 알고 있습니다. MOF로 선정된 셰프가 무슨 말을 하던가요?

권 제가 생각하는 요리의 핵심을 정확하게 짚으면서 좋은 말을 많이 해줬어요. 그때 당시 구엄닭을 이용해서 요리를 했는데, 보통 닭이 한 마리에 3~4천 원이라면 구엄닭은 2만 원이거든요.

용 제주도 구엄리에서 기르는 토종닭의 하나죠.

권 네, 저는 다리살 쓰는 걸 별로 안 좋아해서 가슴살로 요리했어요. 구엄닭 가슴살은 어마어마하게 맛이 달라요. 좋고 뛰어납니다. 그런데 그 요리의 문제점이 뭐냐면 너무 많은 손님들이 남기신다는 점이에요. 닭고기라서 남기는 경우가 꽤 됩니다.

용 파인다이닝에는 농어나 쇠고기 안심이 들어가야지 닭고기의 자리는 없다고 생각하는 분들도 많죠.

권 그 셰프가 한국에서 이런 닭은 처음 먹어봤다고, 닭을 어디서 구했냐고 묻더라고요. 제가 또 육수에 거의 광신적이기까지 해서 가슴살 육수 내는 데 재료를 아낌없이 쓰거든요. 닭고기 육수 1리터를 내기 위해서 지금도 통닭을 두 마리 정도 씁니다. 그리고 버립니다. 보통 닭만 먹고 육수를 먹지 않지만요.

용 이것이 일종의 양식적인 접근입니다.

권 제가 염두에 뒀던 지점을 그대로 짚었고, 본인이 갔던 한국 레스토랑 중에서 가장 마음에 든다고 해줘서 흐뭇한 순간이었습니다. 다른 사람의 객관적인 평가에서도 제가 의도했던 바를 들을 수 있다는 것을 깨달은 경험이었어요.

미슐랭 가이드 전에도 대표적인 미식 랭킹이 있었지만 문제는 얽히고설킨 관계예요. 저도 거기에 껴 있지만 평가받는 사람이나 평가자나 발행인이나 서로의 단골이고 친한 사이가 많아서 공정한 평가가 어렵습니다. 인맥이 점수에 가장 큰 영향을 미칠 수 있다는 말이 나올 정도로요.

용 친분이 얽히면 공정한 평가를 하기 어려워지죠. 말씀을 들어보니 객관적인 장단점을 어느 정도 파악하고 계셨네요. 단점은 무엇이 있을까요?

권 단점은 열악한 하드웨어, 그리고 맨날 욕먹는 오픈 키친의 문제죠. 저는 주방에서 굉장히 날카로워져서 음식 하나만 잘못돼도 소리를 지를 때가 있어요. 그런 문제점을 저도 아는데 알면서도 해결을 못 보는 슬픈 문제입니다.(웃음)

용 제가 어떤 잡지에 권숙수를 리뷰하면서 소음 단계를 분류한 적이 있습니다. 소음 단계가 홀, 주방, 셰프 순이라고 구분했는데요, 결론적으로 셰프가 가장……. 셰프님 앞에서 말하기는 좀 그렇네요.(웃음)

권 손님들에게 더 편안한 식사 분위기를 만들어드리지 못하는 게 큰 단점입니다. 제가 주방에서만 그래요. 개인적으로는 그러지 않은데……(웃음) 또한 부족한 하드웨어 중 하나가 인테리어입니다. 제가 생계형 오너 셰프이다 보니까 거기에 투자할 돈이 많지 않습니다. 가게가 위치해 있는 좁아터진 골목에 저녁 9시만 돼도 산처럼 쌓이는 쓰레기더미부터 저희 가게 수준과 맞지 않지만 바꿀 수가 없어요. 커피 머신이 5년이 넘은 중고라서 소리가 나는데 바꿀 돈이 없고요. 그거 바꿀 돈이면 더 좋은 재료를 사야 한다고 생각하니까 자꾸 미뤄지고 늘 부족하죠.

미슐랭 2스타
이후의 변화

용   한국의 식문화 패턴 중 하나가 음식점이 존재하면 어딘가에서 맛집으로 등장합니다. 그러면 손님들이 몰리기 시작하죠. 마찬가지로 미슐랭 가이드 발표 이후에 폭발적인 반응이 있었습니까. 발표가 생중계되니까 갑자기 그날 저녁에 전화가 미친듯이 울려서 예약이 꽉 찬다거나 하는 에피소드가 있었나요?

권   제가 레스토랑을 여러 번 해본 만큼 예상을 할 수 있잖아요. 퀄리티 유지를 위해서 준비를 미리 해놨습니다. 12월 1일에 미슐랭 가이드 메일을 받은 다음 날부터 지배인하고 의논해서 접객 서비스 시간이 아닌 예약 시간에만 전화를 받기 시작했어요. 그와 더불어 어마어마한 예약 문의와 노쇼(no-show)가 발생할 걸 대비해서 발표 며칠 전부터 예약금제로 갔습니다. 이스트 빌리지 때부터 6인 이상은 예약 금을 받았거든요. 오너 셰프 라인에서는 제가 거의 처음이 었는데 이제 정착되어가고 있죠. 노쇼가 사전 차단되는 대 신에 별의별 욕을 먹었습니다. 제가 잘나서가 아니라, 특히 생계형 오너 셰프 입장에서는 노쇼가 늘어나면 경영상의 위기가 닥치거든요. 그리고 오시는 분들에게 최고로 잘할 수 있는 조건을 유지하기 위해서 객수를 늘리지 않았습니 다. 객수가 늘어나면 아무래도 질이 떨어질 테니까요. 최소 한 미슐랭 별을 받은 곳에 대한 기대만큼은 최대치로 충족 시키자고 방향을 잡았습니다. 그러다 보니 발표 후에도 별 다른 변화가 없었어요.

용　그러면 별 두 개를 받으신 후에 레스토랑 영업 외의 영역에서도 자각할 만한 변화는 없었나요?

권　해외에서는 좀 있습니다. 예를 들면 해외 레스토랑 예 약을 할 때 가게나 셰프를 밝히면 대우가 상승하는 일도 있 고요.

용　일종의 동료로 인정해주는 건가요?

권　그렇죠. 미슐랭 가이드가 셰프의 수준을 판단하는 근거가 되고, 그에 따른 대우를 해주는 느낌이에요. 저희 가 게에서 근무하는 친구들이 해외에 취업할 때도 경력이 인 정됩니다. 그 전에는 변방의 이름 없는 레스토랑 출신이라 기회조차 못 잡았다면, 미슐랭 투 스타 출신은 세계적으로 통용되는 경력이죠. 국내에서는 딱히 없는 것 같습니다.

<u>용</u>　　요즘은 상황이 어떻습니까. 2016년에 '2017 미슐랭 가이드 서울판'이 발간되고 꽤 긴 시간이 흘렀고, 심지어 한쪽에서는 파인다이닝 위기설도 나오고 있습니다.

<u>권</u>　　항상 위기설은 있어왔고 지금도 위기를 겪는 중이죠. 구체적인 데이터는 없지만 스시 쪽을 제외하고 양식, 한식 모두 그럴 거예요. 소비자들이 고가의 스시에는 관대하기 때문에 셰프들끼리도 스시야(すし屋, 스시 전문점)는 같은 레스토랑으로 분류하지 않습니다. 대부분의 레스토랑이 상황이 좋지 않아요. 가게가 적자인데도 끌어가거나 직원들에게 밀린 월급을 못 주는 일도 비일비재하죠. 경영자가 일부러 그러는 것은 아닐 테고, 그런 식으로 영업을 계속하는 것도 안 될 일이고 여하간 마음이 아픕니다.

<u>용</u>　　여러 생각이 교차하는 이야기입니다.

**평범한
요리사들을
위한 성공 사례**

<u>용</u>　　조금 다른 방향에서 질문하면, 미슐랭에서 받은 별이 셰프님 자신의 것이라고 할 만한 맛의 표현력을 확보하는 데에 어떤 영향을 미치는지 궁금합니다. 예전보다 권위를 갖게 되거나, 혹은 누군가 미슐랭 별 때문에 권숙수에 호의적으로 돌아서거나 하는 일은 없었나요?

<u>권</u>　　별을 받았다고 더 호의적으로 바뀌진 않았어요. 권숙수를 좋아하던 분들은 계속 좋아해주시고요. 제가 기본적으로 특정 블로거나 사회적 영향력이 있는 사람이라고 해

서 특별 대우를 안 하는 성격입니다. 다만 해외에서 미식가나 셰프 들이 더 자주 찾아오면서 가게에 기회의 요소가 늘어나는 것 같습니다.

용   미슐랭 가이드가 지닌 권위를 발판 삼아서 장기 계획도 세우고 계시는지요? 2017 미슐랭 가이드 서울에서 별 두 개를 받은 레스토랑이 세 곳이고, 말씀하신 것처럼 오너 셰프의 레스토랑으로서는 유일했습니다. 별 두 개를 유지하기도 어렵지만 세 개를 염두에 두지 않을 수 없죠. 미슐랭 별 세 개에 도전하기 위해서는 어떤 측면을 보강해야 하는지 생각해보셨나요?

권   별 세 개엔 도전해봐야 한다고 생각해요. 짧은 기간 안에는 안 되고 4~5년 정도 걸리지 않을까 싶습니다. 소프트웨어도 물론 준비해야 하지만 하드웨어 문제가 심각합니다. 상하수도 시설부터 열악한 주방 시설을 바꾸는 게 관건이에요. 계산해보니 비용이 워낙 많이 들어서 이전하는 게 낫겠더라고요. 2018년쯤 이전을 목표하고 있습니다.

더 장기적으로는 먼저 별 세 개를 받아서 빚도 다 갚고 어느 정도 돈도 버는 단계로 나아가야겠죠. 제 개인적인 필요이지만 선례가 되어야 한다는 의무감도 느낍니다. 돈 많은 집에서 레스토랑 차려주고 후원해줘서 잘 되는 경우는 수많은 요리사들의 현실과 다르죠. 그런 걸 보면서 꿈을 키울 수 없잖아요. 풍족한 지원이 없는 다수의 평범한 요리사들이 열심히 해줘야 전체적인 미식의 수준이 높아질 수 있습니다. 두 번째 목표는 제가 데리고 있던 요리사들이 어마어마하게 잘 되는 거예요. 자기 레스토랑도 차리고, 명예도 얻고, 경제적 안정도 이루는 성공 사례를 만들고 싶습니다.

좋은 재료를 위한 고군분투

용   음식의 재료와 맛이라는 주제로 넘어가보겠습니다. 권숙수의 메뉴가 잘 안 바뀐다는 생각이 드는데요, 솥밥의 생선이 바뀌는 정도이고 큰 줄기는 그대로라는 인상을 받습니다. 디저트는 너무 고생이다 싶을 정도로 복잡한 메뉴를 낸다고 생각되어 제외하고요. 메뉴에 큰 변화를 줄 수 없는 이유가 재료에 있나요, 아니면 다른 데 있나요?

권   우선 메뉴는 갈래의 문제예요. 저는 메뉴를 자주 바꾼다고 생각합니다. 시즌별로 네다섯 개를 바꾸고, 연간으로 따지면 스무 개가 넘는 메뉴를 완전히 바꿉니다. 기준에 따라 다르게 볼 수 있는 것 같아요. 예를 들어 은어 솥밥이랑 키조개 솥밥은 쌀만 같을 뿐이지 레피시가 완전히 다르거든요. 다만 솥밥이라는 면에서는 같습니다. 갈래를 못 바꾸고 있다는 점에서는 말씀하신 부분에 동의합니다.

용   갈래는 곧 '문법'이라고 볼 수 있겠지요. 밥이라는 한식의 문법.

권   갈래를 못 바꾸는 가장 큰 이유는 질문하신 것처럼 첫 번째가 재료 문제, 둘째 기술 문제, 셋째로 고객의 니즈예요. 재료 문제부터 얘기해볼게요. 제가 다작 스타일이라 매일 메뉴를 바꾸기도 하고 별 시도를 다 해봤지만, 나이가 들수록 다작보다는 완성도에 집중해서 원하는 맛을 궁극적으로 끌어올리고 싶어져요. 그러려면 새 메뉴를 제 기준에서 최소한 서너 달은 해야 하는데 그동안 필요한 재료를 안정적으로 공급받기가 너무 어렵습니다. 메뉴를 짤 때 처음에는 20여 가지 기획으로 시작했다가도 필요한 재료가 들어오느냐 아니냐에 따라서 쭉쭉 탈락시켜요.

쓸 수 있는 재료의 범위가 많이 줄어들었습니다. 재배하는 농산물도 문제이지만 해산물이 제일 심각해요. 해양 생태계가 지난 5~6년간 크게 달라져서 예전에는 다양했던 해산물이 점차 사라져가고 있습니다. 좋은 재료는 가격이 너무 비싸서 한식이고 양식이고 가격을 맞출 수 있는 데가 별로 없어요. 물량도 적은데 대부분 스시, 일식 쪽에서 가져가기 때문에 좋은 재료를 확보하기가 너무 힘듭니다.

용 한국은 3면이 바다잖아요. 활어 횟집에 수산물이 넘쳐나는데 왜 그런 거죠?

권 근해어업이 쑥대밭이에요. 조그만 물고기까지 잡아서 팔고 사료로 쓰는 식으로 그동안 너무 남획한 탓이죠. 최근 근해어업 어획량이 어마어마하게 줄었습니다. 중국 어선이 동해까지 진출해서 싹쓸이를 해 가니까 오징어값도 몇 배로 올랐고요.

용 말씀하신 현상과 관련된 내용이 마크 쿨란스키(Mark Kurlansky)의 『대구』에 잘 나와 있습니다. 대구를 중심으로

서양의 역사와 문화를 서술하는 책이에요. 서구권의 대구처럼 한국의 국민 생선이라 불리는 고등어나 오징어가 남획돼서 더 이상 많이 잡히지 않습니다. 지속 가능한 해양 생태계를 개발해야 한다, 안 먹던 생선을 먹어야 한다는 얘기가 나오는 것도 같은 맥락이고요.

권 다음으로 땅에서 나오는 재료 문제인데, 좋은 작물을 재배하는 곳이 너무 드물어요. 한국에서 당근을 사려고 하면 고를 수 있는 품종이 없습니다. 세척 당근 아니면 흙 당근, 이 두 가지예요.

용 아니면 제주당근이거나.

권 큰 의미는 없습니다. 세척 당근이냐 흙 당근이냐, 또는 국산이냐 중국산이냐. 딱 이렇게만 나뉘거든요. 맛은 끔찍합니다.

용 당근을 안 좋아하는 한국인들이 많은 원인 중의 하나가 한국 당근이 진짜 맛이 없다는 것이죠.

권 맛 위주가 아니라 무게 위주, 크기 위주로 재배해서 그렇습니다. 감자도 마찬가지인데요, 이번에 감자를 쓰려고 품종을 알아보니까 워낙 수미 위주로 재배되고 있어서 남작도 구하기 힘들더라고요.*

용 게다가 남작이 수미와 크게 다르지도 않습니다.

권 현재로선 그 정도 차이에도 만족할

* 수미는 국내 감자 재배량의 70퍼센트 이상을 차지할 정도로 압도적인 품종이다. 병충해에 강하지만 비교적 점성이 높아 찌는 요리에 적합하지 않다. 남작은 수미에 비해 전분 함량이 높아 분이 많이 나지만, 수미가 보급되면서 급속도로 수확량이 줄고 있다.

테이블 위에 올려져 있는 소반과 벽면의 창살이 인상적인 과거 권숙수의 내부 모습.
3년여간 자리했던 곳을 떠난 권숙수는 2018년 6월 13일부터 부족했던 하드웨어를
개선한 새로운 공간에서 운영되고 있다.

것 같아요.

용   김태윤 셰프와도 재료 이야기를 한참 했는데, 제주도
의 재서 감자도 금방 없어져버린다고 들었습니다. 한국에서
는 전분이 많은 품종, 단단한 품종 등 감자의 특성에 따라
튀김용, 생식용, 매시트포테이토(mashed potato) 용처럼 용도
별로 구분해서 쓰기가 어렵죠.

권   좋은 재료가 있어도 원활한 유통과 공급이 안 되는
문제도 있습니다. 프리미엄을 내고서라도 납품받고 싶은데,
소포장 등을 농가나 유통 채널에서 달가워하지 않아요. 직
거래도 어렵습니다. 예를 들면 민들레국수에 토종 흰민들
레를 쓰거든요. 서양 민들레 2킬로그램이 1만 원인데 저희
는 토종 민들레 1킬로그램을 10만 원에 삽니다. 민들레를
일부러 생식용으로 재배해서 제가 원하는 크기대로 따주
는 농장이 없습니다. 그렇다고 하루 열 박스씩 대량으로 쓰
는 것이 아니기 때문에 대부분 따는 데 드는 인건비도 안 나
온다고 해요. 그렇다 보니 어쩔 수 없이 스무 배나 되는 어
마어마한 금액이 필요합니다. 민들레가 풀이 아니라 만 원
짜리 지폐로 보일 정도예요.(웃음) 그것도 제가 직접 농장을
방문하고 재배를 부탁해서 받을 수 있었는데, 안정적인 공
급이 안 돼서 지난 3년간 메뉴가 다 바뀌었어요.

　　그럴 만한 사정과 이유가 있긴 하지만 농민분들도 귀
찮다고 안 하시기도 해요. 싼 재료를 많이 파는 편이 수익이
낫고, 기준이 좋은 식재료가 아니라 더 많은 '출하량'에 있

기 때문에 그분들께 뭐라고 할 순 없습니다. 유통 단계에도 문제가 있습니다. 저희 가게처럼 돈을 더 주고서라도 쓰는 데가 늘어나면 농가도 더 발전할 텐데, 농가랑 소비자 사이 경로를 못 만들어내고 있어요.

**파인다이닝은
'조합'이 아니다**

용   두 번째는 기술적인 문제라고 말씀하셨죠.

권   현재 다른 레스토랑도 비슷한 상황일 거예요. 요리사들의 기술이 부족합니다. 셰프의 리드와 교육이 필요하지만 기본적으로 프로페셔널한 요리사라면 자기 업무가 주어지고, 셰프가 시범을 보이면 어느 정도는 따라와줘야 합니다. 그런데 지금 요리하는 친구들은 기본기가 부족한 경우가 많아요. 저는 경력 2~3년 차를 인턴으로 받아요. 그리고 칼질부터 다시 가르칩니다. 메뉴에 네모나게 나가는 족편이 있어요. 그런데 젤라틴 성분 때문에 그걸 네모 반듯하게 못 썹니다. 파를 짓이기지 않으면서 아주 얇게 써는 것도 2~3년 차 요리사들이 잘 해내지 못해요. 회를 한 점 잘 썰어서 그 위에 뭔가 더하고 싶어도, 일단 회를 잘 못 써니까 결국 썰지 않고 접어서 가는 방식으로 수정하게 돼요. 저랑 수셰프(sous-chef)가 같이 메뉴를 개발하면서 좋은 메뉴가 나와도 요리사들이 하기 어려울 것 같으면 아예 빼거나 난이도를 낮추고 있는 실정입니다.

최근 파인다이닝 요리가 '조리'가 아닌 '조합'으로 가

❋ '모든 것을 제자리에 놓는다'는 뜻의 프랑스어로 재료를 손질하고 도구를 정리하는 등의 사전 준비를 완벽히 해놓는 것을 의미한다.

❋ 진공 포장한 재료를 끓는 점보다 낮은 온도의 물속에서 오래 익히는 조리법.

고 있어요. 미장(미장플라스(mise en place)❋를 줄여 말한 것.)을 미리 많이 해놓고, 조리 기구나 첨가제 등을 쓴 요소들을 조합하는 방법으로 요리를 만듭니다. 가령 고기를 구워도 수비드(sous vide)❋하고 시어링(searing, 지지기)만 해서 내기도 하고요. 지금 경력 5년 차 이상 양식 요리사들 중에서도 프라이팬으로 다섯 단계(레어, 미디엄 레어, 미디엄, 미디엄 웰던, 웰던)의 온도를 정확하게 맞출 수 있는 요리사가 20~30퍼센트밖에 안 될 거라고 봅니다. 수비드나 오븐으로 익히고 온도계로 찍어서 내부 온도를 확인하기 때문에 그래요. 그래서 저는 프라이팬 외에 아무것도 못 쓰게 해요. 그 때문에 서로 스트레스도 받고 실패도 많았지만, 차근차근 단계를 밟아나가는 게 중요하니까요. 그렇지 않으면 섬세한 조리 기술이 필요한 요리를 다양하게 할 수가 없습니다.

용　조리는 되돌릴 수 없는 과정이니까요. 말씀하신 현상의 원인은 교육의 문제인가요? 조리학교가 생기고 조리학교 출신을 우대하는 현실에서 어떤 변화가 벌어진 건가요?

권　여러 측면이 있지만 요리사들이 너무 쉽게 가려는 경향도 있어요. 저는 요리사는 쉬운 직업이 아니고 고생할 각오가 돼 있어야 한다고 생각해요. 한데 겉모습에 치우쳐서 핀셋으로 조립하는 과정 위주로 하다 보면 중요한 걸 놓치기 쉽습니다.

능이버섯 소스와 숯불 한우 안심구이.

　세 번째는 고객의 니즈입니다. 저희가 오리 요리를 지난 세 달 정도 출시했다가 뺐는데요, 오리라는 재료가 메뉴에 들어가는 순간 손님들이 주문을 안 하거든요. 레스토랑에서는 한식이 가장 보수적이에요. 더욱이 권숙수는 전통한식에 가까워서 보수적인 분들이 많이 옵니다. 선택권을 쥔 손님들이 소고기 아닌 돼지고기, 닭고기, 오리고기는 잘먹지 않기 때문에 제 요리를 표현하는 데 한계가 있습니다. 그래서 메뉴의 갈래가 한정되는 거죠. 그렇지만 제가 하고싶은 요리를 코스에 꼭 하나 정도는 고집해서 넣습니다. 꼭그 요리가 많이 남아서 돌아오지만요.(웃음) 세 가지 요인이중첩된 상황에서 나아갈 수 있는 방향을 고려해 메뉴를 짜고 있습니다.

**셰프가
직접 매일
장을 보는 이유**

용　시장 또는 장보기에 대한 주제도 나누고 싶은데요.
2011~2012년쯤 직접 시장을 보는 셰프가 특별한 존재라는
인식, 혹은 셰프라면 당연히 시장을 봐야 한다는 인식이 생
겨난 것 같습니다. 여전히 직접 장을 보시죠?

권　오늘도 아침에 장 보고 왔습니다.

용　전체적인 재료 확보에 어느 정도 개입하고 계십니까?

권　모든 재료에 개입합니다. 재료를 확보할 때 종합식자
재 업체에서는 공산품이나 맛에 큰 영향을 주지 않는 아주
기본적인 재료만 사서 씁니다. 세척 당근, 흙 당근, 양파, 통
마늘, 대파 같은 물건은 받고, 다른 식재료는 제가 직접 생
산지까지 확인한 곳에서 택배로 받아요. 택배가 보통 하루
에 스무 개 넘게 들어와서 제가 지금까지 택배비 낸 것만 모
았어도 집 한 채는 샀을 거라고 얘기해요.

용　고기도 택배로 오나요?

권　고기는 숙성을 중시해서 괜찮은 고기를 대주시는 분
한테 받고요. 생선하고 특수 야채류는 다 택배로 받습니다.
어패류는 은어면 은어, 멍게면 멍게 제가 가본 산지에서 들
어옵니다. 제가 직접 구매하거나 생산자가 직접 보내주는
거죠.

용　요리란 굉장히 "많은 손들이 맞잡는 과정"이라고 책

캐비아(caviar)가 올라간 육회.

에 쓰기도 했는데요. 생산자, 요리사, 접객 담당자가 각자의 일을 잘 해낼 때 맛있는 음식이 나온다고 생각합니다. 좋은 생산자가 있고, 이 생산자와 공감을 나누고, 재료의 안정적인 수급을 서로 확신하면 덜 힘들지 않을까요? 직접 장을 볼 필요가 없잖아요.

권   장보기의 제일 큰 부분이 해산물인데, 직접 장을 보는 이유는 세 가지예요. 첫째는 좋은 재료를 확보해주는 통로가 없습니다. 아주 비싼 스시야에는 루트가 있어요. 저도 그 루트를 이용하고 싶지만 권숙수의 음식 단가로는 가격을 감당할 수가 없습니다. 현재 가게 전체 비용에서 식음료 재료비가 30퍼센트를 넘게 차지하고, 인건비가 40퍼센트를 넘는 상황에서 재료비가 더 올라가면 바로 운영이 어려워집니다. 그래도 좋은 재료는 쓰고 싶으니 어쩔 수 없이 제가 발로 뛰어 장을 봐요. 말하고 보니 슬퍼지네요.

용　장을 볼 때 혼자 가세요?

권　로테이션으로 직원 한 명을 데리고 가고, 다음 날 예약이 너무 많거나 전날 너무 바빴으면 혼자 가기도 합니다.

용　셰프님은 어쨌든 가셔야 하네요. 직접 안 가실 수는 없는 건가요?

권　리스크가 있죠. 오랫동안 거래해온 재료들은 제가 가든 안 가든 일정하게 질 좋은 물건으로 받을 수 있어요. 반면에 특수한 식재료는 맨날 사는 게 아니라서 직접 보고 골라야 합니다. 농산물은 그래도 어렵지 않은데, 어패류는 경험치가 쌓여야 좋은 제품을 알아보는 안목이 생기거든요. 경력 3~4년 차 요리사 대부분은 알아보기 어렵습니다. 저도 사람이니까 어떤 날은 너무 피곤하고 몸이 안 좋을 때도 있지만 꼭 가야 합니다. 그래서 대인관계가 많이 깨졌어요. 저는 다음 날 새벽에 일어나야 되니까 일 끝나고 밤에 지인들 만나는 자리를 갖기가 힘들거든요.

　　첫 번째가 루트의 문제고, 두 번째가 장을 대신 봐줄 사람이 없는 문제고, 마지막으로 식재료를 보러 가야 지금 뭐가 나는지, 세상이 어떻게 돌아가는지 알 수 있어요. 만약 지금 전어 철이 시작됐는데 씨알이 아직 작다면 저는 생각을 하죠. 한 달 후부터는 전어가 맛있어지겠구나. 또는 예년

붕장어구이와 멍게 젓갈.

에 비해 갈치가 많이 나오는 걸 보면, 올해는 놓쳤지만 내년
에는 갈치 요리를 꼭 한번 해봐야겠다고 생각하고요. 시장
을 다니다 보면 새로운 요리에 대한 아이디어가 많이 생기
고 자신감도 생깁니다. 예전에 해산물 모듬구이 스타일의
요리를 할 때, 상한 거 아니냐고 묻는 손님이 가끔 있었어
요. 저는 생선을 살 때 회로 먹을 수 있는 것만 사고, 저온 냉
장고에서 이틀 보관한 후엔 다 빼버리거든요. 신선도에 대
한 압도적인 자신감이 있기 때문에 절대 그렇지 않다, 불가
능하다고 말씀드렸어요. 요리하는 사람으로서 자기가 하는
요리에 자신감이 있어야 된다고 생각합니다. 자만심도 문제
지만 재료에 대한 자신감 정도는 있어야 하지 않을까요. 그

렇기 때문에도 직접 장을 봅니다.

**가성비
만능주의의
폐해**

용   저는 그저 생활인입니다만, 식재료 수준이 가면 갈수록 더 나빠져서 매주 장을 보러 가서 울고 옵니다. 2017년에는 계란 파동도 있었고, 말 그대로 먹을 게 없습니다. 현재 한국의 재료 사정을 어떻게 보고 계십니까?

권   슬플 정도로 최악이죠. 결국에는 소비자들이 결정해야 하는 순간이 온 것 같습니다. 좋은 재료를 찾고 관심 갖는 사람이 있는 한편, 매일 먹는 재료가 얼마인지 모르는 사람도 많아요. 이런 소비 습관이 쌓이고 쌓여서 식재료에 대한 공급과 생산이 지금의 방향으로 흘러왔습니다. 물론 모든 사람이 비싸고 좋은 유기농만 먹을 수는 없지만, 위험부담을 안기도 싫고 무조건 저렴한 것만 찾으면서 질을 이야기하는 건 이율배반적이죠.

결국에 좀 더 좋은 걸 먹고 싶으면 돈을 좀 더 쓸 각오를 해야 한다고 생각해요. 그렇게 시장이 자리 잡혀야 질 좋은 먹거리를 생산하는 사람도 늘어나고, 전체적으로 품질 위주, 안정성 위주로 돌아가지 지금처럼 싸고 양 많은 것만 선호하면 그 구조는 절대 개선될 수 없습니다.

용   저는 자다가도 가성비라는 말을 들으면 일어납니다. 세상에서 제일 무서운 말이 아닐까 싶어요.

권   저도 '싸고 맛있는 음식'에 대한 스트레스를 많이 받는 사람인데, 그건 궁극적으로 불가능하다고 생각해요. 맛에 대한 기준은 다르겠지만 '좋은 재료로 내는 맛있는 맛'은 싼 재료로는 낼 수 없습니다.

용   그런 맛있음을 한국에서 얼마만큼 경험할 수 있는지 가끔 근본적인 회의가 들 때가 있습니다.

권   고비용으로 좋은 재료로 만든 음식을 인지하는 사람들이 많아져야 합니다. 권숙수 같은 레스토랑도 버거운데 6~7천 원짜리 백반 내는 집의 상황은 더더욱 어렵겠죠.

용   반찬도 많고 김치도 내잖아요. 그래서 재활용의 위험도 늘 따르고요. 식재료 얘기는 사실 끝없이 할 수 있지만 그것의 '현실이 참 슬프다'는 정도로 정리하겠습니다.

**셰프가
직접 장을
담그는 이유**

용   한편 한식은 장을 빼놓고는 말할 수 없습니다. 앞서 잠깐 이야기한 것처럼 장을 직접 관리하고 계신가요?

권   관리는 부모님이 도와주십니다. 제가 일을 많이 벌이지만 장독대를 서울에 갖고 있을 순 없어서 가평에, 정확히는 가평 명지산 자락에 두고 있는데요. 산 바로 밑이고 천하의 물 좋은 곳이라서 거기서 나는 재료도 많이 쓰고 있어요. 사실 메주를 뜨는 게 힘들지 만들어놓은 메주와 다른 재료를 조합해서 장을 담그는 일 자체는 어렵지 않습니다. 1년에 3~4일 정도 온종일 뛰어들어서 메주를 만들고 나면 나머지는 장독대를 관리하는 일이에요. 그렇지만 이 관리가 또 손이 많이 갑니다.

용　기본적으로 가내수공업에 의존하고 계신 거죠? 이런 질문을 하는 이유는 한식 역시 생선 보는 법, 칼질 하는 법 등 기본적인 여러 기술이 중요한데 장류에 너무 집착하는 것이 아닌가 싶어서입니다. 한식을 하려면 일단 장을 담가야 한다고 여기는 태도는 좀 잘못됐다는 생각이 듭니다.

권　제가 장을 담그는 이유는 여러 가지가 있지만, 첫째 간장입니다. 고추장은 맛있게 담그는 집이 꽤 있고, 사서 쓰는 게 효율적일 수도 있습니다. 고추장은 일조량도 중요하기 때문에 서울이나 서울 이북에서는 고추장이 맛있게 안 떠져요. 좋은 고추를 로컬 제품으로 찾기도 어렵고요. 그래서 고추장은 제가 여러 번 직접 가서 먹어본 순창 지역 제품을 씁니다. 그리고 된장의 경우 파인다이닝 요리에 많이 쓰기는 어렵습니다.

반면 간장은 직접 담근 것과 시판 제품의 맛 차이가 어마어마합니다. 저는 장의 정수가 간장 종류라고 생각해요. 그런데 좋은 간장, 오래 숙성된 간장이 별로 없습니다. 5~6년 정도 잘 숙성된 간장은 찾기도 어려울뿐더러 있더라도 가격이 너무 비싸요. 제가 어란을 만들면서 간장을 만들기 시작했습니다. 생선 알을 재우면 비린 맛이 다 간장에 배기 때문에 그 간장은 버리거든요. 그렇다 보니 사용량도 워낙 늘어나서 간장을 담가 쓰기 시작했어요.

물론 모두가 간장을 담글 필요는 없어요. 다만 한식

을 하는 요리사가 장을 담그는 방법은 알아야 된다는 생각입니다. 단순히 장을 담글 줄 몰라서 사서 쓰는 건 한식 요리사인 제 입장에서는 용납되지 않는 일이죠.

한식 현대화의 과제

용　　장류도 한식의 현대화라는 큰 과제와 밀접하게 얽혀 있다고 생각합니다. 실무자 입장에서 한식 현대화의 어려움은 무엇입니까? 첫째 한식을 하는 실무자 입장에서, 두째로 맛과 조리를 가르치는 입장에서 한식의 현대화를 어떻게 생각하시는지 궁금합니다.

권　　한식 현대화의 어려움은 먹고사는 일, 경제적인 문제와 밀접히 연관되어 있어서 단기간에 해결되지는 않을 것 같습니다. 한국이 준선진국에 진입은 했지만 소득의 대부분을 부동산이나 자녀 교육비에 지출하다 보니까 음식에는 넉넉히 못 쓰죠. 당장 저만 해도 제가 좋은 것, 맛있는 것을 못 먹더라도 제 딸한테는 뭐든 더 입히고 먹이고 해주고 싶거든요. 더욱이 부모 세대는 먹는 데 돈을 투자하기 어려운 환경에서 살아온 사람들이 더 많고요. 이런 경향이 문화적으로나 일상적으로 뿌리박혀 있는 탓이 큽니다.

용　　음식이 뒷전일 수밖에 없는 현실입니다.

권　　두 번째로 문화적 사대주의를 꼽습니다. 콤플렉스를 건드리는 말일 수도 있는데, 쉽게 말해서 남의 것, 일식이나 프랑스 음식이 더 좋아 보이는 것이죠. 요즘 많은 미식가들이 한식에 중점을 두고 모던 한식을 하는 레스토랑을 찾지만, 레스토랑을 많이 안 다니는 분이 1년에 한 번 결혼기념일에 좋은 레스토랑을 간다고 하면 무조건 프렌치나 이탈리안, 즉 양식당이거든요.

<u>용</u>　한편으로 역할 모델이 없었다고 생각해요. 현대화라는 주제는 고급 한식당의 부재를 이야기하지 않고는 다룰 수 없습니다. '고급'에 대한 개념 정리도 아직 하지 못했습니다. 고급 한식이란 직화구이인가, 아니면 자전거 바퀴만 한 접시에 나오는 활어회인가. 그것의 대안이 될 현대화된 고급 한식의 부재가 영향을 미치지 않았나 싶습니다.

<u>권</u>　음식의 현대화는 레스토랑 문화와 관계된 과제입니다. '한식 레스토랑의 현대화'에 가까운 거죠. 가정식의 현대화는 아니잖아요. 양식은 몇백 년에 걸쳐 레스토랑 음식으로 발전했는데, 한식은 역사적으로 그렇지 못했습니다. 저도 이 어려움을 풀기 위해 노력하는 중이고요.

<u>용</u>　양식엔 집밥과 바깥 음식의 경계가 생긴 거죠.

<u>권</u>　한국은 국밥처럼 간단하게 끼니를 때울 수 있는 음식 말고는 팔기 위한 음식이 별로 없었어요. 요리라면 대부분 궁중, 반가(班家), 사대부, 종가(宗家)처럼 음식을 팔지 않는 곳에서 했습니다. 때문에 레스토랑 운영, 서비스, 주방, 식재료 공급 등과 다 연결되어 있는 식당, 곧 외식업이 발전을 못했습니다.

　　한국에서 현대식 레스토랑이 시작된 지도 얼마 안 됐

습니다. 물론 식당은 몇십 년 전에도 있었지만 단일 메뉴를 파는 음식점이지 현대식 레스토랑은 아니었거든요. 시작은 늦었지만 지금 추세로 봐서는 비약적으로 발전할 것 같아요. 그렇지만 어디까지나 서양에서 몇백 년에 걸쳐 발전시킨 문화를 우리는 몇십 년 안에 끌어올려야 하는 시나리오이기 때문에 어렵습니다.

현대인을 위한 집밥

용   현대화가 바깥 음식의 범위에 적용되는 과제라고 말씀하셨잖아요. 그러나 집에서도 밥을 먹어야 합니다. 1인 가구가 빠르게 증가하는 추세이고요. 집밥의 영역에서 한식의 현대화나 비전을 제시한다면 어떤 점을 강조하거나 보완해야 한다고 보십니까.

권   한식의 비전이라는 게 결국 모델의 문제 같아요. 앞서했던 얘기하고도 연결되는데, 한식이 손이 많이 가는 이유는 반찬이 많기 때문이잖아요. 앞으로 한식은 정갈하고 맛있는 음식, 재철 재료로 두세 가지 요리를 해서 먹는 방식으로 바뀌어야 하지 않을까 생각합니다. 세대가 바뀌었고, 맞벌이가 많아졌고, 식사를 차리는 데 몰두해서 살아갈 상황이 아니니까요.

용   전통적인 한식 집밥을 고수하려면 가정에 요리 전담 인력이 필요합니다. 그러나 그러기가 힘든 현실이고 그래서도 안 된다고 봅니다. 말씀하신 형태의 음식을 제시해야 한다는 의무감도 느끼시나요?

권   그렇기도 하지만 선택과 집중의 문제이죠. 지금으로 선 다 할 수 없으니까요. 나중에 해보고 싶다는 생각은 있습니다. 설후야연을 준비하면서 집밥처럼 쉽게 먹을 수 있는 밥집 같은 식당을 해볼까 고민했거든요. 2~3년 전부터 집밥 열풍이 불었고, 많은 요리사와 회사가 집밥을 겨냥한 시장에 뛰어들었고, 대부분이 집밥을 하고 있기도 하잖아요. 그런데 다른 한편으로 고급 파인다이닝은 많이 생겨난 반면에 설후야연같이 중간 가격대의 레스토랑이 황폐해졌습니다. 중산층이 내 돈 주고 가서 먹을 수 있는 레스토랑이 없다면, 저는 그쪽을 해봐야겠다고 생각했어요. 나중에 기회가 되면 집밥 대용이 가능한 식당을 해보고 싶습니다.

용   아직도 끼니 음식을 위한 한식의 현대화가 가장 취약하다고 봅니다. 이쪽을 개발해볼 계획이 있으시다면 과연 어떤 메뉴를 물망에 올리실지 궁금합니다.

권   그건 제가 좀 더 성장해서 여러 식재료를 안정적으로 공급받을 수 있는 루트를 갖춘 다음에 가능할 것 같아요. 무조건 들어오는 재료로만 할 수도 없고, 그렇다고 비싼 재료로만 집밥 같은 음식을 할 수도 없기 때문입니다.

용   즉 저변이 더 좋아져야 된다는 말씀이네요.

권   네, 재료 공급의 저변이 넓어져야 해요. 집밥을 괜찮게 하면 가격이 올라갈 수밖에 없다는 점도 숙제입니다. 최저임금이 오르는 상황에서 공정무역 커피처럼 정당한 인건

권숙수와 마찬가지로 1인 상차림으로 주안상을 내는 한식 비스트로 설후야연.
좌식 공간은 한옥 대청마루의 분위기가 나도록 연출했다.
권숙수의 이전을 준비하는 과정에서 2018년 6월 9일까지 영업을 마치고
운영을 중단한 상태다.

비와 재료비를 내고 사람들이 만족할 수 있는 가격의 음식을 만들 수 있느냐. 솔직히 자신은 없습니다.

용　박찬일 셰프님이 말씀하신 '한식 천 원 인상론'이 떠오릅니다. 한식이 7천 원은 돼야 종업원들의 복지도 높이고 음식의 수준도 높일 수 있지 않냐는 요지였습니다.

**현대화된
김치는
어렵지 않다**

용　장류까지 이야기했는데 아직 김치가 등장하지 않았습니다. 김치는 한식에서 빼놓을 수 없는 요소이자 너무나도 손이 많이 가는 별개의 음식이잖아요.

권　그런데 사실 그렇게 손이 많이 가진 않아요.

용　그렇습니다. 담그기보다 관리가 어렵지요.

권　맞습니다.

용　가령 총각김치를 담글 때, 저는 무청과 무가 연결되는 부위를 다듬기가 성가셔서 그 부분을 잘라버립니다. 연결 부위를 없애버리고 총각무는 총각무대로, 무청은 무청대로 다듬으면 김치 담그는 시간이 대폭 줄어들더라고요. 이런 나름의 팁을 찾으면 재료 준비해서 버무리기까지는 금방입니다. 하지만 이것을 언제 어떤 온도로 보관해야 하는지, 장기 보관은 얼마나 할 수 있는지 등등 그 이후에도 어려운 단계가 많습니다. 한식당에서는 어떤 장르의 음식을 하든 김치가 영향을 미치잖아요.

권　권숙수와 설후야연을 합쳐서 평상시 일곱 가지 정도의 김치를 갖추고 있어요. 설후야연은 주로 생선김치를 많이 하고, 권숙수는 호불호가 없는 백김치, 파김치, 갓김치 3종 플러스 알파로 갑니다. 결론은 굉장히 소량으로 하되, 자주자주 담가서 쓰는 겁니다. 간단하게 생각해서 배추 한 포기만 담그는 거죠. 고춧가루는 있고, 찹쌀풀은 한 번에 많이 쒀서 진공 냉동 해놓고, 젓갈류는 갈아서 저장해놓고, 담글 때는 이렇게 준비해둔 재료를 넣고 버무려요. 샐러드처럼 하면 김치 담그는 데 몇십 분 안 걸립니다. 손이 많이 가는 배추김치만 고집할 필요 없이 파김치나 깍두기는 5분이면 담글 수 있습니다.

용   김치가 어떤 때는 간단하지만 매일 해야 하거나 대량으로 담가야 하면 전혀 다른 과제가 됩니다. 권숙수나 설후야연은 주요리가 존재하기 때문에 김치에 대한 부담감이 덜할 수 있습니다. 반면 설렁탕, 곰탕, 순댓국 같은 한식의 탕반은 김치를 먹으면서 맛의 균형을 맞추도록 설계돼 있기 때문에 김치가 메인요리만큼 부담을 줄 수 있습니다. 김치를 계속 음식에 딸린 반찬으로 여긴다면 지속적으로 많은 양의 김치를 담가야 하는 생산자의 짐은 줄어들지 않을 텐데요. 이런 상황을 어떻게 봐야 할까요?

권   이렇게 생각해볼 수 있을 것 같아요. 파스타를 예로 들면 요즘 집에서 해 먹는 사람들도 많고, 예전에 비해 어렵고 특별한 요리가 아니라 일상에서 쉽게 접하는 음식이 되었잖아요. 구체적인 난이도 차이도 있지만, 김치가 현대적인 생활 방식에 안 맞아서 더 부담스럽습니다. 파스타는 해서 바로 먹을 수 있지만 김치는 담가놓고 일주일, 이주일, 한 달을 있어야 하잖아요. 너무 어렵게 여기지 말고 샐러드를 해 먹듯이 겉절이를 할 수도 있고, 쉬운 방식을 찾으면 김치 역시 현대적인 패턴에 맞출 수 있다고 생각해요.

용 김치에 대한 장벽이 있습니다. 누구나 먹는데, 직접 만드는 사람은 별로 없고, 그러면 우리가 먹고 있는 김치는 다 어디서 오는 걸까요. 누가 그 노동을 담당하고 있는지 생각해봐야 할 것 같습니다. 말씀하신 것처럼 그 장벽을 극복할 수 있는 방법이 적극적으로 개발되면 좋겠습니다.

긴 시간에 걸쳐 권우중 셰프와 한식을 다뤄봤습니다. 마지막으로 덧붙일 이야기나 앞으로의 계획을 들려주시면 좋겠습니다.

권 계획은 빨리 빚 다 갚고, 성공 사례를 만들어서 후배들에게 꿈과 희망을 줄 수 있는 셰프가 되는 거죠. 한편으로는 제가 한식을 함으로써 받은 것이 많기 때문에 후진 양성에도 힘써보고 싶습니다.

용 레스토랑에서 도제식으로 수련하는 데는 한계가 있지 않나요?

권 한계가 있고 요즘 세상에도 안 맞죠. 한식이라는 요리 자체가 도제식으로 발전해온 측면이 있는데, 지금 생각해보면 유교 사상하고도 관련이 있는 것 같습니다. 반면에 양식은 과학적으로, 데이터 중심으로 발전했기 때문에 객관적이고 개인주의적인 시스템이 자리 잡았고요. 요즘 문화나 젊은 세대에 맞는 후진 양성 시스템을 학교의 형태가 아니더라도 해봐야 하지 않을까요?

용 새로운 후진 양성 시스템의 구체적인 상에 대해 들어볼 다음 기회를 기대하겠습니다. 좋은 말씀 많이 들었습니다. 감사합니다.

권 감사합니다.

6   경영과 제빵,
성공적인 겸업의 조건

여섯 번째
미식 대담

라 뽐므
플레이팅 디저트를 전문으로 하는 디저트 카페.

에뚜왈 서울 강남구 압구정로10길 35
비에누아즈리에 주력하는 테이크아웃 제과제빵점.

정응도
경영학을 전공했고 어려서부터 음식과 요리에 관심이 많았다.
동경제과학교에서 제과를 공부한 동생과 함께, 2009년 홍대 앞에
디저트 카페 '비 스위트 온'을 열고 경영을 맡았다. 2012년 리브랜딩을
거쳐 가로수길에서 '라 뽐므'를 시작하여 2018년 5월까지 운영했다.
경영 업무와 함께 제빵을 독학한 후, 2016년에는 제과제빵 브랜드
'에뚜왈'을 열어 제빵사로도 일하고 있다.

"자영업은 종합예술과
비슷한 측면이 있다고 생각해요.
내가 여태껏 어떻게 살아왔느냐 하는 경험과
취향이 쌓여서 가게에 나타난다고 할까요.
아무래도 한 사람의 삶의 경험보다는
여러 사람이 축적한 경험이 낫습니다."

이용재(이하 용)　「미식 대담」이 어느덧 여섯 번째 게스트를 맞이합니다. 디저트 카페 '비 스위트 온(Be Sweet On)'과 '라 뽐므(La Pomme)'를 운영하는 동시에 제과제빵 브랜드 '에뚜왈(étoile)'의 조리 실무자로 역할 전환을 시도하고 계시는 정웅도 대표님을 모셨습니다.

　　조금 새롭게 돌발 질문과 함께 시작하겠습니다. 일단 대표라는 직함을 호칭 삼았지만 정웅도 씨에게 마땅한 호칭은 무엇일지 의문을 품으며 이번 대담을 준비했습니다. 지금까지 디저트 카페 경영을 맡아왔고, 2016년부터는 제빵 실무 역시 담당하고 계십니다. 이를테면 '파티시에'라는 호칭을 쓰면 될까요? 현재 본인에게 적합한 호칭이 무엇이라고 생각하십니까.

정웅도(이하 정)　일단 인사는 안 하나요?(웃음)

용　제가 너무 급했습니다. 반갑습니다.

정　안녕하세요. 에뚜왈, 그리고 라 뽐므에서 일하고 있는 정웅도입니다. 저도 호칭을 고민해본 적이 있어요. 원래 빵 만드는 사람을 '블랑제(boulange)'라고 부르는데, 많은 경험과 경력을 쌓아야 하는 직업입니다. 그렇기 때문에 2015년에 제빵을 시작한 제가 블랑제라고 불리는 것은 시기상조가 아닐까 싶고 좀 부끄러워요. 아직까지는 가게에서나 밖에서나 10년 동안 듣던 대표라는 직함이 편합니다.

제과와 제빵의 경계

용　파티시에와 블랑제의 개념이 다릅니다. 그 차이점을 설명해주시겠어요?

정　한국에선 보통 제과(製菓)와 제빵(製-)을 구분하지 않고 빵집이라는 단어를 쓰고 있죠. 빵집을 한자로 표현하면 모순적이게도 제과점이라고 합니다. 제빵점이라는 말은 안 쓰죠. 제과제빵 선진국이라고 할 수 있는 프랑스나 일본에서는 비교적 두 영역이 구분되어 있습니다. 우리가 흔히 빵집이라고 부르는 영역에는 '파티스리, 블랑제리(boulangerie), 쇼콜라트리(chocolaterie), 글라스리(glacerie)'라는 네 가지 업종이 포함되어 있는데요. 파티스리는 과자를, 블랑제리는 빵, 쇼콜라트리는 초콜릿, 글라스리는 아이스크림을 만드는 일 또는 그것을 판매하는 장소를 뜻합니다.

　　제과제빵 분야 책을 참고해보면 블랑제리와 파티스리, 즉 빵과 과자를 나눌 때에는 보통 효모(yeast)의 유무 혹은 사용된 팽창제의 종류를 기준으로 해요. 천연 팽창제, 즉 살아 있는 팽창제를 사용하면 빵이고, 그렇지 않은 경우 과자라고 합니다.

용　천연 팽창제는 효모 같은 미생물을 말하고, 베이킹파우더나 베이킹소다 등의 화학 첨가제가 후자에 해당합니다.

정　이 기준에 따라 딱 나뉘면 좋을 텐데, 프랑스의 실무 영역을 보면 꼭 일치하지는 않습니다. 가령 브리오슈처럼 우리가 볼 때는 명백한 빵이 유럽의 관점에서는 빵과 과자의 경계에 서 있습니다. 왜냐하면 브리오슈는 블랑제도 만들 수 있고 파티시에도 만들 수 있는 품목이거든요. 넓게 보면 크루아상(croissant)도 그 경계에 있다고 볼 수 있어요. 구체적으로 들어가면 생각보다 분류가 애매하지만, 일반적으로 우리가 과자라고 여기는 케이크류, 무스(mousse)류, 쿠키류 등은 파티스리의 영역이고, 바게트(baguette) 같은 프랑스빵이나 식빵을 비롯해 우리가 빵이라고 여기는 종류는 블랑제의 영역이 맞습니다.

용   덧붙이자면 비에누아즈리라는 개념도 있죠?

정   잘 알려진 바게트, 바타르(batard), 캉파뉴(pain de campagne)와 같은 종류를 프랑스빵이라 하고요. 방금 경계에 서 있다고 이야기한 품목인 크루아상이나 브리오슈는 프랑스가 아닌 오스트리아 빈에서 시작되어 프랑스로 건너온 빵 내지 과자라고 여겨집니다. 이 빈에서 온 것들을 통칭해서 비에누아즈리라고 말합니다(37쪽 각주 참고).

용   첫 게스트였던 메종 엠오의 세컨드 브랜드 아 꼬떼 뒤 파르크가 비에누아즈리를 표방하고 있지요. 오스트리아 빈은 자체적인 페이스트리 문화를 갖고 있습니다. 자허토르테(sachertorte)라는 초콜릿 케이크의 한 종류가 빈의 한 카페에서 비롯되었고, 크루아상의 기원 역시 빈이라고 이야기합니다. 이처럼 다른 나라의 요소를 차용한 페이스트리가 또 있는데 대표적으로 제누아즈(genoise)가 있습니다. 제누아즈는 쉽게 말해 스펀지케이크로 이탈리아 제노바에서 왔다는 의미를 담고 있습니다. 잠깐 제과 상식을 알아봤네요.

전통적인 마롱 과자 몽블랑에 초콜릿 아이스크림과 초콜릿 무스를 결합한 형태의
디저트인 몽블랑 오 쇼콜라(Mont-blanc Au Chocolat).

마들렌의
재발견

용   크게 파티스리와 블랑제리로 분류했을 때, 라 뽐므와
비 스위트 온은 파티스리에 속한다고 보면 되겠죠. 가장 최
근에 시도하신 에뚜왈은 블랑제리에 가깝나요?

정   그렇게 보기는 힘들어요. 애초 취지는 파티스리와 블
랑제리의 중간을 아우르는 것이었지만 실제로는 파티스리
영역을 벗어나지 못하는 것 같습니다.

용   기본적으로 피낭시에나 마들렌 같은 구움과자 쪽도
많이 하시잖아요. 수요를 따른 결과인가요, 아니면 그쪽을
좋아하시기 때문인가요?

정   일단 저희 인력 자체가 빵 만드는 사람 한 명과 과자
만드는 사람 세 명으로 구성되어 있어서 아무래도 과자를
더 많이 만들게 됩니다. 다른 한편으로 시작할 때는 의식하
지 못했는데, 메종 엠오 덕분에 저희 가게 마들렌의 매출이
전체의 25퍼센트를 차지할 정도로 올랐습니다. 최근 들어
전반적으로 마들렌을 많이 찾게 된 데에 메종 엠오의 공이
8할 정도는 된다고 봐요.

용   기억을 더듬어보면 저 먼 옛날 고려당 시절부터 마들
렌은 있었습니다만, 무엇이 재조명되어 다시 사람들 시야
에 들어온 걸까요?

정   기억 속의 무언가를 자극한 경우는 아니라고 생각합
니다. 어릴 적에 마들렌을 먹어봤어도 별다른 인상이 남지
않았을 거예요. 다만 메종 엠오의 마들렌을 먹어본 사람들
이 신경 써서 만든 마들렌이 지닌 나름의 매력을 느끼면서

관심을 갖게 된 것 같습니다.

**카페 문화의
전개와
디저트 까페의
등장**

용　시계를 돌려서 처음 디저트 카페를 열었을 당시의 이야기를 듣고 싶습니다. 비 스위트 온이 문을 연 2009년 즈음에 디저트 카페가 유행하기 시작했고, 독립적인 디저트 가게들이 존재하는 상황이었습니다. 그렇지만 기본적인 한국의 디저트 선호도에 대해서는 의문입니다. 지금도 별도의 장소에 가서 디저트와 음료의 가격을 별개로 지불하는 행위, 심지어 디저트의 가격이 일반 식사보다 높은 상황에 익숙지 않죠. 디저트 전문점 형태의 가게를 시작하는 것이 쉽지는 않았으리란 생각이 듭니다. 당시에 어떠한 판단이나 분석 아래 가게의 콘셉트나 운영 방식을 결정하셨는지 궁금합니다.

정　비 스위트 온을 준비하던 시기에 해외에서는 디저트 전문 가게가 화제가 됐어요. 예를 들어 2000년대 중후반 일본에선 도시 요로이즈카(Toshi Yoroizuka)＊가 센세이션이었죠. 아시아에서 임대료가 가장 비싸다는 도쿄 미드타운, 그것도 제일 목 좋은 1층에 가게를 오픈해서 늘 사람들로 줄을 세웠거든요. 그곳에서의 경험이나 당시 경향이 영향을 미쳤습니다.

＊ 일본에서 가장 유명한 파티시에 중 한 명인 요로이즈카 도시히코(鎧塚俊彦)가 운영하는 디저트 카페. 2004년 도쿄 에비스에 첫 매장을 열었고, 2007년에 '도시 요로이즈카 미드타운'을 오픈했다.

좀 더 구체적인 형태는 매장 자체의 구조나 상권의 영

향을 받았는데요, 처음에 했던 가게가 입구가 좁고 안으로 긴 구조였습니다. 디저트를 손님에게 보여줄 공간이나 방법이 마땅치 않았기 때문에 쇼케이스나 제품을 매장에 진열하는 부분을 아예 빼고 갔습니다. 쇼케이스에 넣어두면 습도 관리가 되지 않아서 케이크가 마르기도 하고요. 그럴 바에는 일반 밀폐 용기에 넣어서 냉장고에 보관해놨다가 주문받은 다음 만들어서, 정확히는 '조립'해서 내는 방식이 손님 입장에서 만족도가 더 높을 것 같았어요.

더욱이 홍대라는 상권은 생각보다 포장해서 가는 손님이 많은 곳이 아닙니다. 홍대뿐 아니라 이태원, 신사동 등의 상권은 기본적으로 친구를 만나기 위해 오는 장소거든요. 예를 들어서 조각 케이크를 사면 친구랑 헤어져서 집에 도착하기 전까지 들고 다녀야 하니까 가급적 포장해 가지 않죠. 어차피 테이크아웃 비중이 높지 않으니 비 스위트 온이나 라 뿜므는 '와서 먹는 손님들에게 집중한다'는 콘셉트를 잡았어요. 10년 가까이 운영하다 보니까 지금은 왜 이런 콘셉트를 잡았을까 후회도 좀 됩니다.

용 오늘날 우리가 카페라고 했을 때 떠올리는 이미지는 홍대 등지에서 자리 잡아 조금씩 발전해온 형태일 텐데요. 그 맥락에서 최상의 디저트란 커피 같은 음료의 '옵션'으로서 조각 케이크 정도라고 생각합니다. 비 스위트 온 같은 디저트 카페는 그로부터 몇 단계를 건너뛴 형식이고요. 그에 대한 우려는 없으셨습니까?

정 방금 두 가지 카페 문화에 대해 말씀하신 것 같아요. 에스프레소 음료를 파는 스타벅스를 위시한 카페와, 홍대의 카페 문화가 퍼져나가면서 형성된 또 다른 계열의 카페가 있습니다. 제가 홍대 98학번인데 입학했을 때가 에스프레소 문화와 홍대 카페 문화 두 가지가 동시에 시작되던 시기였습니다. 1999년에 스타벅스 1호점이 이대에 오픈했고, 홍대에도 외국계 브랜드 카페가 한두 개씩 오픈한 상태였어요. 몇 년이 지나고 『우리 카페나 할까?』(김영혁, 김의식, 임태병, 장민호)라는 책이 출간돼서 제가 알기로는 당시 베스트셀러였고요. 저자들이 홍대에서 카페를 하는 분들이었고, 그 카페가 어찌 보면 홍대 카페 문화의 줄기를 만든 곳이라고 볼 수 있습니다.

용 후자의 계열을 어떻게 유형화할 수 있을까요? 개인의 취향이 녹아 있는 공간이나 음악, 소품이 느껴지는 곳?

정 네, 개인적인 취향을 적극적으로 반영해서 어떤 가게는 인더스트리얼하기도 하고, 어떤 가게는 여러 방향을 보여주고. 실무자가 좋아하는 걸 파는 형태의 가게들이죠.

용 이제는 그런 유형의 카페를 찾아보기 어려워진 것 같습니다. 집합적으로 존재했던 거의 마지막 시기가 2011년경이었다고 보는데, 그 이후로 많이 없어지지 않았나요?

정 그런 카페가 존재하려면 몇 가지 조건이 필요합니다. 대학교와 학생들, 그리고 학생들이 걸어서 접근할 수 있는 위치에 적당한 임대료로 운영할 수 있는 공간이 형성되어야 해요. 그런데 아시다시피 카페 문화의 중심지였던 홍대의 임대료가 워낙 뛰면서 적당한 임대료로, 적당한 크기의 공간을 얻을 수가 없어졌습니다. 그 탓에 카페들의 수익성이 떨어지다 보니 합정, 상수동 일대로 밀려나게 되었죠.

음료를 주문하지 않아도 되는 카페

용   그런 상황에서 디저트 카페에 승산이 있다고 생각하셨던 건가요?

정   단순하게 말해 '테이블당 단가가 높아야 된다. 모든 테이블에서 음료와 디저트를 같이 시키면 단가가 올라간다.'는 것이 제 생각이었어요. 음료는 기본적으로 마시고 케이크를 먹느냐 않느냐에 따라 단가가 결정되는 카페의 구조에서, 디저트를 잘 만들면 손님들이 케이크까지 시킬 거라는 나이브한 판단을 했습니다. 하지만 실제 결과는, 그럼 음료를 안 시키면 된다는 발견으로 끝나더라고요.(웃음)

용   놀라운 결과죠.

정   처음에는 예상하지 못했어요. 음료를 주문하지 않는 비율이 그렇게 높을 줄 몰랐습니다. 음식 장사를 하면서 가격을 싸게 받지는 않되 양은 조금 넉넉하게 준다는 게 제 개인적인 지론인데요, 그 결과 디저트만 시키는 손님들이 대다수였습니다. 두 사람이 커피 두 잔에 케이크는 한 조각만 시켜서 나눠 먹는 경우가 한국에서는 일반적이잖아요.

용   미국이나 유럽, 일본에서는 대개 음료를 시켜야 한다고 생각하죠. 맛의 조화라는 측면 때문이기도 하고요.

정　카페는 원래 음료를 마시는 곳이니까요. 그런데 2인 테이블에서 커피 두 잔, 케이크 하나를 시키는 문화와 저희 가게의 성격이 겹쳐지면서 이렇게 생각하는 손님들이 꽤 많았습니다. '여기는 케이크가 중요하니까 케이크만 시키는데, 케이크는 원래 하나 시켜서 둘이 나눠 먹는 거니까, 둘이 와서 케이크를 하나만 시키면 되겠다.' 네 명이 와서 디저트 하나를 먹는 일도 생기고, 오히려 객단가가 너무 떨어져서 어느 시점부터 그런 경우를 막았습니다.

용　1인 1음료 정책으로?

정　1인 1음료 정책은 감히 못하고요. 2인에 음료 하나와 디저트 하나까지는 이해하는 1인 1메뉴 정책으로. 음료든 디저트든 인원수대로 주문해줄 것을 고수하고 있습니다.

용　디저트 카페는 디저트가 중심이고, 디저트를 만드는 데는 손이 많이 갑니다. 앞서 사용하신 '조립'이라는 표현을 영어로는 어셈블리(assembly)라고 하죠. 이 조립만 하면 되는 것이 아니라 그 전 단계 준비에 긴 시간이 걸립니다. 예를 들어 라 뽐므 대표 메뉴인 타르트 타탄(Tarte Tatin)도 퍼프 페이스트리(puff pastry)를 만들려면 버터와 밀가루로 켜를 만들어서 접고……. 많은 노동량이 투입되는 전형적인 과정을 거치잖아요. 이런 점을 감안할 때 테이블에서 음료를 안 시키면 결국 적자를 보는 것과 다름없다고 할 수 있습니다.

<u>정</u>　더군다나 한국의 세법 체계가 노동력을 많이 투입하는 가게가 돈을 벌기 어렵게 되어 있습니다. 같은 매출을 올렸을 때, 원가율이 비슷해도 인건비 지출이 클수록 돈이 안 남습니다. 나중에 계산기를 두드려보면 외부에서 사다가 파는 것이 돈이 더 남아요. 인건비를 많이 쓰는 가게는 아무래도 수익성이 떨어집니다.

**동업의 비결은
철저한 분업화**

<u>용</u>　비 스위트 온의 콘셉트를 가장 주도적으로 밀어붙인 장본인이 대표님인가요? 동생분이 비 스위트 온과 라 뿜므의 파티시에라고 알고 있습니다. 조리 실무자와 경영자가 원하는 바가 다를 수 있는데 그럴 땐 어떻게 하시나요?

<u>정</u>　제가 콘셉트 구상에 주도적인 역할을 했고요. 처음엔 세 명, 지금은 네 명이서 동업을 하고 있지만 각자의 역할 구분이 명확한 편입니다. 예를 들어 실제로 경영상의 의사 결정을 하는 사장의 역할은 저 혼자서 담당합니다. 또 다른 동업자는 원래 디자인을 전공해서 메뉴판이나 포스터 등 그래픽 디자인에 대한 권한을 갖고요. 이런 방식에 모두가 동의를 하고 동업을 시작했습니다.

<u>용</u>　그렇다면 현재 일종의 분업 체계를 갖추고 있는 거잖아요. 세법 얘기도 하셨지만 경영학을 전공했기 때문에 자연스레 경영을 맡으셨나요? 형제, 지인과 카페를 해보자고 뭉치면서 각자 역할을 어떻게 정했는지 궁금합니다.

라 뽐므의 대표 메뉴 중 하나인 타르트 타탄. 페이스트리와 커스터드 크림, 조린 사과,
바닐라 아이스크림 한 스쿱, 사과 칩이 층층이 쌓여 있다.

정   경영학과에서 세금이나 자영업 실무를 배우지는 않죠. 제가 좋아해서 시작한 사업이기도 했고, 실제로 카페를 제일 많이 가보고 과자를 제일 많이 먹어본 사람이 저였기 때문에 카페 경영의 역할을 맡게 되었습니다.

동업에 대해 흔히 부정적인 얘기가 많지만, 제가 보기에 부정적인 사례가 많은 이유는 분업화가 안 되어 있어서예요. 전문 분야가 서로 다른 사람들끼리 동업을 해야 싸움이 안 납니다. 싸움이 나도 이기는 사람이 정해져 있으면 싸움이 끝날 수 있죠. 제가 동업을 10년 넘게 하고 있는데 그동안 크게 위기를 겪었던 적이 없거든요. 제일 중요한 것이 영역 분담, 그리고 그에 대한 합의라고 생각합니다.

**인기는
황폐화를
불러온다**

용   리브랜딩을 거쳐 상호를 바꾸고 2012년에 강남 지역으로 넘어오셨잖아요. 종종 홍대 쪽에 가는데 2주 전이 기억나지 않을 정도로 변화가 잦고, 심지어 이제 황폐해졌다는 느낌입니다. 그런 변화를 감지했기 때문에 이전을 결정하셨나요? 전반적인 리브랜딩 과정이 궁금합니다.

정   처음엔 두 개 매장을 같이 운영할 생각이었어요. 개인적인 이유, 사업적인 이유를 다 말씀드리긴 어렵지만, 동시에 운영한 지 1년 정도 지났을 때 결정적으로 홍대를 담당했던 인력이 나가면서 홍대 업장을 접게 되었습니다. 요식업은 기본적으로 인력 의존도가 높은 업종인데 전문 인력이 많진 않습니다. 내가 수년에 걸쳐서 키운, 혹은 스스로 성장한 전문 인력이 쉽게 구해지지 않거든요.

　　일단 홍대의 황폐화 정도와 가로수길의 황폐화 정도에 큰 차이는 없다고 생각합니다.

용　전국이 황폐화되고 있는 건가요?

정　어떤 면에서는 그렇습니다. 왜냐하면 홍대, 가로수길, 서래마을 등은 원래 대자본에서 약간 비껴나서 개인의 취향을 드러내는 가게들이 모여 있었기 때문에 인기를 얻었잖아요. 그런데 인기가 유동인구를 불러오고, 유동인구가 대기업을 같이 불러옵니다. 특히 한국 대기업은 외국 대기업이라면 하지 않을 법한 여러 소매업을 하기 때문에 이런 문제를 어디든 피할 수가 없습니다.

　　가게를 리브랜딩하고 이름을 바꾸고 장소를 이전한 가장 큰 이유는 가로수길의 상황이 더 나아서가 아니라, 홍대하고 음료값을 다르게 받아야 했기 때문입니다. 오히려 장사하는 사람들 사이에서는 가로수길이 가장 빠른 속도로 어려워지고, 홍대가 그래도 상황이 낫다는 평가가 일반적인 것 같습니다. 그렇게 보이지 않는 원인은 가로수길은 비교적 아직도 외관이 깨끗하게 유지되지만 홍대는 그렇지 않다는 점입니다. 홍대는 술이 팔리는 상권이고, 가로수길은 술이 안 팔리는 상권이라는 차이에서 비롯된 거죠.

용　가로수길에서 조금만 이동하면 신사동 일대는 술이 많이 소비되는 대표적인 유흥가잖아요.

정   그 구역이 분리되어 있어서 가로수길은 깨끗하게 유지되는 듯 보여요. 반면 홍대는 유흥가와 카페 등이 자리 잡은 구역이 섞여 있어서 체감상 변화가 더 두드러집니다. 그렇지만 실제 상권의 변화 정도에는 큰 차이가 없습니다.

**디저트와
음료의 짝짓기**

용   앞서 음료를 시키지 않는 경향을 이야기했는데요, 그 때문에 음료의 선택지가 좀 더 다양해지지 못하는 것인가요? 디저트와 음료의 조화, 즉 짝짓기(pairing)에는 커피나 차 종류가 기본적으로 중요합니다. 하지만 단맛으로 짝을 맞추는, 다시 말해 단맛의 시너지를 일으키는 디저트 와인의 세계 역시 폭넓습니다. 초콜릿과 셰리주(sherry wine)처럼 고전적인 짝짓기라든지 뉘앙스가 조금씩 다른 단맛의 스펙트럼이 있지요. 그런 데 관심이 없지는 않으실 것 같아요.

정   라 뽐므처럼 플레이팅 디저트를 하는 카페는 두 가지 원천이 있다고 볼 수 있어요. 레스토랑에서의 디저트, 혹은 한국이나 일본의 호텔 문화로서 디저트의 큰 맥락이 하나 있고, 그다음에 제과점에서 오는 맥락이 있습니다. 라 뽐므의 경우 제과점에서 파생된 맥락의 색깔이 좀 더 강합니다. 대부분의 제과점에서는 술을 팔지 않고, 저희도 거기에 익숙해서 디저트 와인 쪽으로는 관심이 적은 편입니다. 제가 술을 마시지 않기도 하고요.

용   디저트와 와인의 페어링은 레스토랑에서 어느 정도 시도는 합니다만, 아직 디저트 전문 매장에서는 거의 찾아볼 수 없습니다.

정　그런 시도를 했던 소수의 가게들이 부정적 결말을 맞았습니다. 그걸 옆에서 봐온 데다가 제가 술을 커피나 차에 비해 잘 모르고 자신 있는 분야가 아니기 때문에 나중으로 미뤄놓게 된 거죠.

용　커피와 차 분야에서는 그동안 어떤 변화가 있었나요?

정　처음 가게를 시작할 때, 제 동생은 전문적인 제과제빵 교육을 받았고 길지는 않지만 일본에서 실무 경험도 있었어요. 반면에 음료는 아무도 경험이 없는 상태에서 제가 책 보고 공부해서 맡았거든요. 심지어 당시에는 책도 별로 없었습니다. 그 과정에서 여러 시행착오를 겪긴 했지만 짧은 시간 안에 최대한 경험을 축적하려고 노력했습니다.

용　나가서 많이 드셨다는 뜻인가요?

정　기본적으로 많이 먹어봤죠. 그리고 저는 원래 관심 주제에 대한 정보를 서적으로 접하는 걸 선호하는 스타일이에요. 좋은 책이든 나쁜 책이든 다 읽어서 최대한 여러 의견을 접하려고 합니다. 심지어 화학 공식이 많거나 영어가 너무 어려워서 읽지 못하는 책도 일단 사서 보곤 했어요. 그래도 커피는 워낙 좋아하고 최소한 맛을 구분할 수는 있어서 크게 힘들지는 않았습니다.

용　과거에 비하면 그나마 커피가 지난 10년 동안 한국 음식 문화에서 가장 나아진 분야라고 생각하는데 어떻게 보세요?

정 여러 환경적 요인이 맞물려서 커피가 상대적으로 제일 좋아진 분야인 건 사실이죠.

용 너무나 많은 사람들이 시도하고 있기 때문에 저변이 넓어진 걸까요? 어떤 요인 때문이라고 봐야 할까요?

정 개인적으로는 젊은 층의 소비 여력이 줄어들었기 때문이라고 생각해요. 비싼 문화적 경험을 하기가 어려운 상황에서는 비교적 부담이 덜한 저렴한 비용으로 누릴 수 있는 문화적인 경험을 찾게 됩니다. 그걸 충족하는 대상이 바로 커피죠. 5~6천 원대 커피를 구매할 수 있는 소비자층이 다른 음식에 비해 두텁습니다. 다시 말해서 커피를 좋아하는 분들이 과감하게 실험하고, 시행착오를 겪을 수 있는 시장 여건이 조성된 거예요.

용 커피는 음료이면서 문화적인 아이콘이기도 하니까요. 커피를 소비하는 행위 자체가 문화를 소비하는 행위가 될 수 있고요.

정 커피가 해외여행의 대체제가 됐다고 보일 정도로 문화적인 상징성이 크다고 생각합니다.

실력의 폭을 넓히기 위한 도전

용 지금까지 경영자로서의 경험과 생각에 대해 주로 들었는데요, 제빵사로 정체성의 방향을 바꿔 '에뚜왈'이라는 또 다른 브랜드를 시작하게 된 계기나 독학으로 제빵을 공

모던하고 깔끔한 소품과 가구로 구성된 카페 내부 공간.

부하는 방법 등을 이야기해보겠습니다.

현재 한국에서는 충분한 사전 정보나 경험이 없는 상
태에서 요식업에 뛰어든 자영업자들이 사회 문제로 대두되
었습니다. 그것이 부채와 연결되기 때문입니다. 이를 비롯한
자영업의 현실을 누구보다 잘 아실 텐데도 직종을 바꿔 새
로운 시도를 하신 이유는 무엇인가요? 품목도 발효빵 종류
로, 기존 장르에서 약간 가지를 쳐서 나오신 거잖아요.

정   일단 직접 하지 않고는 방법이 없다는 점이 가장 컸습
니다. 예를 들어 크루아상을 팔고 싶다고 할 때 직원을 고용
해서 만드는 방법이 훨씬 더 어렵거든요. 그래서 제가 직접
하게 됐습니다.

용   먼저 크루아상을 왜 팔고 싶으셨나요?

정   두 가지 측면이 있습니다. 한국에서는 단일 품목을
하는 것이 미덕처럼 여겨집니다. 설렁탕집은 설렁탕만 팔아
야 하고 김밥천국처럼 100가지 메뉴를 파는 집엔 부정적인
이미지가 있죠. 편리함에도 불구하고요. 반대로 파티스리
나 블랑제리의 영역에는 '깊이'의 실력과 '폭'의 실력이 있다
고 생각합니다. 한 가지나 적은 가짓수의 제품을 깊이 있게
잘 만드는 것도 실력이고, 여러 종류를 폭넓게 만들어내는
것도 실력이죠.

용   빵마다 발효 시간이 다르다는 점을 이용해서 다양한
제품을 만들어내는 방식을 말씀하시는 거죠?

정   그것도 포함되고요. 예를 들어서 제과점의 3미터짜

리 쇼케이스에 마흔 가지 프티 가토(petit gâteau)가 들어가 있다면 일단 그 집은 대단한 집입니다.

용   완성도와 상관없어요?

정   네, 마흔 가지를 하면 무조건 일단은 대단한 것이라고 생각해요. 그런 면에서 폭을 넓혀보고 싶은 욕구가 계속 있었습니다.

용   그런데 그런 시도를 라 뿜므 셰프인 동생분도 아닌, 본인이 직접 해야겠다고 결심하신 계기는 무엇인가요?

정   동생이 새 작업을 맡게 되면 동생이 하던 일은 다른 직원이 해야 하고, 그 직원이 하던 일은 그 밑의 사람이 하게 되는 도미노 현상이 일어나서 품질 관리에 무너질 수밖에 없습니다. 그걸 감수할 수는 없었습니다.

용   혹시 대표님이 본인과 동생 이외의 실무자를 불신하시는 건 아닌가요?

정   그렇게 볼 수도 있는데, 앞서도 말씀드렸다시피 요식업은 경험의 축적이 필수적이거든요. 경험이 쌓인 직원이 있는 상황에서는 한 단계 앞으로 발을 떼도 되지만, 걸음을 뗄 수 있는 상황이 쉽게 주어지지 않습니다.

용   인력을 구하기 힘들다는 이야기를 자주 듣습니다만, 절대적으로 인력이 부족한가요? 아니면 경력에 따른 보수를 맞추기 어려워서 구하기 힘든 건가요?

정   두 가지 측면이 다 있습니다.

**실무 진입을
가로막는
조리학교**

용   요즘 조리학교에 진학하는 사람도 많은데 왜 인력 상
황은 나아지지 않는 걸까요?

정   조리학교는 오히려 실제 실무에 나오는 걸 막는 역할
도 합니다. 한때 바리스타나 파티시에가 주인공인 드라마
가 많은 사람들을 음식 분야에서 일하게 했죠. 교육기관을
거치지 않으면 뭣도 모르고 일단 시작하거든요. 그런데 교
육기관, 특히 고등교육기관을 거치는 사람들이 많아지면서
두 가지 현상이 나타났습니다. 교육비가 높아지면서 경제
적으로 여유 있는 사람들의 접근 가능성이 높아지고, 실무
로 이어지는 확률은 낮아집니다. 왜냐하면 경제적 여유가
큰 사람들은 음식에 관심이 있어도 굳이 창업하거나 실무
를 할 생각은 없는 경우가 많거든요.

두 번째로는, 교육기관에서 간접 경험을 해보고 포기
하는 사람들이 꽤 돼요. 실제로 하기엔 너무 어려운 일임을
깨닫는 거죠. 특히 전문 교육기관에서 제과제빵을 가르치
는 것이 꼭 인력의 수급에 긍정적 효과를 주지는 않습니다.

용   조리 전문 교육기관이 오히려 실무 진입을 막는다면,
요식업을 지속하는 데에도 악영향을 미치게 될 텐데요. 그
럼에도 시작하신 이유는 무엇이었습니까?

정   만약 나중에 지금과 다른 콘셉트의 가게를 한다면 무
얼 하고 싶은지 생각해봤어요. 저는 미국 서부 쪽에서 발달
한, 빵이 밑바탕에 깔리는 형식의 레스토랑을 하고 싶더라
고요. 그러려면 가장 중요한 요소인 빵에 대한 경험이 뒷받

침돼야 하기 때문에 직접 빵을 만들기 시작했습니다. 에뚜왈은 워낙 작은 가게여서 큰돈이 되진 않아요. 하지만 경험 축적 과정이라고 봤을 때 해야겠다는 결심이 들었습니다.

용　미래를 보신 거군요.

정　네. 한국에서 플레이팅 디저트를 하기가 상당히 어려워졌고, 앞으로 더 어려워질 것 같습니다. 처음 시작했을 때보다 플레이팅 디저트를 하는 사람들이 갈수록 줄어들고 있어요. 저희처럼 이것만 하는 곳이 거의 없습니다. 상황이 더 어려워져서 조금 다른 걸 해야 될 때를 대비해서 경험의 밑천을 쌓아야겠다는 생각이었습니다.

용　그래도 음식을 계속 하고 싶으신 걸 보면 정말 음식을 좋아하시는 것 같습니다. 좋아하는 일이 업이 되면 더 이상 예전처럼 즐기지 못하는 경우가 많잖아요. 여전히 흥미를 갖고 계시기 때문에 새로운 영역에 도전하시는 거지요?

정　말씀하신 것처럼 어느 정도 경험이 쌓이고 지식이 늘어나면 분석적으로 접근하게 되고 즐기기 힘들어지는 면이 있죠. 재미있을 때는 새로운 분야, 내가 잘 모르는 분야에 도전할 때거든요. 그래서 지금 하고 있는 영역에서 살짝 옆으로 벗어난 것들에 흥미가 생겨요.

용　그래서 프랑스식에 치우친 빵을 선택하셨나요?

정　「미식 대담」첫 회에서 메종 엠오의 오쓰카 셰프님이 프렌치 파티스리를 컨템퍼러리하게 표현할 수밖에 없다고 하셨는데요. 그와 달리 저희 적성은 전통에 방점이 찍히는 편이에요. 반면에 저희가 하고 있는 플레이팅 디저트는 컨템퍼러리할 수밖에 없거든요. 한편으론 보다 전통적인 빵을 하고 싶어서 에뚜왈을 시작하기도 했습니다.

그렇기 때문에 사실 지금처럼 마들렌을 여섯 가지 이상씩 할 계획은 없었어요. 하지만 정작 바게트는 팔리지 않고, 손님들이 마들렌 다른 맛은 없냐고 물어보는 상황이 반복되다 보니까 다소 어쩔 수 없이 지금처럼 되었어요. '메뉴는 손님이 정한다.'는 말을 자주 합니다.

독학의
이유

용   교육기관에 대한 의견을 잠깐 들어봤는데, 대표님은 교육기관을 거치셨나요?

정   전혀 다니지 않았습니다.

용   굳이 독학을 선택하신 이유는 무엇인가요?

정   일단 가게를 운영해야 하기 때문에 시간이 없습니다. 두 번째로는 가르치는 사람이 얼마만큼 실무적 역량을 갖고 있는지가 저에겐 중요했는데, 한국에서 실무 경력이 많으면서 교육에도 열의를 가진 셰프가 드물어요. 실무와 교육 경력이 둘 다 풍부한 외국 셰프가 교육하는 곳은 비용 부담이 크고요.

용   그렇죠. 특히 해외 브랜드 조리학교의 교육비가 사회문제가 된 대학 등록금 못지않습니다.

정   대학 등록금보다 더 비쌉니다. 게다가 가령 일본의 한

에뚜왈은 시그니처 메뉴라 할 만한 다양한 종류의 마들렌을 비롯해 프랑스 구움과자와
비에누아즈리에 주력하고 있다.

조리학교를 보면, 일본에선 주 5일, 하루 8시간 수업을 하지만 한국에서는 주 2회 수업을 합니다. 등록금은 똑같이 받고요. 국내에 있는 모든 외국계 조리학교들이 주 2~3회 수업을 한다고 알고 있어요. 주 5일 수업이 있었다면 한번 고민해봤을 것 같아요. 제 동생이 나온 학교는 주 45시간 수업을 하거든요. 제과나 제빵을 하는 사람들이 실제로 숙련되기 위해서는 그 정도 시간이 필요하다고 생각합니다.

용 실제 업무 시간은 그보다 더 많아질 수도 있죠. 대표님의 평균적인 업무 시간은 얼마나 되나요?

정 저는 보통 주당 70시간 정도 일하는 것 같습니다. 제가 특별히 많은 편은 아니에요.

용 아, 뭐라고 드릴 말씀이 없습니다.(웃음) 그리고 독학에 필요한 기본 재료라든지 오븐 등의 각종 도구라든지 기본적인 여건이 갖춰져 있어서 충분히 가능하셨겠네요.

정 그전부터 생각이 있었기 때문에 처음 제과점 주방을 세팅하면서 도컨디셔너(dough conditioner)✲ 같은 제빵에 필요한 기구도 미리 넣어놨습니다.

✲ 자동으로 온도 및 시간을 조절하여 빵 반죽을 숙성시키는 제빵 기기.

용 실무와 교육 영역이 원활히 교류되어야 조리의 미세 조정 요령을 제대로 배울 수 있다고 생각합니다. 빵의 경우 온도나 습도에 따라서 미세 조정이 필요하기 때문에 같은 레시피를 매번 똑같이 적용하지 않습니다. 물론 시행착오를 겪으면서 스스로 익힐 수 있지만, 환경에 따라 세밀하게 달리 적용하고 실행하는 방법을 오랜 경험에서 습득한 사람이 가르쳐준다면 좋겠지요.

정   적어도 제과제빵 분야에서 현장과 학교가 살짝 분리되어 있는 데는 이유가 있습니다. 장사를 하는 사람에는 크게 두 부류가 있습니다. 한국에서 조리고등학교나 2, 3년제 전문대학에서 제과제빵을 공부하고 실무를 하다가 가게를 하는, 전통적인 커리어를 쌓아온 분들은 학교나 교육기관과 교류가 있습니다. 두 번째 부류는 저처럼 다른 전공에 다른 일을 하다가 자영업을 시작한 분들인데요. 한국의 요식업계에 후자의 비율이 높기 때문에 실제로 가게를 하는 사람들, 특히 실험적인 가게나 눈여겨볼 만한 가게를 하는 분들은 교육계와 교류가 활발하지 않은 것 같습니다.

**제빵 독학의
자양분**

용   본격적으로 제빵 독학 과정을 여쭤보려 합니다. 영업비밀을 노출해달라는 얘기일까 염려됩니다만, 그 과정과 방법을 궁금해하는 분들이 많으실 것 같아요. 먼저 요리를 해온 기간이 궁금한데, 원래도 음식을 직접 해서 드셨나요?

정   이 일을 하게 된 이유를 생각해보면, 친동생의 영향도 있지만 저희 가족이 제가 아홉 살 때쯤부터 자기 밥을 자기가 해 먹는 시스템이었습니다. 기억을 더듬어보면 제누아즈를 처음 구워본 때가 열두 살 즈음이에요. 동생하고 둘이서 탕수육 튀겨 먹고 그러다 보니까 다른 사람들보다 조리 자체를 익숙하게 대했습니다.

요식업을 하게 된 보다 직접적인 계기는 동생의 취사병 복무였다고 할까요. 취사병으로서 경험이 동생 자신에게 매우 중요했다고 얘기해요. 집에서 2인분, 3인분, 4인분 만들다가 취사병을 하면서 50인분, 100인분을 만들어보니까 그 두 가지가 다른 차원의 일이라는 걸 알게 되었다고요. 그때 경험으로 많은 양을 만드는 것도 해볼 수 있겠다, 한번 해보자는 생각을 갖게 된 거죠.

용 대표님이 제빵사가 되기 위해서 밀가루를 앞에 딱 놓고 본격적으로 준비한 기간은 어느 정도인가요?

정 밀가루를 놓고 '오늘부터 음식물쓰레기 봉투를 채우겠다'고 시작한 건 에뚜왈을 오픈하기 약 1년 전이었습니다. 준비 기간이 무한정 길어질 수 없기 때문에 어느 시점을 정해놓고 가게를 열었고요.

용 그러지 않으면 결단이 안 나는 거죠?

정 그럼요. 영원히 끝나지 않는……. 제가 프랑스 MOF 장인의 빵 정도를 만들 때쯤이면 그때는 이미 오픈할 수 없는 상황이겠죠.(웃음)

제빵 독학을 위한 추천 도서

용 앞서 책으로 공부했다는 말씀을 하셨는데, 어떤 책으로 독학을 했는지 궁금합니다. 저는 저 혼자 먹기 위한 수준의 제빵만 하지만, 미국의 피터 라인하트(Peter Reinhart)라는 빵 장인의 책을 주로 봤거든요. 대표님이 참고하신 책들은 좀 다를 것 같습니다.

정   먼저 제빵을 하겠다고 결정했을 때 가장 많이 봤던 책 두 권은 시가 가쓰에(志賀勝栄)가 쓴 『효모로 빵 만들기』*와 채드 로버트슨(Chad Robertson)의 『타르틴 브레드』*입니다. 둘 다 번역돼 있고 너무 유명한 책이죠. 하지만 이 책들은 실제로 빵을 만들 때에는 도움이 안 되는 책이기도 합니다. 여건이 너무 다르기 때문인데요, 한국에서는 책의 레시피를 따라 그대로 만들어도 비슷한 결과물조차 나오지 않습니다.

✽ 도쿄에 위치한 베이커리 '시니피앙 시니피에'의 오너 셰프가 다양한 발효종을 활용한 빵 레시피를 소개하는 책.

✽ 천연 발효와 전통적인 제빵 기술을 이용한 빵으로 유명한 샌프란시스코의 '베이커리 타르틴'의 레시피를 소개하는 책.

용   『타르틴 브레드』에 소개된 타르틴의 빵은 기본적인 네 가지 재료, 즉 물, 소금, 밀가루, 효모(발효종)만으로 만들지만 구현하기는 굉장히 어렵습니다. 그 원인 중 하나가 수분 함량이 통상적인 빵보다 매우 높다는 것인데요, 반죽의 수분 함량이 보통 60~65퍼센트 정도인 반면 타르틴 레시피의 수분 비율은 80퍼센트에 달합니다.

실제 제빵 시에는 도움이 되지 않는 이유가 여건이라고 하셨는데, 어떤 차이가 있다고 보시나요?

정   제일 큰 차이는 물입니다. 물이 달라서 그 책이 설명하는 방법을 구현할 수가 없어요.

용   샌프란시스코와 한국의 물이 어떻게 다른가요?

정   일단 pH 농도가 다릅니다. 우리나라 물은 지극히 중성이고, 샌프란시스코 지역 물은 알칼리성을 띤다고 알려져 있습니다. 두 번째로 샌프란시스코 지역 물의 경도(硬度)가 한국보다 높아요. 한국 물은 전 세계적으로도 경도가 낮은 축에 속하거든요. 경도가 낮은 물이 사실 맛도 좋고 씻을 때도 좋지만 빵을 만들 때는 상당히 불리합니다.

반대로 일본은 사계절과 온도, 습도, 물의 특성 등 환경적인 여건이 한국과 거의 유사합니다. 이 부분에선 유의미한 차이가 없지만 일본은 재료의 수급이 매우 안정되어 있습니다. 특히 밀가루, 설탕, 버터 등의 품질은 프랑스나 미국보다 더 발달되었다고 볼 수도 있을 정도로요.

용 『효모로 빵 만들기』에는 일본에서만 볼 수 있는 밀가루 종류가 나오죠.

정 정확히는 본인 가게에서 쓰는 밀가루입니다.

용 책 리뷰를 찾아보면 독자들이 불평을 합니다. "책에 나와 있는 밀가루를 살 수 없기 때문에 레시피대로 빵을 구울 수가 없다."

정 반대로 실무 하는 사람들은 이렇게 말하거든요. "이 책은 볼 필요가 없다. 밀가루가 무엇인지 나와 있지 않기 때문에." 밀가루가 달라지면 레시피가 달라지고 제법(製法)이 달라지는데, 밀가루 종류와 품명을 써놓지 않은 책이 과연 어떤 의미가 있는지 의문입니다. 그 책은 프로를 위한 책이고, 그렇다면 당연히 사용한 밀가루를 밝혀놓았어야 맞거든요.

<u>용</u>　제가 방금 언급한 피터 라인하트의 책은 가정의 요리
사들을 대상으로 하기 때문에 레시피의 밀가루를 특정하
지 않고 중력분, 박력분, 강력분 정도로만 구분을 합니다.
저자인 셰프가 레시피를 쓰지만, 그 레시피가 가정에서 일
정 수준 구현 가능하도록 가정 제빵사들로 이루어진 팀이
실험해서 입증하는 단계를 거쳐 책을 만들거든요. 실제로
빵을 만드는 데 도움이 되도록 검토하고 조정하는 단계를
거친다는 의미입니다.

<u>정</u>　제가 요리책을 분류하는 기준이 있습니다. 먼저 아마
추어용인지 프로용인지 구분하고 아마추어용 책은 사지
않습니다. 왜냐하면 가정에서 굽는 환경을 전제하기 때문
에 업장의 환경에서 대량의 빵을 굽는 사람에게는 내용이
좋다 하더라도 큰 도움이 안 되겠죠.

　　더불어 제가 봤던 기본적인 책 중에는 이미 한국에서
도 유명한 『프로 제빵 테크닉』(에사키 오사무(江崎修))이 있
고요. 여러 분야의 기본을 다루고 있고, 일본의 쓰지조리사
전문학교(辻調理師專門学校)에서 교과서로 쓰는 책이기도
합니다. 그리고 『빵 만들 때 곤란해지면 읽는 책』(가지와라
요시하루(梶原慶春), 아사다 가즈히로(浅田和宏))은 프로용과
아마추어용의 중간에 서 있는 책인데 나름 도움이 됩니다.

<u>용</u>　제빵 시 흔히 겪는 문제들을 사례별로 하나씩 설명해
주는 콘셉트죠.

<u>정</u>　네, 이 책은 존재 자체로 가치 있는 드문 책입니다.

**레시피로
키우는
양적 감각**

✿ 아사히야출판(旭屋出版)에
서 펴내는 『○○의 技術』 시리
즈. 빵, 과자류뿐 아니라 야
키토리(やきとり), 카레, 로스
트비프, 봉봉 초콜릿, 칵테일
의 기술, 그리고 안티파스토
(antipasto)의 기술이나 자가
제면의 기술 등 다양한 분야
와 층위, 콘셉트의 대상을 다
루고 있다.

정 지금 말씀드릴 책은 국내에 번역되지 않은 원서인데
요, 마찬가지로 일본에서 나온『○○의 기술』*이라는 시리
즈입니다. 별의별 것의 '기술'을 다 다룹니다. 제과제빵 분
야를 보면『크루아상의 기술』,『바게트의 기
술』,『식빵의 기술』처럼 주요 제품마다 개별
책으로 나와 있습니다. 이 세 권은 국내에서
도 번역, 출간되었고요. 각 아이템마다 일본
의 유명 가게들을 취재해서 일부는 레시피
도 공개해놓았고, 책마다 조금씩 다르지만
40~60군데 정도의 사례가 나옵니다. 가격
도 좀 비싼 책이에요.

이 책이 왜 중요하냐면 실제로 감을 잡게 해주기 때문
이에요. 예를 들어서 크루아상에 설탕을 얼마나 넣느냐 물
으면 사람마다 대답이 다릅니다. 밀가루의 양 대비 적게 넣
는 사람은 설탕 5퍼센트, 많이 넣는 사람은 12퍼센트 정도
로 차이가 나기 때문에 크루아상을 처음 만들 때엔 설탕을
얼마큼 넣을지 결정하는 것도 어렵습니다. 가령 앞서 얘기했
던 채드 로버트슨의 책을 보면 레시피가 극단적입니다. 원래
초고수들은 극단적으로 가는 경우가 많거든요. 즉 처음 시작
하는 사람에게 적합한 레시피가 아니라는 뜻이죠. 반대로
교과서에 나오는 레시피는 대개 올드한 방식입니다. 충실하
게 만든 80년대 빵집에 온 느낌이라고 할까요. 그것도 알긴
알아야겠지만 이미 20~30년 전에 정립된 내용이기 때문에

현업에 그대로 적용하기는 힘듭니다. 현업에서 참고할 레시피를 결정하기가 여러 방면에서 쉽지 않습니다. 제가 방금 크루아상에 설탕을 보통 5~12퍼센트 정도 넣는다고 했는데, 그 구간은 수천 가지 레시피를 보면서 갖게 된 추정치이고, 처음에는 어떤 레시피에 설탕 13퍼센트라고 나와 있어도 그게 극단적인 값인지 아닌지 구분하기 어려워요.

　　그런데 『○○의 기술』은 한 권만으로 그 감을 잡기에 좋은 책인 거죠. 왜냐하면 한 가지 제품에 대한 50군데의 레시피가 소개되어 있습니다. 사례를 더 들어보면, 제빵 프로세스에서 반죽을 냉장고에서 하루 숙성시키는 걸 오버나이트(overnight)라고 하죠. 빵을 만들다가 이 제품은 오버나이트를 해야 할지 말아야 할지 고민이 들 때도, 이 50군데 가게의 사례를 살펴보고 평소 좋아했던 가게의 스타일을 따르거나 하는 방법으로 참조할 수 있습니다.

　　다음으로 일본 계간지 《카페 스위츠(café sweets)》도 추천해요. 잡지인데도 실무적으로 도움이 되는 내용이 많습니다. 화제의 가게나 잘한다는 평을 듣는 가게의 레시피를 싣고 있어서 웬만한 제과제빵 서적보다도 가치 있습니다.

용 독학을 할 때 두 가지 점에서 취약할 수 있다고 생각합니다. 첫째는 자기 객관화입니다. 이만하면 상품으로 팔 준비가 되었는가를 판단하는 문제이지요. 둘째는 앞서도 미세 조정에 대해 언급했는데, 레시피를 보면서 빵을 만들지만 레시피가 의도한 결과와 실제 결과물 사이의 간극이

생길 수 있잖아요. 두 가지를 어떻게 대비하십니까?

<u>정</u>   객관화 문제는 중요하죠. 저도 가급적이면 다른 가게 제품을 많이 먹어보려고 노력합니다. 그래야 동일선상에서 기준을 세우고 객관적인 시각을 가질 수 있으니까요.

두 번째 문제에 대해서는 커트라인을 정해놓습니다. 그런데 문제는 가령 100점 만점에 80점을 기준으로 잡으면 75점짜리가 나왔을 때 어떻게 할지가 좀 애매해요. 70점에서 80점 사이면 안 팔리기를 바라는 마음으로 팔고, 70점 이하는 바로 쓰레기봉투로 들어갑니다. 저처럼 독학을 하면 만드는 사람의 경험이 쌓일 때까지 실험의 결과물을 어느 정도는 손님들이 사주시니까 그런 면에서 고맙게도, 미안하게도 생각합니다. 이건 독학해서 여는 제과제빵점만의 문제는 아닌데요, 가게는 또한 교육의 장소이기도 하기 때문에 어떤 업체든지 직원을 교육하다 보면 그런 일이 생깁니다. 수련병원 같은 개념이죠.

<u>용</u>   지금까지 왜 경영자에서 실무자로 전환을 시도했는지, 어떠한 교재들을 왜 눈여겨보았는지 들어보았는데요, 요컨대 브랜드 다각화 과정이기도 했습니다.

**제과제빵
수준 향상의
걸림돌**

<u>용</u>   얼마 전 SNS상에서 한국의 빵이 맛없는 이유에 대한 화제가 주목받았습니다. 여러 실무자분들이 한국은 계란, 밀가루, 버터 등 기본 재료의 품질이 좋지 않아서 그렇다고

말씀하셨어요. 그 의견에 동의하지 않는 것은 아닙니다만, 애매하고도 민감한 문제입니다. 비단 제과제빵만의 문제가 아니라, 한국의 식재료가 전반적으로 열악한 것이 사실입니다. 다섯 번째 출연자였던 권우중 셰프와도 재료에 대한 이야기를 깊이 나눴지만, 재료의 문제는 모든 셰프, 실무자들이 공통적으로 안고 가는 고민이지요. 제과제빵 분야의 상황이나 대표님의 시각이 궁금합니다.

정　　저도 한국의 빵이 맛이 없다는 것에는 동의해요. 다만 여러 원인들 중에서 재료가 차지하는 지분이 몇 퍼센트인지는 따져봐야겠죠. 재료의 문제가 20~30퍼센트 정도를 차지하고 나머지 70~80퍼센트에 제일 크게 영향을 미치는 요인은 두 가지라고 생각합니다. 손님과 실무자. 곧 사람입니다.

　　만드는 사람이 숙련되는 것이 중요하고, 그 과정에서 늘 관찰하는 태도를 지니면 분명 좋은 제품이 나옵니다. 그런데 이 두 가지 조건 중 하나가 충족되지 않습니다. 충분히 오래 하지 않거나 어제 했던 그대로 반복하거나. 오쓰카 셰프님이 "약간은 지루하거나 반복되는 일이 파티시에를 파티시에답게 만든다."고 하셨는데 저도 공감하거든요. 모든 요식업에서 반복적인 작업은 다른 한편으로 가장 창의적인 작업이기도 해요. 반복 작업에 아주 미세한 차이가 있는데 그런 것은 한 번에 안 보이거든요. 수십 번, 수백 번 하다 보면 차이가 느껴지고, 오늘은 왜 다른지 원인을 찾고 고민하

에뚜왈의 마들렌, 피낭시에, 갈레트 브르통(galette breton), 플로랑탱(florentin), 사블레 아망드(sablé amande).

는 과정을 통해서 경험이 쌓입니다.

　대기업 프랜차이즈 빵집의 경우에는 기본적인 품질 '유지'를 가장 중요하게 생각해요. 회사의 기준이 70점이면 빵을 굽는 사람이 자신의 작업을 고민하는 사람인지 아닌지에 관계없이, 그 정도를 뽑아내는 데 목표를 둡니다. 그래

서 프랜차이즈에서 오래 일해도 성장하기 위한 경험 축적
은 어려워요. 반대로 자기 향상의 경험을 쌓을 수 있는 일터
는 아무래도 프랜차이즈보다 수익성이 떨어지고 근무 환경
이 더 열악한 경우가 많습니다. 이런 이유로 오래 일하지 못
하고 이직하거나 그만두는 사람이 많다 보니 마찬가지로
경험 축적은 어렵고요. 이런 사이클이 전체적인 제과제빵
수준의 발전에 걸림돌로 작용하죠. 비단 한국에서만 일어
나는 현상은 아닙니다.

용　　경험 축적을 바탕으로 한 지식 체계가 전수되지 못하
는 상황은 사실 세계적인 문제라고 봐도 될까요.

정　　책과 같은 문자 매체가 타인의 경험을 축적해서 전달
해주지만 요식업의 특성상 언어나 문자를 통해 전달되지 않
는 부분이 많거든요. 실무 현장에서 본인 스스로가 쌓아가
야 하고, 같이 일하는 사람들에게 축적된 경험을 전해 받는
것도 중요한데 이 또한 현실적으로 어렵습니다. 이것이 바로
우리 빵이 맛없는 근본적인 원인이 아닐까요.

**빵은
미네랄이
필요하다**

정　　재료의 문제로 넘어오면, 빵을 맛없게 만드는 재료 중
첫 번째는 앞서 이야기한 물이라고 생각합니다.

용　　카페에선 정수를 해서 원하는 물을 만들어 쓰잖아
요. 빵은 그런 방법이 불가능한가요?

정　　있는 것을 빼기는 어렵지 않은데 없는 걸 더하기는 어

렵거든요. 커피를 만들 때는 정수기나 연수기를 사용해서 물의 특정 성분을 덜어내는 것이지만, 빵을 만들 때에는 반대로 없는 미네랄을 집어넣어야 해요. 불가능하진 않지만 인위적으로 첨가하면 부작용이 좀 있습니다.

제과제빵점 중에서 "첨가물을 쓰지 않습니다."라고 써 붙인 곳이 종종 있는데요. 첨가물이 무엇인지 잠시 생각해보면 굉장히 공허한 말이에요. 첨가물은 크게 두 종류인데, 하나는 유화제(乳化劑)*이고 다른 하나는 물 문제를 해결하기 위한 제빵 개량제(改良劑)입니다. 제과제빵 업소에서 많이 쓰는 개량제에는 보통 탄산칼슘, 탄산마그네슘, 황산칼륨, 황산칼슘, 황산마그네슘 같은 성분이 들어가 있습니다. 첨가제를 그렇게들 싫어하지만 첨가제의 실제 성분은 미네랄하고 비타민입니다. 마그네슘하고 칼슘, 칼륨처럼 물에 가장 많이 녹아 있는 미네랄을 너무 순수한 물에 인위적으로 집어넣기 위해 쓰이죠.

* 시간이 지나면서 밀가루의 전분이 노화하여 조직이 수축하고 딱딱해지는 것을 방지하기 위해 사용하는 첨가물. 빵에 사용되는 대표적인 유화제인 모노글리세라이드(monoglyceride)는 가장 흔한 지방인 글리세롤(glycerol)의 지방산 두 개가 떨어져 나간 형태로 전분의 나선 구조에 끼어들어 노화를 지연시킬 뿐 아니라, 전분이나 단백질 구조 사이에 끼어들어 부드럽고 탄력 있는 조직을 만드는 데도 기여한다.

용 좀 더 효율성을 높이기 위해 거치는 공정인데, '화학'이라는 단어가 붙으니까 다들 공포를 느끼는 거죠. 화학 발효 조미료에 대한 태도와도 비슷한 것 같습니다.

정 대표적인 첨가제가 비타민C예요. 물의 경도가 낮으면 반죽이 쉽게 처지는 경향을 방지하기 위해서 많이 씁니다. 일본의 유명 셰프나 고급 빵집에선 자기네 레시피에 비타민C를 적어놓는 경우가 많아요.

　게다가 첨가제는 쓰고 싶다고 해서 많이, 쉽게 쓸 수 있는 것도 아닙니다. 제빵 개량제의 경우에도 개량제 분말을 물에 녹이면 자연적으로 물에 녹아 있던 미네랄보다 쓴맛이 도드라져서 빵을 만들었을 때 어색한 느낌이 나거든요. 그렇기 때문에 정확히 계산한 소량만 사용해야 돼요. 이 첨가제가 어떤 건지 정확히 알고, 필요한 양만큼 썼을 때 더 좋은 결과를 낼 수 있습니다.

용 　빵과 물의 민감한 관계에 대한 도시 전설 수준의 이야기도 있습니다. 뉴욕의 베이글이 맛있는 이유가 오래된 파이프를 통과하면서 소량의 미네랄이 추가되는 뉴욕의 수돗물 덕분이라는 이야기죠.

정 　아주 적은 미네랄도 빵에 미치는 영향은 굉장히 크거든요. 저는 뉴욕의 물이 다르기 때문이라는 얘기가 사실이라고 생각합니다. 뉴욕이나 샌프란시스코의 수돗물은 경수라서 물이 빵 맛에 영향을 미쳐요. 같은 경수여도 세부적인 성분이 달라서 이를테면 뉴욕 물은 베이글과 피자에 더 적합합니다. 이런 차이가 실재한다고 생각하는 사람들이 물에 대해 고민하죠. 소수이긴 하지만 저처럼 프랑스 생수를 쓰는 경우도 있고요. 일본의 한 빵집이 처음 시작해서 효과가 있다는 게 밝혀지고 나서는 특정 생수를 쓰는 사람들이 많아졌다고 알고 있습니다.

<u>용</u>　저는 프랑스 생수를 사용하신다는 얘기를 처음 들어요. 빵 만드는 데 드는 물 전체면 생수의 양이 상당하지 않나요? 필요한 생수의 양은 어떻게 계산하시나요?

<u>정</u>　생수 중에서 말 그대로 생수를 농축해서 미네랄이 고농도로 들어가 있는 농축 생수가 있습니다. 다량의 미네랄을 섭취하면 다이어트에 좋다고 해서 프랑스에서 한때 유행이었어요. 한국에도 농축 생수가 들어와 있고, 지난 3년 동안 공급받는 데 전혀 어려움이 없었습니다.

　한국 물의 경도가 지역마다 다르지만 대략 80~120 사이입니다. 사람이 먹기 가장 좋다고 하는 경도예요. 그렇지만 빵을 만들기에 적합한 경도는 보통 300~500이라고 봅니다. 가게에서 TDS(total dissolved solids)* 측정기를 쓰는데, 유명한 에비앙(Evian) 생수의 측정치가 250~350 사이로 나옵니다. 에비앙이 딱 적합한 값을 가지고 있지만 너무 비싸서 쓸 수가 없고요. 농축 생수인 콘트렉스(Contrex)를 재면 2100 정도가 나와요. 수돗물의 TDS값이 100이고 제가 원하는 수치는 350 정도이니까 그걸 연립방정식으로 풀어서 수돗물에 농축 생수를 필요한 양만큼 섞어 씁니다.

＊ 물 안에 녹아 있는 미네랄, 금속, 염화, 이온 등 고형물(solids)의 총량. ppm 또는 mg/L를 단위로 한다.

<u>용</u>　연립방정식, 오랜만에 들어보네요. 요리는 역시 수학적 사고도 중요합니다.

<u>정</u>　특히 제과제빵에선 수학이 중요합니다.

전통적인 크레이프 수제트(crêpes suzette)와 달리 오렌지 무스와 망고 소스를 사용한,
변형된 형태의 크레이프 디저트.

용 기본적으로 베이커스 퍼센티지(baker's percentages)❋를 쓰니까요.

정 사실 산수이지만, 여하간 그렇게 적합한 양을 계산해요. 추가로 반죽에 들어가는 물의 양을 고려해서 크루아상처럼 물이 적게 들어가는 경우에는 농축 생수를 좀 더 많이 넣어줍니다.

밀가루 선택법

용 저는 빵이라서 밀가루부터 다루려고 했는데, 일단 물부터 해결해야 되네요.

정 한국에서 유통되는 밀가루의 사정이 좋지는 않지만, 다른 나라하고 비교했을 때 특별히 나쁘지도 않다고 봐요. 저는 프랑스빵을 하고 싶어서 제빵을 시작했기 때문에 저희 가게에서 사용하는 밀가루의 90퍼센트 이상이 프랑스산입니다. 북미산 밀가루는 글루텐 함량을 늘려야 할 때, 전체적으로 강력분이 필요할 때 혹은 초강력분이 필요할 때 소량을 섞어서 사용하는 정도거든요. 이런 용도의 한 가지 밀을 제외하면 제가 쓰는 것과 제과에서 쓰는 것을 합친 10여 종의 밀가루 산지가 모두 유럽입니다. 터키산도 쓰고요.

용 프랑스 밀은 강력분, 박력분 등으로 구분하지 않죠.

정 주로 한미일에서 글루텐 함량에 따라 강력분, 중력분, 박력분으로 구분하고, 프랑스나 터키를 포함한 유럽 지역은 보통 회분율(灰分率)에 따라서 구분합니다. 밀가루가 완전 연소한 후에 남는 불연성 재의 총량이 회분인데, 회분율이 높으면 밀가루 색이 진하고 반대로 낮으면 하얗습니다. 한국이나 일본의 분류 기준인 단백질 함량으로 보면 프랑스 밀은 대부분 중력분입니다.

그런데 한국의 수돗물은 경도가 낮다고 했죠. 그래서 물을 경수로 바꾸지 않으면서 프랑스 밀로 바게트 같은 빵을 만들기가 힘들어요. 해결책으로 저처럼 물을 바꾸거나 아니면 담백질 함량이 아주 높은 밀가루를 섞어서 쓰는 방법도 있습니다.

용 국내 가공 밀가루는 설 자리가 없나요?

정 국내 가공 밀가루의 좋은 점은 신선도죠. 커피랑 비슷한데, 커피콩도 일단 볶고 나면 맛이 금방 변하지만 생두 상태에서는 1~2년도 보관할 수 있거든요. 밀도 마찬가지로 일단 껍질을 까서 제분한 후에는 맛이 빠르게 변하기 때문에 밀알을 그대로 수입해서 유통 직전에 제분했을 때 장점이 있습니다. 물성 측면에서도 안정성이 있습니다. 빵 발효가 제대로 안 됐다든지 성형이 잘 안 됐다든지 등의 문제를 해결하는 데 사실 국내 제분 밀가루만 한 게 없습니다. 규격화되어 있고, 한국 물의 성질을 고려해서 만들어놓았거든요. 충분한 준비가 안 된 상태에서 수입 밀가루를 쓰면 오히려 더 안 좋은 결과물이 나옵니다. 그런 상태에서는 기본적으로 북미나 유럽 등지의 밀가루보다 품질이 떨어지더라도 국내 제분 밀가루의 장점이 더 크겠죠.

용　그걸 판단하기 위해서도 많은 경험이 뒷받침되어야 할 것 같습니다.

**가장 취약한
재료, 계란**

용　파티스리에 가까운 작업을 하면 계란을 많이 쓰게 되죠. 2017년 계란 파동이 일면서 한동안 민감한 재료였는데요. 계란은 어떻습니까.

정　밀가루는 전 세계적으로 중간은 간다고 보는데, 계란은 하위권입니다. 한국 계란의 품질이 굉장히 안 좋다고 생각해요. 흰자와 노른자 둘 다 전반적으로 안 좋고요.

용　어떻게 보완하시나요?

정　일단 그중에서 좋다고 하는 계란을 쓰고요. '친환경'과 '동물복지' 등의 개념이 조금씩 달라요. 동물복지 인증 마크는 평사(平舍)가 있어야 하고 어느 정도 품질 관리를 해야 받을 수 있습니다. 친환경은 관리가 안 되는 인증이고, 동물복지는 그보다는 관리가 좀 더 되는 인증이라서 저희는 동물복지란을 씁니다. 솔직히 말씀드려서 가격 대비 만족도가 높진 않아요.

용　공장식 밀집 사육의 문제는 전 세계적인 것임을 감안하면 한국의 닭들이 유독 힘든가 보다 싶을 때가 있습니다.

정　미국에서도 비슷한 사육법을 쓰는데 그래도 한국보다는 사육 면적이 1.5~2배 정도는 넓다고 하더라고요. 그런 조건도 영향을 미치겠죠.

<u>용</u>   계란의 문제는 제과제빵을 넘어서 저는 조금 시급한 사안으로 보고 있습니다.

<u>정</u>   과거에 제과제빵 하는 사람들이 제일 통탄하는 재료가 생크림이었거든요. 지금 생크림의 여건이 나아진 데 비해 계란은 하나도 좋아지지 않았습니다. 오히려 나빠진 것 같기도 합니다. 모든 재료 통틀어 우리나라에서 가장 취약한 재료가 계란 아닐까요.

<u>용</u>   때때로 모든 문제를 재료의 탓으로 돌리기가 쉽습니다. 어디 물, 어느 밀가루, 어떤 설탕을 쓴다고 내세우는 빵집의 완성도가 그만큼 높은지에 대해선 회의적일 때가 있거든요. 일단 빵이 못생긴 경우가 있습니다. 대부분 2차 발효, 혹은 1차 발효부터 제대로 안 됐기 때문이죠. 발효를 잘해야 빵의 모양이나 매끈한 표면이 완성되잖아요. 그것마저 안 된 빵에 대해서도 재료에 책임을 돌리거나, 좋은 재료가 완성도를 보장하는 것처럼 말하는 문제는 짚어가면서 식재료를 다뤄야할 것 같습니다.

**한국
소비자들의
기호**

<u>용</u>   현재 빵에 대한 한국인의 기호와 에뚜왈에서 만드는 빵 사이의 간극이 큰가요?

<u>정</u>   간극이 꽤 있죠. 그걸 알고선 시작했고요. 이런 질문을 해봐요. '가로수길이나 홍대에서 장사를 한다는 게 어떤 의미인가.' 아시다시피 임대료가 다른 지역보다 더 비싸죠.

티라미수(tiramisu).

권리금은 유동인구가 많은 곳은 어디든 비슷하기 때문에 별 차이가 없습니다. 홍대나 가로수길 같은 상권의 가장 큰 차별성은 실험적인 것, 아직 한국에서 대중화되지 않은 것을 수용해줄 손님이 많다는 것이 아닐까요. 그런 손님들을 받는 특권을 위해 비싼 월세를 낸다는 생각도 해요. 저는 가로수길에서 장사를 하고 있기 때문에 일반 소비자의 기호와 살짝 어긋나 있어도 괜찮지 않나 그렇게 생각합니다.

용   그래도 마들렌을 더 많이 만드시잖아요.

정   네, 그 마들렌을 사는 손님들도 한국에서는 실험적인 범주에 속하는 거죠.

용   제가 항상 빵 만드는 분들한테 여쭤보는데, 손님들이 빵이 탔다고 하나요?

정   가게 연 지 얼마 안 됐을 때, 어떤 할머니 한 분이 젊은 사람이 열심히 하는 것 같아서 꼭 해주고 싶은 말이 있다고 들어오셨어요. 가로수길 근처 동네에서 오래 사신 분들 사이에서 저희가 빵을 새까맣게 태운다는 소문이 돌았대요.

용   그런 얘길 듣고 고민을 많이 하셨겠네요.

정   사실 고민은 하지 않았습니다. 당연히 그런 얘기가 나올 거라고, 그게 일반적인 평가라는 건 알고 있었거든요.

용   한국 사람들은 어떤 빵을 좋아하나요?

정   하루 종일 가장 많이 듣는 질문이 "이 안에 뭐 들었어요?"입니다. 하루에 수십 번, 주말에는 백 번 이상 듣는 말이에요. 그 정도로 한국에서 빵은 필링(filling)이 무엇이냐에 따라 정체성이 결정되는 거죠.

용　밀을 일종의 매개체로 보는 것 같습니다.

정　프랑스빵은 반죽의 종류에 따라, 모양에 따라 달라지는 것인데 한국에서는 그게 중요하지 않아요. 빵은 빵이고 안에 무엇이 들어 있느냐, 팥이 들어 있는지 커스터드 크림이 들어 있는지가 본질이거든요.

용　바게트도 모양을 일컫는 말이죠. 바게트 반죽은 물, 소금, 밀, 효모라는 네 가지 기본 재료만으로 만드는 기름기 없는 반죽, 영어로는 '린 도(lean dough)'에 해당합니다. 식빵처럼 버터나 우유, 지방을 더하면 '인리치드 도(enriched dough)'가 되고요. 이런 구분에서 핵심은 반죽이죠. 또 이 반죽을 길게 빚으면 바게트가 되고, 둥글게 빚으면 불(boule), 이삭 모양으로 하면 에피(pain d'épi)가 됩니다.

그러면 안에 아무것도 안 들었다는 답변에 손님들이 실망하시나요?

정　실망하고 가시는 분들도 꽤 있습니다. 그래도 마들렌은 안에 아무것도 안 들은 게 용납이 되지만, 바게트나 캉파뉴 안에는 보통 크랜베리나 무화과 같은 건과일이나 견과류가 들어 있어야 하니까요.

용　무화과를 너무 많이 넣으면 빵이 안 뭉쳐질 텐데요. 현재의 그런 간극을 크게 고민하지는 않으신다고요.

정　제가 고민해서 해결할 수 있거나 지금 장사하는 지역에서 시도할 수 있는 문제가 아니니까요.

용 내가 만드는 빵에 맞는 고객층이 찾아오기를 막연하게 기대하는 상황이 나아질 거라고 보시나요?

정 네. 요식업 자체의 전망에 대해선 굉장히 부정적인데, '빵을 사 가는 빵집'이라는 장르는 그래도 그중에서 괜찮다고 생각합니다.

**기술 전수가
어려운
자영업의 나라**

용 현재 업장의 전체 인력 중에서 숙련자의 비중이 너무 높지는 않나요?

정 직원 중에서 독립 작업이 가능한 사람이 한 명 더 있습니다. 저희는 숙련 직원이 비숙련 직원보다 많은 게 정상이라고 생각해요. 그래야 돌아가면서 비숙련 직원을 가르쳐줄 수 있거든요.

용 기술 이전의 문제에 대해서는 어떻게 생각하세요?

정 중요하죠. 중요한 반면, 하고 싶어도 하기 힘든 게 기술 이전이에요. 물론 저는 아직 기술을 이전할 단계가 아니라서 최소한 1년은 더 하고 더 확실히 감을 잡았을 때 가능할 것 같습니다. 제과 영역에선 그래도 기술 이전을 하려고 열심히 노력해서 잘하는 친구도 몇 명 있었고, 저희 가게에 있다가 창업해서 장사 잘하는 친구도 있어요. 그런데 기술 이전이 특히나 어렵습니다. 기술 이전을 하려면 충분한 기간 동안 같이 일을 해야겠죠. 필요한 기간이라는 게 30년도 아니고 3년, 5년 정도인데도 힘들더라고요.

<u>용</u>　왜 그런가요? 임금이 문제가 되나요?

<u>정</u>　저도 잘 모르겠습니다. 일단 3~5년을 못 가는 가게가 많기도 하고요. 또 국내에서 제과제빵 업종은 여성 비율이 높은 편인데 결혼, 육아 문제로 중간에 일을 그만두고 경력 단절을 겪는 경우가 많습니다.

<u>용</u>　굉장히 안타까운 일이네요.

<u>정</u>　또한 한국은 자영업의 나라라서 창업하고 싶은 욕구가 큰 사람이 많고, 그럴 수밖에 없는 여건인 사람도 많아요. 그래서 빨리 독립하는 경향이 나타납니다. 속성 창업을 해야 하면 기술 이전은 당연히 어렵죠.

**하나보다는
여럿의 경험**

<u>용</u>　이제 정응도 대표님과의 긴 대담 여정을 슬슬 마무리해보겠습니다. 리브랜딩을 하고 홍대와 가로수길 두 개 매장 중 하나는 접으시기도 했지만, 2009년부터 가게를 운영해오셨으니 어쨌든 장수하신 편 아닌가요? 임차 자영업자의 장기적인 생존 문제에 관심이 많습니다.

<u>정</u>　2009년부터 해온 정도로 장수했다고 하기에는 민망하지만 한국의 현실에서 가끔 그런 말을 듣습니다. 그래도 지금까지 해올 수 있었고 또 당분간 계속 해나갈 수 있는 원천은 동업이라고 생각해요. 한국의 열악한 자영업 환경에서 성공적인 동업의 뒷받침 없이는 장수하기가 힘들어요. 자영업을 하면 쉬지 못하고 사람이 지치게 됩니다. 내가 지

2층의 라 뽐므에서는 플레이팅 디저트를 커피, 차 등의 음료와 즐길 수 있고 그 아래 위치한 에뚜왈은 빵과 과자를 포장해 가는 곳이다. 라 뽐므는 2018년 5월 13일부로 문을 닫은 상태이며, 현재 빵을 바탕으로 한 다른 콘셉트의 가게를 준비 중이다.

쳤을 때 누군가 조금 메워줘야 하는데 직원이 그걸 담당할 순 없거든요. 직원은 받는 임금만큼 일하는 것이고 어제까지 없었던 책임을 사장이 지쳤다고 떠안을 순 없습니다. 이럴 때 동업자가 그 역할을 맡아줄 수 있죠.

자영업이 어느 정도 궤도에 오를 때까지 시간이 필요합니다. 그러나 시간은 곧 돈이거든요. 고정비용에서 임대료와 인건비가 차지하는 비율이 높은데, 동업을 하면 인건비를 줄일 수 있는 여지가 생깁니다. 안 먹고 안 쓰면 되니까요. 그런 면에서도 생존 확률이 올라가죠. 동업은 물론 양날의 검입니다. 말했다시피 동업을 성공적으로 이끌기 위해서는 역할 분담, 영역 분담이 잘 돼야 합니다.

자영업은 어떻게 보면 종합예술과 비슷한 측면이 있다고 생각해요. 내가 여태껏 어떻게 살아왔느냐 하는 경험과 취향이 쌓여서 가게에 나타난다고 할까요. 그런데 아무래도 한 사람의 삶의 경험보다는 여러 사람이 축적한 경험이 낫습니다. 한 번이라도 세금 신고를 해본 사람이 회계를 맡고, 한 번이라도 커피를 더 먹어본 사람이 음료를 하고, 한 번이라도 과자를 더 만들어본 사람이 과자를 만드는 게 나은 것처럼 각자 경험이 있는 분야를 나눠서 담당할 수 있죠. 이런 원칙에 따라 동업하면 일을 정리하기 쉽고 좀 더 효율성을 낼 수 있습니다.

<u>용</u>　동업을 한 덕에 비교적 긴 시간 업장을 운영해올 수 있었다는 이야기였습니다. 경영자이자 실무자이기에 들을 수 있는 세부적인 정보를 통해 많이 배울 수 있는 자리였습니다. 출현해주셔서 감사합니다.

<u>정</u>　감사합니다.

7 남초 주류업계를
변화시키는 여성들

**일곱 번째
미식 대담**

박이경

무역 회사에서 일했다. 좋아하는 술을 업으로 삼게 되어 이탈리아와
슬로베니아 지역의 자연주의 와인을 주로 수입한다.

정순나

식품영양학과를 졸업하고, 2008년 해태제과 연구소에 입사해
아이스크림을 개발했다. 칵테일 식품향료에 대한 관심으로 주류업계에
흥미를 갖게 되었다. 2012년부터 바카디 코리아 마케팅팀에서 일했고,
2017년부터 글로벌 주류 브랜드의 국내 유통사에서 호세쿠엘보의
브랜드 매니저를 맡고 있다.

"좋은 품질의 술을 시도해보는 사람들,
다양한 선택지를 찾는 사람들이
꾸준히 늘고 있지만 아직도 멀었다고
생각해요. 시장이 다양성을 띠는 건
기본적으로 좋은 일이니까 접해보지 않은
새로운 와인에 대한 기대를 시장이
품고 있기를 수입 회사는 바라죠."

이용재(이하 용)   우연히 길을 걷다가 관제엽서 한 장을 주웠습니다. 길에 떨어진 물건을 들여다볼 나이는 지났지만 굳이 그랬던 이유는 그 엽서가 일종의 나에게 보내는 편지였기 때문입니다. 엽서의 수신인이자 발신인인 중학생의 장래희망은 바리스타였습니다. 제가 어렸을 때만 해도 바리스타라는 직업이 아예 존재하지도 않았지만, 이제는 비단 바리스타뿐 아니라 음식 산업 전반의 다양한 직업을 장래희망으로 삼는 시대입니다. 그 엽서에 착안해 일곱 번째 「미식 대담」에서는 음료계에 종사하는 두 분을 모시고 다양한 이야기를 들어보고자 합니다. 주류 수입사 '필리뽀 앤 피(Filippo & P)'의 매니저 박이경님과 'FJ코리아'의 브랜드 매니저 정순나님을 모셨습니다. 나와주셔서 감사합니다. 어떤 일을 하고 계신지 각자 소개 부탁드립니다.

박이경(이하 박)   필리뽀 앤 피에서 일하는 박이경입니다. 필리뽀 앤 피는 이탈리아와 슬로베니아의 자연주의 와인 위주의 수입사입니다.

정순나(이하 정)   주류 수입사 FJ코리아에서 일하고 있습니다. 소주와 맥주를 제외하고 흔히 양주라 불리는 주류, 다시 말해 클럽이나 바에서 많이 마시는 테킬라(tequila), 럼(rum), 보드카, 진(gin) 같은 종류의 술을 수입하는 회사이고요. 저는 그중에서 호세쿠엘보(Jose Cuervo)라는 전 세계 1위, 국내 1위 테킬라 브랜드의 매니저를 담당하고 있습니다.

**술이 일이
되기까지**

용　두 분 모두 원래는 다른 일을 하셨다고 알고 있는데
요, 어떤 계기나 경로를 거쳐 현재 일을 맡게 되셨는지 들어
보고 싶습니다.

박　저는 무역 업무로 사회생활을 시작했어요. 식품 원료
나 맥주 생산 시스템을 수입하는 회사, 식품 포장재 회사 등
주로 식품을 가공 혹은 포장하는 회사를 다녔습니다. 회사
를 다니던 중 우연한 기회에 이탈리아 와인 전문가를 만나
게 되었어요. 워낙 술을 좋아해서, 그렇게 여기까지 오게 되
었습니다.

용　와인을 수입하는 일로 자영업을 시작하셨나요?

박　그 이전에 따로 자영업을 한 적이 있는데 크게 망해서
말씀드리기가……(웃음) 월급쟁이 생활을 오래 했어요.

정　저는 대학에서 식품영양학을 전공했고, 첫 직장은 국
내 제과 회사의 연구소였습니다. 아이스크림 개발하는 일
을 했어요. 아이스크림 개발이 어린이들의 꿈의 직업이기도
하지만 제 적성에는 맞지 않았고, 새로운 아이스크림을 개
발하면서 칵테일 식품향료(flavor)에 대한 관심이 생겼어요.
칵테일 공부를 조금 해보다가 주류업계에 흥미가 생겨서
마케팅 업무로 넘어가게 되었습니다.

용　아이스크림 얘기가 나왔으니 안 여쭤볼 수가 없네요.
제가 아이스크림을 워낙 좋아하거든요. 맥주나 담배처럼
한 가지 식품을 연구하는 사람들의 얘기를 들어보면 그 아
이템을 엄청나게 시식, 시음해야 한다고 하죠.

슬로베니아 국경을 접하고 있는 이탈리아 북동부 지역의 포도밭.

정　　보통 아이스크림 개발자들은 하루 종일 아이스크림을 만들고, 다음 날 아침에 팀 회의를 하면서 전날 만든 것을 먹어보거든요. 저희 팀원이 여덟 명이었는데 최소한 세 가지씩은 만들어요. 스물네 개의 아이스크림을 한 입씩 먹으며 하루를 시작했습니다.

용　　그 과정을 계속하면 피곤해지나요?

정　　그렇죠. 그런데 반복적으로 먹다 보면 확실히 사람이 맛이라는 감각을 기억할 수 있게 됩니다. 그냥 감으로 맛이 있다, 없다 하는 수준이 아니라 관능검사(sensory test)✳ 정도는 다들 할 수 있게 되더라고요.

✳ 인간의 오감에 의하여 제품의 품질을 평가하는 검사. 주로 식료품, 주류, 향료, 화장품 등을 대상으로 많이 이용된다.

왼쪽부터 400년의 역사와 전통을 가진 세계 최초의 아이리시위스키 부시밀즈. 가장 빠르게 성장하는 럼 브랜드 중 하나인 크라켄(Kraken). 멕시코 데킬라 지역 농장에서 재배한 아가베(agave)를 수작업으로 수확, 주조, 숙성시켜 만드는 호세쿠엘보. 테킬라가 참나무통에 숙성된 첫 해인 1800년을 기념하는 이름의 1800.

**새로운 와인이
잔에
담기기까지**

용　본격적으로 두 분이 맡고 있는 주종에 맞춰서 질문을 해보겠습니다. 먼저 박이경님께 여쭤볼게요. '하늘의 별처럼 와인이 많다'는 표현처럼 와인은 참 다양합니다. 또 와인 사업이 전 세계적으로 규모가 크고 역사가 오래된 만큼 확고한 문화를 쌓아왔고, 영역이 세분화되어 있습니다. 그렇지만 여전히 와인이라고 하면 소믈리에라는 직업을 떠올리기가 쉽죠. 물 소믈리에, 막걸리 소믈리에라는 직종이 생겨날 정도로 음식을 감식하고 추천하는 일이나 와인 관련 직종의 대표성을 크게 띱니다. 와인 수입업자의 영역을 잘 모르는 분들이 많을 거예요. 와인이 만들어지고 유통되어 소믈리에 손에 넘어가 레스토랑 식탁의 잔에 따라지기까지의 과정에서 어떤 역할을 맡고 계신지 듣고 싶습니다.

정　　소믈리에는 소비자를 대면해서 직접 설명하는 사람이기 때문에 가장 널리 알려져 있죠. 기본적으로 와이너리(winery)에 포도 농사를 짓는 농부나 양조자가 있고 와인 저널리스트, 평론가 등 다양한 직업군이 있습니다. 와인 수입회사는 보통 와인 컨설턴트나 현지 파트너를 두고 와이너리에 접촉하게 됩니다. 저희는 소규모 와이너리하고만 거래하고 있어요. 큰 와이너리는 취급하는 물량의 규모가 너무 크기 때문에 소규모 수입사가 상대하기는 어려워요. 큰 곳들은 보통 컨테이너 단위로 거래하거든요. 그래서 나름대로 틈새시장을 찾아서 한국에 알려지지 않은 작은 와이너리의 제품을 소량으로 들여오고 있습니다.

용　　와인을 고르는 과정에 큰 관심이 갑니다. 한국만의 와인 취향이 있다고 보는데, 기존의 취향 스펙트럼 안에 새로운 위상의 와인을 집어넣는 일을 하셔야 되잖아요. 함께 의사 결정을 하는 소믈리에가 있으신가요?

박　　협업하는 소믈리에들이 있습니다. 그분들한테 조언을 듣죠. 소믈리에는 직업적으로 와인을 많이 마시다 보니까 새로운 걸 좋아해요. 그러나 새로운 와인이 자기 업장에서 팔릴 거냐에 대해서는 회의적입니다. 이게 소믈리에들의 딜레마이고 저의 딜레마이기도 합니다. 술을 많이 마시다 보면 특이점이 오는데, 그 특이점에 봉착해서 저도 똑같은 와인을 수입할 수는 없는 거죠. 그래서 좀 더 특색 있는 와인을 찾게 되지만 한국 시장에 색다른 와인을 소개하기가 매우 어려운 게 현실입니다.

용 와이너리를 찾는 과정이 궁금합니다. 와인이 워낙 다양해서 어떤 와이너리가 존재하는지 파악하기가 쉽지 않을 것 같습니다.

박 그건 제 능력 밖의 일이에요. 저는 한국에서 판매를 담당하고, 이탈리아 현지에 파트너가 있습니다. 양조 공부를 한 친구라서 자기가 오랫동안 거래해온 와이너리를 주로 소개해주었어요. 샘플을 한국에 들여온 후에, 업장 실무자들과 소믈리에들을 모아서 몇 번에 걸친 테이스팅을 하고, 그중에서 선택된 와인을 수입합니다.

**배보다
더 큰 배꼽,
운송과 세금**

박 와인 수입에서 중요한 과정 두 가지는 운송하고 세금입니다. 그것만 해결되면 모든 게 해결된다고 할 정도로요. 오히려 와인 선별은 크게 어려운 일이 아니라고 생각해요. 유럽에서 수입하는 와인들은 컨테이너에 실려 들어오는데, 와인을 보호하기 위해서는 냉장 컨테이너를 쓰거나 비행기로 운송해야 됩니다. 필리뽀 앤 피의 수입 물량이 비행기로 운송하기에는 양이 많고, 그렇다고 어느 정도 훼손을 감안

하고 드라이 컨테이너로 들여올 만큼 많지는 않아요. 그래도 리스크를 줄이기 위해서 냉장 운송을 택했습니다.

　　두 번째로 세금 문제가 어려운데요, 검역 등등의 단계를 거쳐서 한글 라벨을 붙이고 나면 세금 납부 과정이 남습니다. 한국의 주류 관련 세금은 층층 구조로 되어 있어요. 주류세 더하기 교육세 더하기 특수 목적세 더하기, 더하기 해서 다시 곱하기 하는 식으로…… 저는 상당히 애국자라고 볼 수 있죠.(웃음) 자세한 내용은 관세청에 문의하면 친절하게 안내받을 수 있습니다.

용　세금 납부 과정이 힘든 이유는 무엇인가요?

박　계산을 해보면 제 예상을 훨씬 뛰어넘는 세금이 나옵니다. 사업을 시작할 때 좀 나이브하게 계산한 제 불찰도 있고요. 배보다 배꼽이 큰 경우가 많습니다.

용　한국의 최대 복지가 편의점의 '수입 맥주 네 캔 만 원'이라는 얘기가 많이 회자되기도 했죠. 한국의 술값이 비싼 이유에 세금이 차지하는 비율이 큽니다. 수입하는 입장에서 세금 문제를 무시할 수 없겠습니다. 어렵게 와인을 들여온 후에는 창고에 보관하나요?

박　네, 따로 창고가 있습니다. 주류는 수입사가 도매를 겸해서 같이 허가를 받게 되어 있거든요.

용　그다음에는 도매상을 거치지 않고 각 레스토랑과 직접 거래하시는 건가요?

박　도매상을 거치는 업체도 있는데 저희는 주로 직납을 하고 있습니다.

용   거래처를 일일이 상대하기 힘들지는 않으세요? 저는 프리랜서라서 거래처가 100개씩 되고 그러거든요.

박   아직 100개가 안 돼서⋯⋯. 저는 거래처가 100개면 설레서 잠을 못 잘 거 같은데요.(웃음)

용   잠깐 언급하신 검역 과정에선 뭘 보는 건가요?

박   예를 들어 잔류 농약 검사 항목이 있습니다. 포도로 만들고 껍질이 들어가니까 잔류 농약 검사가 필요하죠. 구체적인 항목은 식약청 홈페이지에 잘 나와 있습니다.

정   수입 주류가 통관되기 위해서는 식품위생법에 따라 거쳐야 할 검사 절차가 까다로워요. 저는 식품 개발 쪽에서 일했기 때문에 예전부터 식품공전을 많이 봐왔어요. 공정 상의 항목을 통과할 수 있는 제품을 만드는 게 제 의무였죠. 식품공전에 나와 있는 첨가물 관련 법률을 보면, 유럽이나 북미, 일본보다 한국이 훨씬 빡빡합니다. 만약 일본이 첨가물 열 가지를 쓰지 못하게 한다면 한국은 거기에 두세 가지를 추가로 금지해요. 특히 색소 종류를 많이 막아놨고, 그로 인해 수입하지 못한 술도 많습니다.

**알코올 도수를
높이는 방법**

용   이어서 정순나 매니저님께 질문드립니다. 처음에 소개하실 때 통칭해서 양주라고 얘기하셨지만, 정확하게는 '스피릿'과 '리큐어'로 구분하잖아요. 어떤 기준으로 구분하는지 설명 부탁드립니다.

정　이제까지 이야기한 와인은 발효주(fermented liquor)입니다. 그런데 발효만으로는 알코올 도수를 높이는 데 한계가 있어요. 십 몇 도 정도가 최고입니다.

박　네, 15도까지죠.

정　10도가 조금 넘는 발효한 술을 증류해서 도수를 높인 술을 '스피릿'이라고 총칭합니다. 하드리커나 디스틸드 베버리지(distilled beverage)도 동일한 의미의 총칭이에요. 테킬라, 보드카, 위스키, 진, 브랜디(brandy) 등이 이 카테고리에 포함됩니다. 예를 들어 와인과 브랜디의 원료는 동일하게 포도이죠. 포도를 발효시켜 와인을 만들 수 있고, 포도를 발효시킨 후 증류 과정까지 거쳐 와인과 다른 도수와 풍미를 지닌 브랜디를 만들 수도 있습니다. 위스키는 맥주의 원료와 동일한 맥아를 발효한 후 증류해서 도수를 높인 것이고요. 그리고 잘 알려진 예거마이스터(Jägermeister)처럼 증류주에 설탕, 허브, 향신료 등을 첨가한 술을 '리큐어'라고 합니다. 바로 혼성주(compounded liquor)의 개념이죠.

용　추가하자면, 발효는 기본적으로 효모가 당을 먹고 이산화탄소와 알코올을 만들어내는 신진대사 과정입니다. 그렇기 때문에 와인은 포도 품종에 따라서 알코올 도수가 달라지죠. 품종이나 재배하는 지역의 기후에 따라서 포도의 당 함유량이 달라지니까요.

　증류는 두 가지 역할을 합니다. 첫째 말씀하신 것처

럼 도수를 높이고, 둘째로 불순물을 정제합니다. 발효주를 끓이면 알코올이 증발하고, 이 증기를 차가운 관을 통과시키는 등의 방법으로 다시 응축하는 과정을 반복하여 알코올 성분을 분리, 농축할 수 있습니다.

TV 출연이 불가능한 스피릿의 홍보

용   스피릿 브랜드를 홍보하는 절차나 업무 내용 역시 사람들이 잘 모르는 분야라고 생각합니다. 어떤 일을 주로 하시는지 설명해주시겠어요?

정   먼저 주류 회사는 대개 근무 시간이 늦은 편입니다. 영업팀의 경우, 보통 계약하는 근무 시간대가 오후 2시에서 밤 11시예요. 사무실로 출근했다가 4~5시에 외근을 나가서 밤 11시까지 업장 관리자들과 미팅하는 것이 상시 업무입니다. 저 같은 브랜드 매니저는 내근직이기 때문에 일반 사무직과 비슷한 근무 시간으로 계약하지만, 업무 특성상 늦은 시간대에 미팅을 잡는 경우가 많습니다. 아무래도 주류 행사를 오전에 하지 않으니까요.

제가 다니는 곳은 유통을 담당하는 회사라서 A 회사의 주류를 파트너로서 판매하거나 B 회사의 술을 한국에 유통하는 일을 해요. 브랜드 담당자는 해당 브랜드의 사장으로서 그 브랜드에 관한 모든 활동을 담당합니다. 내년 판매량을 얼마큼 잡을지, 어떤 캠페인으로 소비자와 접점을 만들어낼지 계획을 짜요. 유통권을 유지하거나 새로 얻기 위해서는 브랜드 본사와의 커뮤니케이션도 중요합니다. 본사 그리고 소비자와 동시에 소통해야 하는 역할이에요.

<u>용</u>　여러 회사를 상대해야 하는 일이네요. 그리고 주류 회사들이 스폰서를 많이 하잖아요?

<u>정</u>　광고 규제 때문에 그런 방식의 홍보 활동을 흔히 하고 있습니다. 도수가 높은 주류는 텔레비전 광고를 할 수 없습니다. 16.5도짜리 소주가 딱 TV 광고가 가능한 도수인데 그것도 밤 10시부터 아침 7시까지만 가능해요. 저희 회사 술 중에는 물론 TV에 나올 수 있는 제품이 없죠. 그래서 할 수 있는 프로모션을 찾다 보니까 타깃 소비자가 모이는 곳에 칵테일 부스 등을 운영해서 샘플링하는 방법이 주된 마케팅 툴이 된 것 같습니다. 주류를 잘 모르는 사람들이 새로운 제품을 체험해보게 하는 것이 중요하거든요.

너무 작은 파이,
너무 많은 식구

<u>용</u>　「미식 대담」 출연자들은 대부분 요리사, 제빵사처럼 원재료를 이용해서 직접 만드는 분들이었습니다. 그런데 지금 다루는 술은 기본적으로 기성품이죠. 그러한 특성에서 비롯되는 직종의 장점이나 단점이 있나요?

<u>박</u>　모든 일은 다 장단이 있죠. 단점부터 말씀드리면 다른 수입업자와 다르지는 않을 텐데요, 한국 시장은 너무 완고하고 작습니다. 말하자면 시장의 파이 자체가 크지 않고 더 키우기가 어렵습니다. 최근에 제가 존경하는 업장 사장

호세쿠엘보가 멕시코 명절인 '죽은 자들의 날'을 맞아 2017년 서울에서 개최한 페스티벌 모습. 매년 10월 31일에서 11월 2일까지 죽은 이들을 기리고 산 자들의 번영을 기원하는 멕시코의 명절에 착안하여 해골, 초, 꽃 등으로 장식한 죽은 자들의 퍼레이드, 클럽 파티 등을 진행했다.

님이 이런 얘길 하시더라고요. "시장의 작은 규모에 비해 고객이 고를 수 있는 선택지가 너무 다양하다." 시장은 작은데도 새로운 것이 계속 들어오고 또 알려지죠. 소비자가 쓸 수 있는 예산은 정해져 있지만 와인과 다른 주류뿐 아니라 식당, 베이커리, 카페 등등이 너무 다양합니다. 실력이 좋은 가게들도 늘어나고요. 수입업자도 생산자로 치면 완고하고 작은 시장 안에서 생산자만 늘고 있는 거예요. 그건 큰 단점이라고 생각해요.

장점은 와인에 유통기한의 제약이 없다는 점입니다. 병입(甁入)한 날짜를 표기하게 되어 있어요. 오픈하기 전에는 이것이 훼손됐는지 아닌지 알 수 없지만, 작년에 테이스팅했던 와인이 병 안에서 변화를 거치고 다음 해의 테이스팅에서 그 달라진 맛을 느끼는 것이 개인적인 즐거움입니다.

용 일종의 '덕업일치'인가요.

박 문제는 비용이 발생하는 덕업일치라는 거죠.

정 스피릿을 홍보하는 일의 장점도 비슷합니다. 일단 제품이 워낙 다양하고, 저희가 수입할 정도의 주류라면 제품력에 대한 의심은 별로 필요하지 않습니다. 많은 사람들에게 인정받은 맛과 품질의 제품이기 때문에 맛이 없어서 잘 안 되는 일은 없다고 생각해요. 다만 제품이 너무 좋고 한국에 없던 콘셉트라서 적극적으로 수입을 추진했으나 성분 문제로 식약청에서 막히는 경우가 잦습니다. 한국에서 안 쓰는 성분이 들어간 제품이 많거든요.

단점 역시 와인의 수입, 유통과 비슷해요. 방금 박이경 매니저님이 말씀하신 부분에 너무 공감하고요. 시장이 정말 작습니다. 전체 주류 시장에서 맥주와 소주가 차지하는 비율이 워낙 크고, 2016년 기준으로 와인의 시장점유율은 11~12퍼센트 정도예요. 제가 담당하는 브랜드가 속한 '웨스턴 스피릿'은 주류 시장의 1퍼센트밖에 되지 않습니다. 그 1퍼센트의 지분조차도 대부분 프리미엄 위스키로 분류되는 6년 이상 숙성한 위스키가 차지하거든요. 윈저(Windsor), 임페리얼(Imperial) 등의 프리미엄 위스키 시장에서 우리나라가 1등입니다. 소비되는 형태는 짐작하시겠지만 주로 유흥업소예요. 예전에는 250만 케이스씩 팔렸지만 요즘은 160~170만 케이스 정도로 줄었다고 합니다. 750밀리리터 열두 병이 한 케이스이고요. 주류 시장의 1퍼센트에서 '브라운 스피릿(brown spirit)'이라고 불리는 위스키의 몫을 제외한 나머지가 테킬라, 럼, 진 같은 '화이트 스피릿'이니까 시장이 정말 작은 거죠.

<u>용</u>　　주류 시장 내에서도 파이가 너무 작다는 문제네요.

천천히 즐기기 위한 비용

<u>용</u>　　질문을 이어 나가겠습니다. 세상에 별처럼 다양한 와인이 존재하기 때문에 소믈리에들이 그러하듯이 저도 새로운 와인을 좋아합니다. 하지만 현재 상황은 소수의 특정 와인이 압도하는 측면이 있습니다. 색다른 와인을 들여오는

소규모 수입사로서 새로운 거래처를 소위 '뚫기' 위해서 어떤 시도를 하고 계신가요?

박   다른 매체를 접할 예산이 없어서 아무래도 SNS 의존도가 다른 회사보다 높습니다. 그리고 제가 잘 아는 식당들은 주로 오너 셰프인 경우가 많아요. 작은 규모지만 확고한 고객층이 있는 식당과 접촉해서 테이스팅하고 와인 넣고 다시 다른 곳을 소개받는, 고전적인 영업 방식을 주로 취하고 있습니다. 다른 능력이 없기 때문이기도 하고요.

"소수의 특정 와인"이 무엇인지 구체적이고 명확한 정의가 필요하겠지만, 저는 한국 시장에서 소수의 특정 와인이 압도하는 상황은 불가능하지 않나 예측해요. 왜냐하면 와인이나 스피릿은 가격대가 높은 편이고, 좀 더 세분화된 취향을 필요로 하는 것이잖아요.

근래 일본과 한국을 자주 비교하지만, 일본과 한국은 경제력이나 내수 시장의 규모 면에서 차이가 엄청나죠. 일본은 와인에 붙는 세금이 제일 낮기도 하고요. 일례로 일본에선 살사음악 CD가 팔립니다. 다양한 종류의 음악과 취미 생활을 즐길 수 있고 그에 따른 시장이 있어요. 한국에서는 일단 사람들의 소득, 정확히는 가처분소득이 늘지 않으면 불가능한 일입니다. 와인이나 스피릿처럼 고급 주류 시장이 확대되려면 아무리 생각해봐도 기본 급여가 지금보다 올라가야 돼요. 20대에 직장 생활을 시작한 젊은 여성들이 5~6만원씩 하는 고가 와인을 설사 집에서 먹더라도 한 달에 몇 병씩 소비하기는 어렵죠. 저희 고객의 90퍼센트가 기본적으로 오래 직장 생활을 해온 혹은 기반이 있는 30대 이상의 여성들입니다. 제가 잘 아는 업장들 이야기를 들어보면, 여성 4인 구성으로 식사가 비싸지 않은 식당에 가더라도 주류로 와인 한 병 시키기가 예산에 비해 부담스러운 거예요. 1인 가구여도 가계의 가처분소득 자체가 늘지 않으면 주류건 음식이건 다른 것이건 취미 생활과 '덕질'을 하는 것 자체가 어렵다고 생각합니다. 그리고 일단 퇴근을 6시에 해야 와인도 있고 리큐어도 있는 거죠. 저녁 8, 9시에 퇴근해서 어떻게 와인을 폼 잡고 먹겠습니까.

용   소주 마셔야죠.

박   빨리 먹고, 빨리 취해서, 빨리 가야죠.

용   와인과 스피릿 둘 다 천천히 마셔야 좋은 술인데 말입니다.

박   또 와인은 식당의 음식하고 안주가 아닌 페어링 개념으로 가는 주종이라서 더더욱 시간과 돈이 담보되지 않으면 어렵습니다. 슬픈 얘기를 오늘 많이 하게 되네요.(웃음)

용   현실이 그렇습니다.

**새로움을
꺼리는
소비 성향**

용   정순나 매니저님한테도 여쭤볼게요. 주류 시장의 1퍼센트라고 말씀하셨는데 양주 시장은 와인과는 또 다르잖아요. 그에 따른 과제도 다를 것이고요. 홍보하고 알리는 데

어떻게 접근하십니까?

정　웨스턴 스피릿의 경우에는 리스팅의 문제 그리고 선택의 문제가 있습니다. 두 가지 모두 술의 종류가 매우 다양하기 때문에 중요합니다. 좋은 술이 있어도 일단 제가 간 라운지나 클럽에 그 술이 없으면 시킬 수가 없잖아요. 그래서 영업팀은 술집에 회사의 술이 납품되도록, 리스팅을 확대하는 데 가장 집중합니다. 회사 차원의 영업이다 보니까 와인 하는 분들과 다르게 맨파워가 좀 있어요. 마케팅 쪽에서는 그 술을 선택할 수 있는 환경을 만드는 데 주력합니다. 예를 들어 술집에 들어가서 바로 호세쿠엘보를 보고 '저게 뭐지. 오늘 마셔 볼까?' 하는 식으로 행동을 유도하는 것이 유통사의 마케팅 방법입니다.

　　어려운 점은, 앞서도 이야기했지만 아는 걸 선택하는 경향이 강한 한국 소비자들의 특성입니다. 단적인 예로, 몇 년 전에 가장 많이 팔리던 앱솔루트(Absolut) 보드카가 여전히 화이트 스피릿 중에서 가장 잘 팔리는 술입니다. 앱솔루트가 인기를 얻으면서 시장의 보드카 브랜드는 너무너무 다양해졌지만요. 그리고 주류 광고에 제약이 큰 것처럼 순수 마케팅이라 칭할 수 있는 활동 중에서도 법적으로 금지되어 있는 것이 많아서 새로운 주류 브랜드를 알리기가 더욱 녹록지 않습니다.

용　술이란 결국 강력한 기호식품인데요, 이른바 저성장 시대에 진입하고 소비의 실패가 용납되지 않으면서 새로운 시도를 하기가 점점 더 어려워지는 것 같습니다. 그럼에도 앱솔루트가 아직도 1위라는 건 놀라운 사실이네요. 도수가 높은 술은 많이씩 마시지도 않을뿐더러, 한자리에서 또는 일정 기간 동안 계속 마셨을 때 쉽게 지겨워지는 음식이잖아요. 그렇기 때문에 바는 소위 백바를 얼마큼 갖추고 있느냐가 바의 인지도와 연관되고, 얼마나 다양한 라인업을 금방 감각의 피로도가 오는 고객에게 제공할 수 있느냐를 능력으로 봅니다. 이런 측면에서 더욱 의외입니다.

배움과 소통을 거부하는 소비자들

용   질문의 방향을 조금 바꿔볼까요? 한국의 와인 시장을 압도하는 와인을 여쭤본 이유와 관련됩니다. 와인은 음식과 페어링 개념으로 간다는 말씀도 하셨습니다만, 제가 태국 음식점에 갔다가 와인 리스트에서 몬테스알파(Montes Alpha)를 발견했어요. 한국에서 워낙 인기가 많은 와인이긴 하지만 태국 음식하고 너무 안 맞는 짝인 거죠. 그래서 셰프한테 "이게 매치가 되나요?" 물어봤더니, 본인도 안 된다고 생각은 하는데 손님들이 찾는다고, 대개 그 와인을 마신다고 하더라고요. 단골 와인 가게에서도 대부분 화이트 와인은 잘 안 고르고 레드를 선호한다고 들었습니다. 하지만 매운 양념이나 여러 요소를 고려했을 때 한식에도 화이트가 잘 어울린다고 생각하거든요.

음식과 와인의 짝짓기가 견고한 이론으로 정립돼 있

음에도 실제 선택에 반영되지 않을 때가 많은 것 같습니다. 물론 좋아하는 와인을 좋아하는 음식과 먹으면 된다는 말도 있습니다만, 그것도 어느 정도 범위 안에서 통하는 것이지 너무 안 맞게 짝 맞춤하면 양쪽 다 망하는 결과가 나오겠죠. 이런 현실이 실제로 수입, 유통하는 와인 선택에 큰 영향을 미치나요?

박 말씀하신 와인이 리스트에 오르는 건 너무나 당연한 일입니다. 누구나 찾으니까요. 그게 그 음식 또는 그 식당과 어울리느냐는 말씀하셨듯이 별개의 문제죠. 이 말을 반복하게 됩니다. 한국 시장은 작은데 완고해요. 손님들이 다른 와인을 선택하기 위해서는 식당에서 소믈리에랑 나누는 스몰토크가 중요합니다. 소믈리에의 역할이 자기가 선택해놓은 와인을 음식하고 매치해서 권하는 것이잖아요. 그런데 한국 손님들은 대부분 말을 잘 안 섞고 조언을 듣지 않아서 현업 소믈리에들이 어렵다고 해요. 제가 셰프나 소믈리에랑 적극적으로 소통하면서 일을 하기 때문에 현장에서 겪는 어려움을 자주 듣게 됩니다.

용 대화를 나누지 않는 것과 조언을 듣지 않는 것은 별개의 문제라고 생각합니다. 소믈리에한테 의견을 구하는 과정이 레스토랑에 가는 큰 즐거움이 될 수 있지만, 레스토랑 문화가 익숙하지 않은 손님이 말하기를 꺼릴 수 있죠.

박 그렇죠. 그런 행동을 비난하는 건 아닙니다. 양식 문화가 정착된 지 얼마 되지 않았고, 익숙하지 않지만 문화가 조금씩 바뀌고 있잖아요. 그런데 문제는 그 별개의 두 가지 사안이 동시에, 거의 모든 업장에서 일어난다는 점이에요. 경제권을 가진 사람, 레스토랑에서 20~30만 원 정도를 쓸 수 있는 사람이 주로 '사장님', '이사님'으로 불리는 40대 이상의 남성인데요. 그런 손님들이 결정하면 몬테스알파, 1865, 카시예로델디아블로(Casillero del Diablo) 같은 종류만 나옵니다. 옆에서 젊은 여성들이나 직원들, 해외 경험이 훨씬 풍부한 사람들이 얘기해도 먹히지 않죠. 전문가까지 가르치려들기도 해요. 소믈리에랑 3~4분 정도 같이 지식을 공유하고 거기서 얻은 정보를 소재로 식사 자리가 즐거워질 수 있는데, 그런 가능성이 원천 봉쇄되는 경우가 많습니다. 다른 의견이나 조언을 제시하는 걸 본인 카드에 대한, 권위에 대한 도전으로 받아들이는 분들이 계시더라고요.

용　셰프를 믿고 음식을 먹으러 왔지만, 음식에 결정적인 역할을 하는 와인의 선택은 소믈리에에게 전담으로 맡기겠다. 그런 태도를 보여주면 일하는 사람한테도 좋죠.

박　소믈리에들도 다양한 경험이 필요하고, 젊은 소믈리에가 성장하려면 좋은 손님이 필요합니다.

용　먹는 사람도 일반적인 이론에서 음식과 어울리는 와인을 고를 수 있지만, 최종적인 판단을 소믈리에한테 맡기면 큰 시너지 효과를 발휘하는 와인을 찾을 수 있습니다. 그런 효과를 노리고 음식에 맞춰 레스토랑에 와인을 큐레이션하는 거고요.

박　예를 들어서 미슐랭 가이드에도 오른 한 식당은 새 와인이 들어오면 전(全) 직원이 테이스팅을 하고 일정 수준 이상의 평가가 나와야 채택하는 과정을 거친다고 해요. 식당의 와인 리스트가 곧 훈련되고 교육받은 전문가들이 다양한 의견을 공유하고 검토해서 내린 결과라는 의미입니다. 고객이 반드시 그 결과를 따라야 할 의무는 없지만, 그걸 존중했을 때 고객에게도 더 나은 결과가 돌아온다는 정도로 이해하시면 좋을 것 같습니다.

**너도 알고
나도 아는
선택지**

용　최근 위스키 소비의 세계적인 경향이나 방향이 궁금합니다. 먼저 블렌디드 위스키(Blended Whisky)와 싱글몰트 위스키의 구분을 잠깐 설명해볼게요. 싱글몰트는 블렌딩을 안 한다고 생각할 수 있는데, 한 양조장의 위스키를 섞어서 만들죠. 한편 조니워커(Johnnie Walker)처럼 다른 양조장의 위스키를 섞어서 만들면 블렌디드 위스키이고요.

정　품질을 균일하게 만들기 위한 방법입니다. 도수를 맞추기 위해서 물을 섞기도 하고요.

용　그런 과정을 거치지 않고 하나의 통에서 나온 술을 그대로 담아서 만든 캐스크 스트렝스(cask strength) 등 위스키 역시 다양한 계열을 갖추고 있습니다. 이런 위스키의 지평이 한국에서도 넓어지고 있지만, 이를테면 대표적인 인기 스카치위스키(Scotch whisky)가 한국에는 들어오지 않기도 합니다. 시장 규모의 문제인가요, 아니면 와인과 마찬가지로 특정 주류가 시장을 압도하는 경향 탓인가요?

정   아시아 지역에 한정해서 보면 싱글몰트를 가장 많이 마시는 나라는 대만이에요. 비율로 보면 세계 1위라고 할 정도로 싱글몰트를 선호해요. 주류가 소비되는 장소에 따라서 보통 온트레이드(on trade), 오프트레이드(off trade)로 나눕니다. 온트레이드는 술을 나가서 마실 때 이용하는 장소를 뜻하고, 오프트레이드는 사 와서 집에서 마실 때 이용하는 마트나 주류 판매점 등을 말합니다. 대만의 특성은 오프트레이드의 비중이 높다는 점이에요. 그것은 곧 방금 박이경 매니저님이 말씀하신 것과 달리, 술을 마시는 사람의 선택이 온전히 반영되고 다양한 선택지를 즐길 수 있는 환경에 가깝다는 뜻이죠.

한국도 주류 시장의 규모가 결코 작지는 않다고 생각합니다. 어떤 통계에서도 인당 주류 소비량이 10위권 안에 드는 나라예요. 그러나 주류 문화 자체가 주류를 즐기기보다는 사교를 위한 수단으로 삼는 경우가 많습니다. 그렇다 보니 주류를 주문할 때 갈등이 생기지 않도록 너도 알고 나도 아는 걸 주문하거나 계산하는 사람이 아는 걸 선택하게 됩니다. 그렇게 보수적인 소비 성향이 유지되는 것 같아요. 신제품을 업장에 넣기가 힘들 뿐 아니라 리스팅이 된다 한들 사람들이 모르는 걸 잘 시도하지 않아요. 새로운 술, 특히 작은 규모의 술이 자리 잡기가 어렵기 때문에 한국 시장

내에 진입했다가 도태되는 경우도 상당하다고 생각합니다.

용 일종의 악순환이라는 생각이 듭니다. 새로운 걸 안 마셔봐서 모르고 모르니까 계속 같은 걸 선택하는 악순환.

보드카의 경쟁 상대는 샴페인

용 주종이 참으로 다양한 가운데 주류마다 각자의 영역이 나뉘어 있다고 보입니다. 각 주류의 경쟁 상대가 있다면 무엇인가요?

박 와인은 시즌에 따라 달라집니다. 가령 여름에는 맥주가 가장 큰 경쟁 상대죠. 화이트나 스파클링 와인, 로제 와인은 차게 마실 수도 있지만, 무더운 날 집에 들어와서 찬 맥주를 카 하고 마시는 순간을 다들 공유하고 있잖아요.

용 스피릿 종류는 자체 경쟁을 하나요? 혹은 다른 쪽을 허물어서 영역을 넓혀야 한다고 생각하시나요?

정 보드카, 데킬라, 럼, 진, 위스키처럼 다양한 주종이 있지만 도수가 비슷한 술들끼리 경쟁한다기보다는, 특정 상황에서 경쟁하게 되는 제품들이 있습니다. 예를 들어 클럽이라면, 슈퍼 프리미엄 보드카인 그레이구스(Grey Goose)의 경쟁 상대가 같은 보드카 카테고리의 제품인 앱솔루트가 아니라 샴페인이 되는 거예요. 그리고 슈퍼 프리미엄 데킬라 브랜드 중 1800의 아네호(Anejo)라는 가장 높은 등급은 위스키처럼 소비되기 때문에 얼음 넣은 유리잔에 부은 온더락(on the rock)으로 많이 마시거든요. 그러면 이 1800 아네

호의 경쟁 상대는 페트론(Patron) 같은 다른 프리미엄 데킬라뿐만 아니라 싱글몰트 위스키가 됩니다. 상황이나 음용법에 따라서 경쟁 상대가 결정되는 편입니다.

용　　맥락에 따라서 경쟁 상대는 무엇이고, 어떻게 대응해야 하는가를 다루는 회사 차원의 매뉴얼이 있나요?

정　　글로벌 가이드라인이 있습니다. 스피릿은 스탠다드, 프리미엄, 수퍼프리미엄 등으로 등급이 나누어져 있고, 저희도 펍, 라운지, 바, 메가클럽, 마트 등으로 채널 분류를 해놓아요. 회사 차원에서 주류와 채널에 따른 가이드라인을 갖추고 있습니다. 서로의 경쟁 상대가 무엇인지, 같은 카테고리 내에서 정확히 어떤 제품이 경쟁 상대인지는 세계적으로 거의 합의되어 있다고 보면 됩니다.

**와인과
스피릿의
다양한 선택지**

용　　와인과 스피릿의 현재 경향이 궁금합니다. 박이경 매니저님은 소위 내추럴 와인이라고 이야기되는 쪽에 집중해서 수입하고 계시잖아요. 바이오다이내믹 와인(biodynamic wine)＊이라고도 일컫는 계열을 향한 관심이 높아졌습니다. 그 경향에 대해 설명해주시겠어요?

박　　자연주의 와인이라고 불리는 건 보통 숙성 가능한 화이트를 의미해요. 진한 색깔의 화이트를 주로 일컬어서 별명이 오렌

＊ 바이오다이내믹 와인은 일반적으로 화학비료, 제초제, 살충제를 사용하지 않고 재배한 포도로 만든 유기농 와인(organic wine)에서 더 나아가, 우주적인 리듬과 자연적 질서를 따라서 강화된 자연 친화적 농법으로 생산한 와인을 의미한다.

지 와인입니다. 레드가 없는 건 아니에요. 사실 포도가 자연에서 나오는 거니까 와인은 다 내추럴 와인이라고 볼 수 있죠. 그렇지만 생산 방식 측면에서 지금처럼 대규모로 기계 힘을 빌려 농사하는 것이 아니라, 예전 방식에 가깝게 포도를 키우고 양조하는 와인을 내추럴 와인이라 부릅니다. 바이오다이내믹 같은 경우는 와이너리에 따라 견해차가 있더라고요. 음력 절기에 맞춰서 포도 파종을 시작하기도 하고, 가볍게는 트랙터를 안 쓰고 자전거로 포도밭 이랑 사이를 다니면서 농사를 짓기도 하고요.

처음에 내추럴 와인을 소개받아서 수입을 진행할 때는 숙성 가능한 화이트 와인이 목적이었습니다. 현재 시중에 나와 있는 빈티지들이 2011년, 2012년산인데 향후 보틀 안에서 2~3년 정도 숙성이 가능합니다. 보통 화이트에 대한 고정관념이 가볍고, 숙성되기 전에 후딱후딱 마시는 와인이라는 것이죠. 그러나 화이트 와인 중에는 오크통에서 기본 숙성을 거쳐 색과 맛을 더 진하게 만든 후 병입되는 종류도 있습니다. 화이트의 가벼움이 싫고, 레드의 타닌(tannin)이 지닌 무거움도 싫은 분들이 찾는 중간 정도의 와인이라고 생각하시면 될 것 같아요.

✻ 와인을 별도의 유리병(carafe)에 따라 공기를 불어넣는 '디캔팅'과 달리 병의 마개만 열어 와인이 공기와 맞닿게 하는 것.

일반적인 화이트 와인처럼 아주 편하게 마시기는 어렵습니다. 보틀 브리딩(bottle breathing)✻도 20~30분 정도 필요하고, 음식도 주로 기름진 고기 종류와 잘 맞아서 일반

숙성되기 전에 마시는 가벼운 와인이라는 고정관념과 달리 화이트 와인 중에서는
오크통에서 기본 숙성을 거쳐 색과 맛을 더 진하게 만든 후 병입되는 종류도 있다.

적으로 화이트를 즐길 때처럼 가벼운 샐러드 종류하고 먹
기에는 적합하지 않습니다. 향후 4~5년 동안 새로운 와인
으로 자리 잡을 거라고 기대하고 있어요.

용　　한국에서 잘 안 팔리는 와인이네요. 화이트 중에 소
위 '바디'가 있으면서 드라이한 것들.

박　　또 숙성이 가능하고 가격이 비싼 편입니다. 시장이 다
양성을 띠는 건 기본적으로 좋은 일이고, 말씀하셨듯이 별
처럼 많은 와인이 있으니까 접해보지 않은 새로운 와인에
대한 기대를 시장이 품고 있기를 수입 회사는 바라죠.

용　　스피릿 분야의 최근 경향은 어떤가요?

정　　계속되어온 트렌드이지만 프리미엄 위스키 시장에

서 로컬 위스키가 차지하는 비중이 줄어들고 있습니다. 로컬 위스키는 윈저, 임페리얼처럼 스코틀랜드에서 만들어서 국내에서 병입하는 위스키를 뜻해요. 앞서 말씀드린 온트레이드를 다시 TOT(Traditional on Trade)와 MOT(Modern on Trade)로 구분할 수 있습니다. 쉽게 말해서 TOT는 룸살롱 같은 종류의 술집이고, MOT는 라운지 중심의 경쾌하고 캐주얼한 분위기의 술집이에요.* 다시 말하자면 TOT 시장은 줄고, MOT 시장이 상대적으로 성장하는 중입니다.

＊ TOT는 전통적인 주류 판매 시장으로 유흥업소에 해당하고, MOT는 가정이나 바, 클럽, 레스토랑 등 현대적인 판매 시장을 뜻한다. 스피릿 브랜드는 대체적으로 TOT와 MOT에서 강세를 보이는 제품군이 각각 나뉘어 있는 편이다.

사실 여성으로서 주류업계에 있으면 안 좋은 경험을 많이 할 수도 있는데, 나름대로 만족하고 다니는 이유 중 하나가 저희 회사는 로컬 위스키, 즉 TOT에서 주로 소비하는 제품을 취급하지 않는다는 것입니다. 젊은 여성들한테 무례하게 구는 행동의 상당 부분이 TOT에서 비롯됐다고들 얘기하거든요. 확실히 없어져야 하는 문화고요. MOT라고 하면 조금 더 주류 자체를 즐길 수 있는 환경이기 때문에 현재 변화가 긍정적이라고 봅니다. 화이트 스피릿 시장도 성장하다가 지금 속도가 약간 주춤하는 상태인데, 싱글몰트와 더불어 좋은 품질의 술을 시도해보는 사람들, 다양한 선택지를 찾는 사람들이 꾸준히 늘고 있습니다. 하지만 아직도 멀었다고 생각해요.

용　　일본에서는 위스키를 자체 생산할뿐더러 나름 역사도 오래됐고 품절이 되기도 합니다. 한국에서 위스키 생산이 안 되는 이유가 뭘까요? 기후 때문일까요?

정 증류주의 경우 와인과 달리 기후의 영향을 크게 받지는 않아요. 적어도 증류 단계에 있어서는 그렇습니다. 예를 들어 숙성 기간 중에는 습도 등의 요인이 영향을 미치겠지만, 대만에서 하고 있는 걸 보면 한국에서 못할 일은 아니라고 생각해요. 몇 년 전에 맥키스(Mackiss)라는 화이트 위스키 제품이 나왔었고, 잘은 모르지만 로컬 위스키에 대한 시도가 없진 않았습니다. 하지만 보수적인 한국 소비자와 한국산 위스키에 대한 신뢰도의 문제도 있죠. 지금 세계에서 인정받는 주류 중에서도 한국에서 자리를 못 잡는 것이 많거든요. 로컬 위스키를 군이 만들어서 소비자한테 어필할 수 있을지 업체들이 고민해보고 어렵겠다고 판단한 게 아닐까요.

**남초
주류업계에서
여성으로
일하기**

용 개개의 주류나 시장, 소비자가 아닌 업계에 대한 이야기로 넘어가보겠습니다. 정순나 매니저님이 잠깐 이야기하신 두 분의 실제 업무 환경이 궁금합니다. 이런 질문을 드리는 건 담배도 그렇지만 술이 남성의 전유물이라는 지긋지긋한 고정관념이 여전히 자리 잡고 있기 때문입니다. 최근에 유튜브에서 여성의 애교를 강조하는 소주 광고를 봤는데요, 특히 소주가 한국에서 가장 많이 팔리는 술이다 보니 여성을 대상화, 상품화하는 주류 광고가 일반적입니다. 저는 이런 시대가 지났다고 봅니다만, 술에 관한 성차별적 편견이 여전히 존재하나요? 실제 영업이나 마케팅 업무에서 그런 인식의 영향을 받나요? 요약하자면 여성으로서 업무 환경이 어떠한지 듣고 싶습니다.

박   와인을 대상으로 하고, 상대하는 업장이 주로 레스토랑이라서 제가 처한 업무 환경은 운이 좋게도 비교적 나은 편입니다. 그런데 주류가 남성의 전유물이라는 인식 자체는 앞으로도 바뀌기 어려울 것 같아요. 사회 전반에 존재하는 여성혐오(misogyny)가 주류업계라고 해서 없을 리가 없어요. 실제로 여성을 성상품화에 가장 활발하게 이용하는 곳이 이 업계고요. 우리의 인식을 최대한 부지런히 바꾸지 않으면 안 되는 문제라고 생각합니다.

용   마스터 소믈리에(Master Sommelier) 시험을 찍은 「솜(SOMM)」이라는 다큐멘터리를 보면, 시험을 보는 사람들, 중간중간 나오는 마스터 소믈리에들이 거의 전부 남자예요. 실제 업계도 그렇지 않나요?

박   남성이 압도적이죠. 큰 업장은 물론이고, 여성이 있는 업장을 저도 별로 보지 못했어요. 와인 테이스팅 하려고 소믈리에들 모아보면 열에 아홉은 다 남성입니다. 끌어주고 밀어주고 하는 인맥의 영향력은 이 업계도 마찬가지인 거죠. 매니저로서 거래처와 같이 자리하려면 여성이 남성보다 훨씬 더 오랜 시간을 버텨줘야 하는데, 여성의 근무 환경이 더 열악합니다. 여성이 겪는 자잘한 성희롱, 일상적인 차별은 어느 업장이나 마찬가지이고 특히 바 같은 근무지에서는 더 심한 것 같아요.

용 그런 환경이 지속되면 한마디로 '남초 문화'의 부정적인 영향이 커지겠죠.

박 제가 명예남성 시절을 오래 지냈어요. 현재로선 매일제 자신을 돌아보면서 과거의 저를 반성하고 깨우쳐가고 있습니다. 여성혐오 문화는 하루아침에 뿌리 뽑을 수 있는 문제가 아니기 때문에, 끊임없는 개개인의 각성, 집단의 각성이 필요하다고 생각해요.

용 정순나 매니저님은 어떻게 생각하세요?

정 일단 소주나 맥주 광고에 여성성을 활용하는 경우가 흔한데, 그 두 개 주종이 한국 시장의 80퍼센트 이상을 차지한다고 보면 되거든요. 큰 회사들이 각성하고 개선하지 않는 이상, 저처럼 웨스턴 스피릿 회사에 있는 사람들이 주도적으로 이 문화를 바꾸기는 어렵습니다. 지금 회사처럼 외국 MOT 계열의 양주를 하는 회사들은 그렇게까지 성평등 인식이 낮지는 않습니다.

다른 한편으로는, 예를 들어 전 직장도 현 직장도 영업팀은 100퍼센트 남자예요. 밤 11시 넘어서까지 근무해야 할 때도 많고, 업장 사람들과 미팅도 많은데 각자가 생각하는 상식의 선이 업장별로 너무 다릅니다. 같은 경력이라도 여자이면 더 만만하게 보는 경향도 있고요. 그래서 주류 영업 쪽은 여성들이 하기 힘들다고 여겨져왔지만, 다른 회사 영업팀에는 여성 에이스들이 많다고 들었습니다. 이 시장 자체가 TOT보다 MOT에 집중하게 되면서 예전과 달리 영업을 잘하는 여성들이 나오는 것 같아요. 분위기가 좀 바뀌고 있다고 느낍니다. 특히 젊은 직원들이 많은 회사는 주류업계의 나쁜 문화나 관행에 물든 사람이 상대적으로 적어요. 회사 분위기가 상황을 만드는 건데, 긍정적인 영향을 널리 확산하기에는 저희 회사의 규모가 작아요. 큰 기업들이 변화를 보여줘야 할 것 같습니다.

**외국어와
수학 실력이
필요한 직업**

용　이번 방송을 시작하면서 바리스타가 꿈인 학생의 엽서를 잠시 얘기했죠. 또 제가 잘 가는 바에 새로 들어온 바텐더 지망생이 어렸을 때부터 꿈이 바텐더였다고 하더라고요. 장래희망 하면 교사, 의사, 과학자이던 시절에 비하면 다양성 확보의 측면에서 발전이라고 생각합니다. 물론 미성년자가 술을 다루기까지는 시간이 좀 걸립니다만, 와인 또는 하드리커와 관련된 일을 하고 싶은 학생이 있다면 어떤 얘기를 해주고 싶으세요?

박　기본적으로 어학을 열심히 해야 합니다. 동서를 막론하고 해외에서 수입해 오는 일을 하면 언제든 직접 나갈 일이 생길 수 있죠. 소믈리에의 경우 아무래도 언어가 편하면 해외에서 직장을 얻을 기회도 생각보다 많더라고요. 그리

죽은 자들의 날 행사의 일환으로 진행된
'라이브 페인팅' 퍼포먼스.
그라피티 아티스트가 대형 해골 조형물과
포토월에 페인팅을 시연했다.

고 식품에 대한 이해를 위해서 간단한 개론서 정도는 읽어 두면 좋습니다. 식품을 이해하려면 이과적인 지식과 사고가 상당히 필요해서 문과생이었던 저에겐 조금 어렵더라고요. 언어하고 화학하고 수학, 꼭 열심히 공부해두시길 바라요. 수입업을 하려면 계산을 열심히 해야 하는데, 너무 나이브하게 계산하면 회사가 어려움에 처할 수 있어요.(웃음)

용 음식과 관계된 직업을 가지려면 커피만 마셔야 된다, 와인만 마셔야 된다고 말하는 경우도 있는데, 전혀 다르게 접근하시니까 신선하네요.

박 '수포자'는 절대 안 됩니다.

정 저도 어학은 정말 중요하다고 생각해요. 수입 주류를 다룬다면 외국어 실력이 모든 일에서 가장 중요한 능력 중의 하나인 것 같습니다. 마케팅 쪽은 다양한 분야에 관심을 갖고 오타쿠적인 수준으로 깊게 아는 것도 중요해요. 저는 어쨌든 술을 좋아해서, 다양하게 마시고 싶어서 공부하고, 책 찾아보고, 자료 검색하고, 약간의 지식을 쌓아두었던 덕분에 처음 주류업계에 진입할 때 좋은 인상을 줄 수 있었습니다. 그리고 숫자에 대한 감각, 굉장히 중요합니다. 마켓 사이즈를 잘 파악할 수 있게 수학 열심히 하시고요.

술을 음미할 수 있는 문화

용 수학 포기하면 안 된다는 이야기를 전하면서, 마지막 질문으로 넘어가겠습니다. 계속 언급하고 있지만 문화를 생각하지 않을 수가 없죠. 음주 문화, 앞으로도 들여다봐야 할 주제라고 생각합니다. 업계에 종사하고 있는 입장에서 한국의 음주 문화에 대한 촌평이랄지, 개선점이랄지 얘기해주시면 좋겠습니다.

박 일단 월급쟁이들의 급여, 올라야 하고요. 두 번째로 회식, 없어져야 한다고 생각해요. 회식뿐 아니라 학교에서도 미친듯이 부어라 마셔라 위험한 수준까지 몰아가는 문화에 대한 처벌이 엄격해져야 한다고 봅니다. 그런 음주 문화에 너그럽기 때문에 문제가 지속됩니다. 시스템을 고쳐야 하는 문제이고요. 이런 점이 개선돼서 다양한 술을, 적당히, 여러 사람하고 즐길 수 있으면 좋죠.

용 즐기는 술 문화, 음미한다는 단어가 좋은 것 같아요.

박 "혼자 술 마시면 끝"이라고 얘기하는 분도 계시지만, 아무하고도 얘기하고 싶지 않은데 술하고 대화하고 싶을 때도 있는 거잖아요. 그 또한 대화의 다양성이라고 생각합니다. 다만 과도한 음주는 건강을 해치니까 적당하게. 제 촌평은 그렇습니다.

정 주류 회사는 입사할 때 쓰는 계약서에 이 내용이 꼭 들어갑니다. '음주 운전하면 퇴사.' 그래서 대리운전 계약을 해놓은 회사가 많아요. 주류 회사 사람들이 음주로 인한 문제에 더 엄격한 편입니다. 반면에 일반적으로 음주 운전을 너무 가볍게 생각하는 경향이 주류업계에서 일하면서 가장 회의가 드는 점이기도 해요. 술이 나쁜 게 아니라 사람이 나쁜 건데, 사람의 나쁨을 자꾸 술에게 뒤집어씌우죠. '술 마시면 그럴 수 있다'고 용인해주고, 처벌을 약하게 하는 문화가 있습니다. 사람에 대한 처벌을 강화해서 다들 안전하고 건강하게 술을 즐기면 좋겠습니다.

<u>용</u> 두루두루 좋은 말씀 많이 들었습니다. 두 분 바쁘신 와중에 귀한 시간 내주셔서 감사합니다.

<u>박</u> 고맙습니다.

<u>정</u> 감사합니다.

8 차갑게 시작하지만
뜨겁게 끝나는 것

**여덟 번째
미식 대담**

쇼콜라디제이 서울 종로구 사직로8길 20 114호
음악을 선곡하듯 초콜릿과 스피릿을 조합하는 작업실이자 가게.
@chocolatdj

이지연
신문방송학과 일어를 전공한 후 MD로 일했고, 번역 일을 했다.
이후 Chocolate Academy(Barry Callebaut)에서 초콜릿 수업을 수료했다.
초콜릿이라는 주제에 연연하지 않고 여행을 떠나고 돌아온다.
2014년 라디오 디제이가 되고 싶었던 꿈을 되살려 '쇼콜라디제이'를
광화문 한편에 열었다.

"초콜릿을 한 잔의 술로 바라봅니다.
초콜릿과 술의 경계. 그 중간 지점에서
디저트에 집중하는 분에게는
부담 없이 바를 권하고,
당에 대한 부담감이 있는 분에게는
좋은 단맛도 있다고 제안하고 싶어요."

이용재(이하 용)　　눈이 많이 내리는 날이었습니다. 초등학생 어린이에게는 눈싸움이 당연한 수순이었겠지요. 실컷 놀고는 빨갛게 달아오른 얼굴과 차가운 손발로 집에 돌아와 어디서 났는지 기억나지 않는 초콜릿을 먹었습니다. 입에 넣자 껍데기가 터지며 액체가 흘러나왔습니다. 금세 온기가 온몸으로 퍼지던 느낌, 아직도 기억하고 있습니다. 처음 먹었던 위스키봉봉(whisky bonbon)의 기억입니다.

　　안녕하세요. 음식 평론가 이용재입니다. 눈 내리는 날처럼 겨울이라는 계절과 잘 어울리는 봉봉 등 술과 초콜릿의 적극적인 조화를 시도하는 쇼콜라티에(chocolatier) 이지연님을 초대했습니다. 반갑습니다.

이지연(이하 지)　　안녕하세요. 반갑습니다.

용　　간략한 본인 소개부터 부탁드립니다. 광화문 인근에서 '쇼콜라디제이(chocolat dj)'를 운영하고 계시죠. 이전의 커리어부터 초콜릿에 관심을 갖게 된 동기, 현재의 상호를 정하게 된 과정 등을 두루 편하게 말씀해주시면 좋겠습니다.

지　　쇼콜라디제이 이지연입니다. '쇼콜라티에'라는 직업명이 있지만 매체에 소개될 때 항상 그 단어를 빼도 된다고 말씀드립니다. 쇼콜라티에라고 하는 명칭을 들어야 제 작업을 이해하시는 분들이 많을 거예요. 그러나 저는 그 직함의 무게를 느끼기보다는 가볍게, 제가 가고자 하는 방향에 충실하고 싶습니다. '쇼콜라디제이' 자체가 가게 이름이자 직업이고, 또한 제 작업의 정체성이라고 생각해요. 음악을 선

쇼콜라디제이의 메인 작업인 위스키봉봉과 리큐르파베(liqueur pavé). 《월간 커피》에
컬처 스페셜리스트로 소개되었다.

곡하듯이 초콜릿과 스피릿을 조합하는 작업을 하고 있거든
요. 저는 바텐더 소울을 갖고 있는 쇼콜라티에가 아닌가 싶
습니다.

**창업 없인
실무 현장도
없다**

용　"바텐더 소울을 지닌 쇼콜라티에"라는 흥미로운 표
현을 쓰셨는데요, 다른 일을 하다가 직업을 바꾸신 것이라
고 들었습니다.

지　네, 저와 같은 경우가 이 분야에서 특별한 건 아니에
요. 초콜릿 분야는 제과와 달리 전문학교를 졸업하거나 정

규 과정을 이수해서 학위를 딴 다음에 창업까지 가는 경우는 거의 없다고 보시면 됩니다. 특히 국내에는 학교가 없으니까요. 만약 누군가의 프로필이 여러 학교를 다닌 것처럼 적혀 있어도, 자세히 보면 학위증서(diploma)가 아니라 특정 과정 이수증서(certificate)가 대부분입니다. 전문학교가 아니라 큰 제과학교 시스템 안에서 초콜릿 코스를 이수한 다음, 특화해서 자기 작업을 시작하는 경로가 일반적이거든요.

그렇지만 이런 과정을 이수하는 데도 학위 과정만큼이나 돈이 많이 듭니다. 학교가 없으니까 더 방황하기도 하고요. 그래서인지 초콜릿 가게를 시작하는 데 큰돈이 필요하지는 않지만, 이걸로 생계를 꾸려야 하거나 크게 체인점을 하고 싶어 하는 사람은 드문 것 같아요.

용   경험의 비용이 크다는 말씀이시죠?

지   초콜릿을 배우고 난 다음에 기존의 가게에서 일하면서 현장 경험을 쌓는 게 아니라, 바로 창업으로 이어지기 때문입니다. 창업이 곧 현장이거든요.

용   초콜릿 가게 자체가 소규모로 운영이 가능하기 때문에 다른 업장에서 도제식으로 실무 경험을 쌓기가 어려운 것인가요?

지   초콜릿을 메인으로 다루는 가게가 2017년 서울에 열 군데가 채 안 됐어요. 대부분 제과점에 포함되어 있는 형태예요. 바쁜 시즌이 1년에 한 번 정해져 있기 때문에 작은 가게나 공방은 사실 많은 인력이 필요하지 않습니다. 바쁠 때 단순 노동은 아르바이트로 대체할 수 있고요. 작업을 같이 하는 정도의 인력이 필요한 상황이라면 그 인력을 대체할 수 있는 기계를 구입하는 방향으로 가지 않을까 싶어요.

용 어떤 기계인지 좀 더 설명해주시면 좋겠습니다.

지 예를 들면 템퍼링머신(tempering machine)이나 컨베이어벨트 같은 기계들로 자동화 시스템을 갖출 수 있습니다. 현재 왜 자동화가 이루어지지 않느냐면 카페나 제과점처럼 설비에 투자해서 더 많은 양을 생산할 만큼 초콜릿을 소비하는 시장이 크지 않기 때문입니다. 초콜릿 소비는 아직 특정 시즌에 한정돼 있어서 생산성을 높여줄 기계에 대한 필요가 1년 내내 있지 않은 거죠.

용 많이들 예상하듯이 초콜릿의 대목은 보통 밸런타인데이죠. 혹시 빼빼로데이도 매출에 영향을 미치나요?

지 전혀 아닙니다.

용 그렇군요. 제가 잠시 부연 설명을 드리자면, 쇼콜라티에가 맡는 초콜릿 만들기는 일종의 2차 가공입니다. 카카오빈(cacao bean)은 커피처럼 발효 및 분쇄 등의 1차 가공을 거치는데, 대규모 생산 업체에서 이 일련의 과정을 맡아 1차 가공 초콜릿, 즉 커버추어(couverture)를 생산합니다. 그리고 커버추어 초콜릿을 녹여서 온도를 맞추는 과정을 템퍼링(tempering)*이라고 하고요. 이 과정을 거쳐서 우리가 먹을 수 있는 완제품을 생산하는 게 쇼콜라티에

✿ 온도 조절을 통해 커버추어 초콜릿에 함유된 카카오버터를 안정적인 결정 구조로 굳히는 작업. 초콜릿의 광택이나 색, 질감 등에 영향을 미친다.

의 역할입니다. 요즘은 카카오빈을 직접 가공해서 초콜릿 바를 만드는, 일명 빈투바(bean to bar)의 형태도 많이 하고 있습니다.

　　그럼 본론으로 돌아가서, 이전 커리어에서 어떻게 초콜릿 만드는 일을 하게 되셨는지 들려주시겠어요?

지　대학에서 신문방송과 일어를 전공했어요. 이 일을 하기 전까지 매우 긴 시간을 초콜릿과 상관없는 일을 했습니다. 일맥상통한 흐름이 있다면 제가 디스플레이를 좋아해서 MD로 일했어요. 보여주는 방식을 고민하는 일이었기 때문에 이전의 경력이 도움이 됐습니다. 가게 이름도 제가 신문방송학과를 간 것과 관련이 있습니다. 라디오 디제이가 되고 싶었지만 아쉽게도 학교에 라디오 방송국이 없었어요. 그러고는 잊고 있다가 가게 상호를 고민할 때 다시 그 생각이 났어요. 특징 없는 제 이름이 마음에 들지 않아서 평범한 상호는 하고 싶지 않았습니다. 가게 오픈 전에 이름을 300~400개 정도 지어서 주변에 물어봤는데, 사실 쇼콜라디제이가 반응이 가장 별로였어요. 그래서인지 초반에는 "쇼콜라디제이입니다." 하고 말하기가 어색하더라고요.

　　전공에 대한 개인적인 아쉬움과 제 이름에 대한 콤플렉스가 겹쳐 쇼콜라디제이라는 상호를 낳았어요. 저랑 어울리든 안 어울리든 애정을 가지고 계속 품다 보니까 지금은 상호를 잘 지었다, 재미있다, 이름 자체가 기억에 남는다는 평을 들어서 뿌듯하죠. 이제는 부끄럽지 않습니다.(웃음)

**위스키 한 잔과
초콜릿
한 조각의 무드**

용　　서두에 잠깐 얘기한 것처럼 초등학교 때 본의 아니게 음주를 했습니다. 위스키봉봉, 좋더라고요. 봉봉 같은 초콜릿과 술의 조합이 고전이라고 볼 수 있지만, 봉봉뿐 아니라 다른 제품군도 초콜릿과 스피릿을 1 대 1로 적극적으로 짝지어 만드시잖아요. 그런 콘셉트의 동기나 이유가 있을까요?

지　　앞서 방송된 주류 수입, 유통 담당하시는 분들의 현장 이야기를 듣고 많이 공감했어요. 디저트 분야에서 초콜릿이 차지하는 비중도 주류 시장에서 위스키처럼 1퍼센트 정도라고 봅니다. 소비하는 측면에서 그래요. 초콜릿 하면 마트에서 자주 보는 초콜릿 가공품, 준초콜릿에 해당하는 제품을 떠올리게 되죠. 진짜 초콜릿이 아닌 초콜릿 향을 입힌 제품에 친숙합니다. 실제로 커피를 마시듯 개인 아틀리에를 가서, 상당한 가격을 지불하고 초콜릿을 사는 소비자의 규모는 위스키와 칵테일을 즐기는 시장과 거의 비슷하다고 봐요. 전체 주류 시장의 1퍼센트를 차지하는 스피릿에 제가 집중했던 이유는 한쪽에 품은 관심이 다른 쪽에 대한 관심을 이끌어낼 것이라는 예상이었습니다.

　　　다른 한편으로 초콜릿이 갖는 무드가 맥주나 와인하고는 좀 다릅니다. 초콜릿이 먹고 싶어지는 때를 가만히 생각해보세요. 기분이 좋거나 여러 사람이 모여서 축하하는 자리가 아니라 차분해지고 싶을 때, 위스키 한 잔이 생각나는 때와 비슷하지 않나요? 초콜릿의 형제 같은 음식이 스피릿이라고 생각해요. 그리고 맥주랑 와인은 도수가 상대적

쇼콜라디제이의 쇼콜라쇼(chocolat chaud). 초콜릿과 스피릿이 하나로 어우러지는 작업으로 시그니처 리큐어인 샤르트뢰즈(chartreuse) 외에도 다양한 스피릿을 사용한다.

으로 낮기 때문에 초콜릿과 페어링하는 음료로서는 좋지만, 초콜릿 재료로서는 부담스러운 면이 있죠. 개봉 후에 사용 가능한 기간도 짧고, 유통기한도 있어서 관리의 편의성 측면에서도 스피릿이 훨씬 매력적이에요. 물론 소비자로서도 칵테일이나 위스키에 매력을 느껴서 시작했어요. 초콜릿과 음료의 분위기, 그리고 시장성이 제 관점에서는 일치했습니다.

용 초콜릿과 도수가 높은 술의 조합에는 향과 향의 조합, 또는 물성이라고 할 만한 다른 요소들의 조합이 있겠지요. 위스키처럼 도수가 높은 술은 물론 점성이 없지만 끈적끈

적하다고 할지, 와인이나 맥주처럼 한꺼번에 많은 양을 마시게 되는 술은 아닙니다. 또는 초콜릿에서 높은 비율을 차지하는 지방이 녹으면서 위스키의 맛을 더 북돋아주는 역할도 합니다. 이런 각각의 특성을 고려하면 초콜릿과 스피릿의 조합이 자연스럽다고 볼 수 있죠.

　　다음 질문을 드릴게요. 적극적으로 스피릿 계열을 쓰시는데, 현재 쇼콜라디제이에 어떠한 제품군이 있나요?

지 　제 작업은 굉장히 간단해요. 스피릿이 적극적으로 개입해서 콘셉트가 강해 보이지만, 들여다보면 작업이 딱 네 가지로 나뉩니다. 먼저 '봉봉'이라고 하는 한 입 크기의 클래식한 제품군에 술을 넣은 '위스키봉봉'. 초콜릿 셸(shell)이라 부르는 껍질 안에 위스키를 넣어서 액상으로 즐길 수 있습니다. 그리고 초콜릿과 생크림을 섞어 만든 가나슈(ganache) 베이스의 '리큐르파베'가 있어요. 벽돌이라는 단어의 뜻처럼 직육면체 모양입니다. 초콜릿은 틀에 부어 굳히는 '몰딩(molding)'으로 만들기도 하고, 녹인 초콜릿에 내용물을 빠뜨렸다가 건져낸 후 겉에 초콜릿을 묻히는 '디핑(dipping)'으로 만들기도 해요. 이 디핑 작업의 원형, 즉 녹인 초콜릿에 담그는 내용물이 바로 가나슈인데, 이 가나슈를 바탕으로 파베를 만듭니다. 생초콜릿은 그다음 타자고요.*

　　그리고 '쇼콜라쇼(핫초콜릿)'와 아이

✿ 커버추어와 크림 등을 녹여 섞은 것을 가나슈라 하고, 이를 굳힌 다음에 직육면체로 잘라 코코아 가루를 뿌리면 파베, 둥글게 굴려 녹인 초콜릿을 입히면 트러플(truffle)이 된다. 기본적으로 가나슈 바탕의 모든 제품을 한국에서는 생초콜릿이라고 일컫는다.

스크림에 술을 부어먹는 '리큐르아이스볼(liqueur iceball)'을 만들고 있습니다. 네 가지 개별 제품 외에도 '테이스팅 코스'라는 걸 진행하고 있어요. 초콜릿과 스피릿이 만나는 온도와 질감별로 제품들을 쭉 분류, 구성했다고 보시면 됩니다. 물론 제품은 앞으로 더 추가될 수 있죠. 해보고 싶은 작업이 많습니다.

<table><tr><td>초콜릿과
스피릿의
조화 혹은 충돌</td><td>용 실무적인 이야기를 듣고 싶은데요, 술이 갖는 나름의 성질 때문에 작업 과정에서 고민의 지점이 많았을 것 같습니다. 예를 들어 봉봉처럼 스피릿을 주입하는 경우는 별 문제가 없을 수 있지만 가나슈에는 직접 섞어야 되죠. 그리고 모양을 네모나게 만들건 동그랗게 만들건 간에 일정 수준 이상 굳어야 잘라낼 수 있습니다. 제품을 개발할 때 초콜릿과 술의 어떤 속성을 감안해야 하나요? 그 둘을 조화시키는 과정에서 어떤 시행착오를 거쳤는지 궁금합니다.</td></tr></table>

지 제가 시행착오를 많이 겪는 것은 음료보다도 초콜릿입니다. 위스키봉봉은 레시피는 간단하지만 설탕의 결정화 문제가 있어요. 물과 시럽을 끓이는 작업이라서 시간에 따른 변화가 빠릅니다. 술의 도수가 같더라도 위스키의 종류가 브랜디냐, 버번(bourbon)이냐, 싱글몰트냐에 따라서 결정화 속도도 다르고요.

가나슈는 도수에 따라 영향을 받을 뿐 아니라, 만약

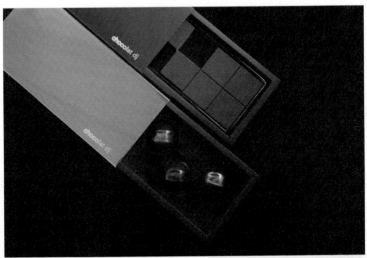

위 위스키봉봉과 리큐르파베, 쇼콜라디제이는 서로 팽팽하게 맞서는 술과 초콜릿의 맛을
정교하게 다룬다.
아래 아이스크림에 술을 부어 먹는 리큐르아이스볼.

술의 비중을 좀 더 올리면 가나슈가 분리되어 커팅이 안 되는 상황도 생깁니다. 스피릿의 수분과 초콜릿의 지방이 만날 때, 물과 기름이 섞이지 않듯 스피릿이 초콜릿의 표면에서 겉돌 수 있거든요. 실패를 많이 겪었던 작업 중의 하나가 바로 가나슈입니다. 가나슈의 단면이 일정 수준 이상 완성되기 위해서 지켜야 하는 이상적인 배합비가 있습니다. 이 비율이 커버추어 초콜릿의 원산지와 카카오 함유량, 스피릿의 도수에 따라 크게 달라지기 때문에 작업 일지를 계속 쓰고 있어요. 단면도 잘 나왔고 질감도 좋은데 술이 덜 느껴지면 안 되잖아요. 그게 어려운 점입니다.

흔히 생초콜릿 하면 떠올리는 브랜드와 비교하자면 쇼콜라디제이의 생초콜릿은 훨씬 무겁습니다. 생초콜릿이 어쩌면 봉봉보다 여운이 더 길어요. 도수가 높은 스피릿을 높은 비중으로 사용하니까요. 현재 쇼콜라디제이에서 인기가 많은 것은 수정방처럼 센 향을 가진 술, 또는 아일라(Islay) 계열의 피트(peat)한 위스키, 시트러스가 뚫고 나오는 자극적인 요소를 지닌 스피릿을 쓴 제품들입니다.

용 방금 나온 용어에 부연 설명을 드리면, 피트는 스코틀랜드 지역에 많은 이탄(泥炭),* 즉 일종의 진흙탄입니다. 스코틀랜드 지방에서 보리를 싹 틔워 맥아, 즉 몰트(malt)를 만들어 맥주를 담근 뒤 증류한 것이 스카치위스키죠. 일정 수준 이상 싹이 난 보리를 술을 빚기 위해 건조하

* 풀이나 이끼, 관목 등의 식물 유체가 퇴적되어 생성된 것으로, 땅속에 묻힌 지 오래되지 않아 완전히 탄화하지 못한 석탄의 일종을 말한다.

여 몰트를 만드는데, 이 건조 과정에서 이탄을 태우는 위스키에서는 약 냄새 같은 특유의 향이 납니다. 이것이 스코틀랜드 특정 지방의 위스키 성격을 좌지우지해요. 시중에 많이 알려진 위스키 가운데 라프로익(Laphroaig)이나 아드벡(Ardbeg) 등을 대표적으로 피트한 위스키, 피트 향이라고 이야기합니다.

칵테일의 매력이 스며든 초콜릿

용　설명하신 바와 같은 정체성의 제품을 개발하기로 결정하셨을 때 기술적인 레퍼런스가 있었나요? 적극적으로 술을 섞는 가나슈 등에 참고할 만한 레시피가 존재했는지 궁금합니다.

지　없었어요. 사실 제가 초콜릿을 어디서 배웠는지 다들 궁금해하세요. 어디서 이런 콘셉트, 아이디어, 작업의 방향을 잡았는지 자주 물어보시는데요. 저도 특별하지 않은 교육을 받았습니다. 그래서 시행착오를 겪었고 기존 레시피에서 여러 변형을 시도했죠. 전체적으로 술이 많이 들어가서 수분 함량이 높아지기 때문에 가나슈가 분리되든지 식감에서 문제가 생기든지 할 수 있거든요.

　그렇기 때문에 파베는 가게가 2년 차에 접어들어서야 출시됐어요. 처음부터 네 가지 메뉴를 짠 하고 준비해서 연 게 아니에요. 작업실의 개념으로 각 제품을 완성시켜 내보내기까지 시간이 걸렸습니다. 처음에는 위스키봉봉과 쇼콜

위스키, 다양한 스피릿을 시럽 형태로 초콜릿 셸에 넣어 만든 위스키봉봉. 한 입 깨물면 초콜릿이 터지며 스피릿의 알코올 기운이 입 속에 퍼진다.

라쇼만 판매하다가 하나씩 하나씩 추가된 거예요.

용 가나슈 응용 제품군이 가장 쉽고 간단하다고들 생각합니다. 집에서도 일반적인 제작 과정을 흉내는 낼 수 있고요. 그런데 여기에 그 자체의 물성이 강한 술이 개입하면 상황이 전혀 달라집니다. 그렇기 때문에 배합비를 비롯해 기존 레시피를 계속해서 조정해나가는 과정을 거치셔야 했는데요, 또 다른 어려움은 없으셨나요?

지 초콜릿이 어려운 또 하나의 이유가, 만드는 과정에서 문제가 생기면 처음부터 다시 해야 하는 점입니다. 케이크나 다른 디저트는 마지막 글라사주(glaçage)* 단계에서 만회할 수 있는 여지가 있어요. 그중에서도 파베(생초콜릿)는 사람으로 치면 옷으로 가릴 수 없는 몸 자체예요. 많은 가게들이 파베를 상시적인 메뉴로 하지 않으려는 데에는 건조나 변성 속도가 빠르다는 이유도 있습니다.

> * 제과 공정의 마무리 단계에서 설탕, 크림, 초콜릿 등으로 과자 또는 케이크에 색이나 광택을 입히는 작업.

대기업에서 운영하는 가게에 가보면 쇼케이스에 제품이 40~50개씩 들어 있잖아요. 그런 선물 가게 같은 느낌도 매력적이지만, 소비자 입장에서 이런 의구심이 들었어요. 안 팔리는 것들은 다시 내놨을까? 전부 잘 관리가 되고 있는 걸까? 신선한 걸 만들어 먹고 싶은 제 취향과 제가 꾸릴 수 있는 가게 규모가 작다는 점이 맞물려서 메뉴를 축소하게 되었습니다. 다른 가게들이 다양한 작업을 해서 선택의 기쁨을 준다면, 쇼콜라디제이는 바의 개념이 스며들어 있는 초콜릿 작업실입니다.

**초콜릿과
스피릿의
짝짓기 기준**

용 앞에서 기술적인 영역을 여쭤봤다면, 이제 쇼콜라디제이에 내포된 원리나 개념적 측면을 여쭤보겠습니다. 초콜릿은 말씀드렸다시피 2차 가공품입니다. 1차 가공품인 커버추어는 원산지나 여타 기준에 따라서 다양한 뉘앙스의 제품군이 존재합니다. 술 역시 그 이상으로 다양하고요. 이렇듯 다양한 초콜릿과 스피릿의 매칭을 일종의 사랑의 작대기에 비유해볼 수 있겠죠. 그런데 이 짝짓기의 과정이 열려 있습니다. 수많은 경우의 수 중에서 초콜릿과 스피릿의 짝을 선택하는 작업이죠. 그 과정이 어떻게 이뤄지는지 들어보고 싶습니다.

지 가게에 오는 손님들은 픽업만 주로 하는 분들과 테이블 메뉴에 집중하는 분들로 나뉘어요. 두 가지를 동시에 하는 분들도 30퍼센트 정도 됩니다. 첫 방문 시에는 이 공간이 어떤 곳인지를 소개하는 테이스팅 코스를 추천드립니다. 초콜릿과 스피릿을 짝지을 때에는 기본적으로 테이스팅 코스의 구성까지 고려합니다. 싱글몰트 위스키, 브랜디, 버번 세 가지 정도로 구성되는 봉봉을 준비하고, 파베의 경우 좀 더 자극적인 요소가 있는 스피릿 위주로 작업해요. 전체적으로 위스키봉봉은 기분 좋게 시작하는 폭죽 같은 메뉴이고, 파베에서 '킥'을 크게 한 번 주는 것을 염두에 둡니다.

손님들이 스피릿 쪽의 마니아라 할 만한 분들과 평소 디저트에 집중하는 분들로 딱 나뉘어요. 저보다도 스피릿에 대한 이해가 깊은 손님과 "스피릿이 뭐예요?"라고 묻는 손님이 동시에 오는 공간이에요. 손님의 결이 다양합니다. 그러다 보니까 짝지은 스피릿을 설명할 때, 너무 무겁게 접근해도 너무 가볍게 접근해도 실망스럽기 때문에 항상 중간 지점을 지키려고 노력해요. 유래와 역사, 전문 용어를 들어서 어렵게 설명하기보다는 쉽고 재미있게 설명을 해드립니다. 어쨌든 제가 어떤 단어를 던졌을 때 관심이 간다면 구체적인 정보는 쉽게 검색해볼 수 있으니까요.

앞서 얘기한 아드벡, 그리고 쿠일라(Caol Ila)라는 위스키를 예로 들어볼게요. 시향을 했을 때 이들 술을 먹어본 사람들은 둘의 차이를 알지만, 처음 먹는 사람들은 "똑같은데요. 다 피트한데요."라는 반응을 보일 때가 많아요. 그러면 간단하게 비유를 들어서 말씀드려요. 이를테면 아드벡은 뒤에 단맛을 품고 있어서 체격은 엄청 우락부락한데 알고 보면 속이 여린 사람을 보는 듯하고, 쿠일라는 피트함이 뭉글뭉글 뿌연 안개처럼 자리한다고 설명하는 거죠. 이렇게 설명하면 술을 원래 알고 있던 분도 신선하게 느끼고, 술을 전혀 모르던 분도 위화감을 덜 느끼게 돼요. 이런 경험이 바나 위스키에 좀 더 편하게 다가가게 하는 요소가 되었으면 합니다. 바가 여전히 대중적이지 않다는 점에서도 짝짓기는 되도록 개성이 강한 스피릿 위주로 하는 편입니다.

쇼콜라디제이에서 사용하는 다양한 주류가 선반을 채우고 있다.

<u>용</u>　요약해보면 술이 기준이 된다는 말씀이시죠. 술을 먼저 생각하고, 이 술을 어떤 초콜릿과 조합하면 좋겠다는 방향으로 가는 건가요?

<u>지</u>　처음에는 안 그랬는데 지금은 그렇습니다. 이 술에 어떤 커버추어가 어울릴지를 고민해요. 예를 들어 이 브랜디에는 플로럴한 세인트도밍고(Saint Domingue) 커버추어가 어울리겠다. 이런 피트한 스피릿한테는 카카오향이 강한 베네수엘라 커버추어가 상승효과를 내겠다. 이런 식으로 기준점을 스피릿에 둡니다.

<u>용</u>　앞서 그 구성 전략을 간략히 설명했던 테이스팅 코스를 좀 더 얘기해볼까요? 테이블이 두 개 있는 다섯 평 규모의 공간을 운영 중이시죠. 작은 공간에서 쉽지 않을 텐데, 초콜릿과 디저트를 대면해서 내고 먹는 양식을 고수하고

계십니다. 특별한 동기나 이유가 있나요?

지   '테이스팅 코스'라는 이름이 참 아쉬워요. 작업자가 직접 판매를 하고 제품군도 다른 곳에서 볼 수 없는 구성이라 손님들이 궁금해하는 점이 많습니다. 어떤 스피릿인가요, 이 초콜릿은 맛이 어떻게 다른가요, 저는 이러이러한 걸 먹고 싶은데 작업으로 구현될까요……. 비슷한 질문을 하루에도 몇 번씩 받으면 짧게 답하려고 해도 한계가 있죠. 이런 상황을 체계적으로 구성해서 비용을 받으면 좀 더 여유 있게 설명할 수 있겠다는 생각이 들었습니다.

테이스팅 코스는 레스토랑의 코스 개념이 아니라, 일종의 작업 프레젠테이션입니다. 여기는 작업실이고 어떤 질문을 할 때는 이 코스 안에서 해달라는 일종의 약속이에요. 이런 개념을 전달하기 위해 관련 내용과 작업실의 룰을 홈페이지에 올리거나 간단한 책자로 만들 계획입니다.

작은 가게도 모험해야 할 브랜딩

용   코스 안내 자료를 새로 만든다고 하셨는데, 전반적인 큰 틀은 잡혀 있는 상태잖아요. 상호 디자인과 그걸 바탕으로 한 BI(brand identity) 작업이 완성되어 있죠. 인테리어 디자인도 그런가요?

지   가게 공간이 작지만 다른 곳에서 볼 수 없는, 재미있는 요소가 많이 보인다고 질문을 자주 받아요. BI를 어디서 했냐, 이 가구는 어디서 샀냐, 이 잔은 어디서, 저 찬장은, 티

한 주 작업의 프레젠테이션 개념인 테이스팅 코스. 온도와 질감별로 초콜릿과 스피릿을
조합한다. 초콜릿 픽업 시 참고할 수 있는 정보가 된다.

테이블은, 쇼케이스에 든 작은 조형물까지. 제가 지금 이 자
리에 가지고 온 출력물이 다른 게 아니라, 협업을 했거나 도
움을 받았던 작업자들을 혹시라도 빠뜨릴까 봐 다 적어 온
거예요.

용   얼마나 다양한 협업으로 지금의 환경을 만드셨나요?

지   다섯 평이지만 평당 디자이너가 네 명이라고 농담할
정도로 디자이너들의 공이 많이 들어갔습니다. 일반 기업
은 전혀 하지 않을 종류의 욕심을 부렸어요. 제가 늘 의아한
점이 있어요. '자본이 있는데 왜 이런 브랜딩을 할까. 초콜
릿 가게뿐 아니라 어떤 가게든지 왜 전문가의 도움을 받지

않을까.' 대부분 비용 절감을 디자인 쪽에서 하는 탓이겠죠. 본인이 할 수 있으면 본인이 해요. 그러면 비용은 절감될 수 있지만 브랜딩 측면에서는 실패할 가능성이 높습니다.

이 작은 가게 하나만 쥐고 할머니가 될 때까지 끝까지 하는 것도 멋있을 것 같고, 아니면 누군가 이 브랜드가 너무 좋아서 사 가려고 하면 절대 안 된다고 할 생각은 없거든요. 갑자기 어느 날 생각이 바뀔 수도 있잖아요. 그럴 때를 대비하자면, 브랜딩은 대기업만 하는 게 아니라 가게 규모와 상관없이 필요한 것이라고 생각합니다.

보통 첫 가게에 에너지를 많이 안 쓰려고 합니다. 어떻게 될지 모르니까 첫 가게는 지극히 안정적으로 시작하고, 두 번째에 제대로 보여주려고 하죠. 하지만 저는 첫 시도에서 이미지를 제대로 각인시키지 못하면 두 번째도 안 될 거라고 생각했어요. 그래서 공간의 규모에 대한 모험은 하지 않았지만 브랜딩에 대해 많이 고민했습니다. 음식뿐만 아니라 가게도 첫인상이 중요한 것 같아요. 처음에 좋은 인상을 받으면 문제가 있더라도 관용을 갖고 너그럽게 보게 되죠.

<u>용</u>　가게의 첫인상이 안 좋으면 점수를 깎아 먹은 상태로 시작하는 것이니까요. 예를 들어 입구에서 "신발 도난은 책임지지 않습니다" 같은 문구를 보고 들어가면, 이미 음식이 맛있으리라는 기대도 떨어지지만 음식이 맛없을 때 반감이 더 클 수 있죠.

지　브랜딩은 초콜릿을 하기 전부터 눈여겨봤던 디자이너들한테 맡겼어요. 가게를 준비할 때 쭉 시장을 둘러보니까 디자인이 너무 '예쁜' 거죠. 디저트를 좋아하고 소비하는 층이 주로 여성이라거나, 특정 취향을 가진 사람일 거라는 고정관념이 반영된 결과가 아닐까 해요. 저는 디자이너가 디저트 쪽 작업을 안 해본 경우라도 상관없었어요. 오히려 안 해본 사람이길 바랐던 것 같아요.

용　아기자기하고, 예쁘고, 분홍색을 많이 쓰는 식의 편견들, 일종의 스테레오타입을 경계하셨나요?

지　클라이언트부터 디저트 안에서 생각을 시작하면 한계가 생겨요. 안전하게만 가다 보면 가게들이 프랜차이즈처럼 서로 비슷해집니다. 상호는 다른데, 안에 들어간 콘텐츠나 디자인은 대동소이해요. 어디서 본 듯한 데자뷔를 여러 번 경험하고 나니까 맛을 떠나서 소비자로서 재미를 느끼는 포인트를 찾지 못했어요. 고민이 많았습니다.

　　가게와 손님 모두 늘어났음에도 가보고 싶은 가게가 없는 데에는 이런 원인도 있는데요. 매장을 내기보다 강의를 하는 분들이 더 많습니다. 그리고 다수의 매장들이 특히 임대료가 높거나 직원이 많은 경우, 매장 수입이 아니라 교육으로 더 많은 비용을 충당한다고 해요. 초콜릿을 만들어 파는 것보다 교육이 훨씬 수익률이 높기 때문입니다.

용　제품을 만들고 새로운 소비자와 시장을 찾는 게 아니라 예비 종사자를 대상으로 한 교육을 통해 수익을 창출하

다양한 작업자들과 협업한 결과물을 엮고 배치하여 공간을 만들었다.

는 것이죠.

지   브랜딩의 원칙은 '디저트라는 주제에 얽매이지 말자.'
였습니다. 의뢰할 때 초콜릿 가게라고 얘기하지도 말자. 처
음에 레퍼런스 이미지도 없이 라디오 방송국 같은 가게를
하고 싶다, 제 공간에서 라디오 디제이가 되어보려 한다고
얘기하니까 다들 좀 황당해하셨습니다. 쇼콜라디제이라는
이름도 이상하고요. 그래서 초반에는 벽에 부딪히기도 했
죠. 워크룸(workroom)의 이경수 디자이너가 BI를 맡아주셨
고, 텍스쳐샵(texture shop)의 신해수 디자이너, 메종 엠오 공
사를 맡았던 그라브(Grav), 아 꼬떼 뒤 파르크의 그래픽 디
자인을 맡고 있는 레이포이트리(Lay Poetry)의 김지연 디자
이너. 여러 다양한 작업자의 도움을 받았어요.

디자이너들과의 작업은 이런 방식으로 진행되었어
요. 예를 들어 오브제나 공간 구성은 A라는 디자이너가 잡
고, 웹사이트는 B라는 디자이너가 잡아주고, 상호와 패키
지는 디자이너 C가, 전체적인 구성은 디자이너 D가 잡지만
이 A, B, C, D 디자이너가 서로 교류는 없습니다. 한편 저는
디제이잖아요. 저는 여러 가지 작업을 디자이너에게 의뢰한
다음에, 그 결과물들을 가게에 배치하는 역할을 했습니다.
혼자 일하지만 협업이 늘 이뤄지고, 동료는 없지만 동료 개
념의 다른 협업자들이 있어요. 물론 이런 작업에는 비용이
듭니다.

**좋은 디자인의
비용**

용   여전히 업종 불문하고 인테리어의 디자인과 시공이 동시에 이뤄지는 경우도 많죠. 말씀하셨듯이 비용 절감 때문이지요. 하지만 음식이 총체적인 경험이라는 걸 생각하면 그 경험의 여건을 조성하는 것이 중요하고, 그를 위한 전문가들이 있습니다. 과연 우리가 두려워하는 만큼 큰 비용이 들어가는지 많은 분들이 궁금해하실 것 같습니다.

지   함께했던 주요 작업자들이 사적인 가게와 관련된 작업을 자주 하지 않는 분들입니다. 아무하고나 작업하지 않는다는 본인의 고집이 있는 분들이라 저도 긴장합니다. 디자이너가 비용보다도 당부했던 말은 이 디자인이 잘 쓰이지 않는다면 맡을 수 없다는 것이었어요.

비용보다도 바쁜 작업 일정을 비집고 들어가기가 어려워요. 제 공간을 위한 작업에 통으로 시간을 내달라고 하기보다, 짬짬이 시간을 쪼개서 부탁드립니다. 좋은 디자이너와 작업하기 위해서는 무엇보다 내가 원하는 타이밍에 디자인이 안 나올 수 있다는 걸 염두에 둬야 해요. 가게 공사를 한두 달 만에 끝낸 게 아니라 작업자들이 시간 될 때마다 보완 공사를 하고, 전체적인 그림이 완성되기까지는 오픈하고 나서 1년 정도가 걸렸습니다. 꽤 오래 걸렸죠.

용   협업 과정에서 디제이로서의 정체성도 말씀하셨죠. 그 역할이란 결국 조율과 의사소통의 성공적인 수행이라고 생각합니다. 특히 다수의 디자이너들과 작업하셨는데, 커뮤니케이션 과정이 어떻게 진행되는지, 주의해야 할 점은 어떤 것인지 의견을 듣고 싶습니다.

지   협업을 해보면 좋은 디자이너일수록 제가 원하는 바가 담긴 밑그림을 좀 더 정교하고 현실감 있게 만들면서 저를 이끌어주었어요. 협업 과정에서 의사소통을 잘 하려면, 일단 디자이너와 상의하기 전에 본인이 원하는 것을 많이 고민해보고 구체화해서 밑그림을 열심히 그리는 것이 당연히 중요합니다. 그리고 본인의 성향과 디자이너의 성향을 잘 파악해서 상호 보완이 될 수 있는 작업자를 찾는 것도 필요합니다. 저는 환상적인 밑그림을 그려 가더라도 비현실적인 덧칠을 빼고 현실적인 안정감을 주는 디자이너를 찾았어요. 이후에 브랜딩을 담당했던 디자이너가 자신의 전시에서 쇼콜라디제이 로고를 주제로 삼기도 했어요. 초콜릿의 속성을 이용해서 타이포그래피 전시에 참여한 적도 있고요. 이렇게 의뢰로 시작된 협업 관계가 나아가서는 서로의 작업에 영향을 미치는 것 같습니다.

브랜드 정체성부터 공간 구성과 관련해서 테이스팅 코스로 돌아가보고 싶어요. 쇼콜라디제이의 공간을 무대라고 보면 테이스팅 코스는 라이브 공연이죠. 공연이 좋으면 음반을 사잖아요. 초콜릿을 포장해 가는 것이 그런 개념이라고 생각해요. 테이스팅을 통해서 쇼콜라디제이의 다양한 요소들을 경험하고 그 느낌을 자기 공간으로 가져가는 것까지가 궁극적인 의도입니다. 낱개로 된 캡슐 형태의 포장 용기가 있는데, 싱글 앨범과 비슷한 샘플러의 개념이에요. 특정한 날에 와서 누군가를 위한 큰 선물을 사는 공간이 아니라, 언제든 장소의 여운을 담아가는 곳이면 좋겠어요. 이처럼 제가 전달하고 싶은 줄거리와 디테일을 다른 분야 작업자들과의 협업을 통해 구현하고 있습니다.

초콜릿과
광화문이라는
어색한 조합

용　2014년부터 쇼콜라디제이를 운영하고 계시죠. 현재 가게의 임대차 계약을 2024년까지 총 10년으로 연장하셨다고 들었습니다. 가게가 위치한 내수동의 상권 변화와 그 결정 간에 어떤 관련이 있을까요?

지　길 건너가 내자동이고 한 번 더 길을 건너면 서촌, 조금만 더 가면 북촌, 광화문 사거리, 서대문, 을지로로 이어집니다. 소위 사대문 안에 위치한 곳이에요. 주변 지역이 빠르게 변화하고 있는데, 재미있게도 내수동이 그 변화의 중심에서 비교적 변하지 않는 구역입니다. 주변의 영향이 있기 때문에 재계약을 할 때 집주인이 나가라고 하면 어떡하나 걱정이 많았어요. 다행히도 가게의 위치와 집주인으로 인해서 힘든 점은 없었습니다.

　협업하는 공간들도 걸어서 10분 이내 반경에 있습니다. 가까이 있었기에 협업을 생각할 수 있었고, 과정도 보다 수월했어요. 이 지역 자체가 갤러리와 미술관과 도서관과 서점이 많은 동네예요. 말씀드렸듯이 쇼콜라디제이에는 바텐더 소울이 깔려 있어서 스피릿에 관심을 둔 공간들과 작

제4회 국제 타이포그래피 비엔날레 '타이포잔치'에 참여해 '도시와 문자'라는 주제로
강문식 디자이너와 협업했다.

업이 많았고 앞으로도 그럴 것 같습니다.

저는 초콜릿을 한 잔의 술로 바라봅니다. 초콜릿과 술의 경계. 그 중간 지점에서 디저트에 집중하는 분에게는 부담 없이 바를 권하고, 당에 대한 부담감이 있는 분에게는 좋은 단맛도 있다고 제안하고 싶어요.

용   그런 철학이 상권 변화와도 맞아떨어졌습니다. 현재 쇼콜라디제이 건너편에 몇몇 바들이 집중적으로 생겼지요.

지   네, 운 좋게도 그렇습니다. 최근 내수동 일대가 건강한 쪽으로 발전하고 있어요. 이 동네에 10년 정도 살면서 언젠가 좋은 공간들이 들어오고 정리가 될 거라고 봤기 때문에 가게를 계약할 때도 굳이 다른 동네를 보지 않았던 것 같습니다. 그리고 초콜릿과 광화문이라는 어색한 조합이 오히려 장점이 되기도 했고요.

용   10년 계약을 먼저 제안받으셨나요?

지   아뇨, 재계약 시점에 제가 먼저 말씀드렸습니다. 다행히도 좋은 대답을 들었고요.

용   그렇지만 10년이라는 세월의 무게가 가볍지 않습니다. 건물주가 아닌 자영업자가 이상을 펼치면서 안정적인 소득을 얻기가 참 어렵잖아요. 안정적인 여건이 마련되지 않아 더 많은 변수가 생기는 탓에 10년 앞을 예상하기가 쉽지 않습니다. 저성장 사회의 가장 큰 문제라고 생각하고요.

지   현재 2014년에 시작한 쇼콜라디제이가 주변에서는 가장 어리거든요. 근처 가게들이 최소 10년 정도는 되었어

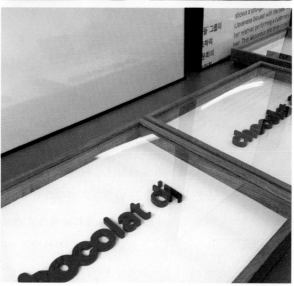

갤러리팩토리에서 열린 「타이포크라프트 헬싱키 투 서울」. 핀란드와 한국의 예술가,
디자이너 들이 타이포그래피를 주제로 자유롭게 작업하는 전시에서 이경수 디자이너와
협업했다.

요. 가게가 잘 되면 확장해서 다른 데로 가려고 하기보다 그 공간을 유지하면서 확장하거나, 동네를 떠나지 않는 분위기가 강해서 주변이 잘 바뀌지 않습니다. 자연스럽게 오래된 가게가 되고 싶다는 욕심이 생기죠. 가게를 확장해서 2호점, 3호점을 내는 것도 발전이에요. 하지만 지역에서 한 공간을 유지하는 것도 발전의 또 다른 형태입니다. 그런 의미에서 제 성향과 맞는 지역에 첫 가게를 연 것 같습니다.

　　반대로 사업 확장에 대한 욕심이 크다면 내수동이 답답할 수 있습니다. 변화가 적고 새로운 가게들이 활발히 유입되지 않는 데에는 그만한 이유가 있거든요. 유동인구가 많지 않고, 서울지방경찰청 등 공무원들이 많은 동네라서 오피스 중심의 차분한 분위기입니다. 새로 들어온 가게에 대한 저항도 있어서 기본적으로 오래된 가게들이 더 잘 되는 구조예요.

**천천히
성장할 수 있는
운 좋은 환경**

용　동네의 분위기나 문화 속에서 비교적 큰 고민 없이 최소한 10년 정도는 하겠다고 생각하셨네요. 임대차 계약을 연장하는 시점에서 장기 계획을 세우고 계셨나요?

지　건강이 유지된다면 다른 공간에서 다른 일을 하더라도 이 가게는 유지하고 싶다는 생각이에요. 리브랜딩을 한다고 해도 초콜릿 가게로 2호점을 내고 싶은 생각은 없습니다. 쇼콜라디제이가 초콜릿을 모티프로 스피릿이라는 다른 영역을 강하게 끌어온 것처럼, 새로운 브랜딩도 하나의 주제와 의외의 콘텐츠를 접목하는 작업을 해보고 싶어요.

일을 시작할 때에도 10년이 길다고 생각하지는 않았어요. 제가 훈련할 수 있는 공간이 없어서 창업이라는 방법을 택한 것이기 때문에 제 공간에서 4~5년 정도 익숙해지는 시간이 필요했거든요. 교육받은 이후에 현장을 경험할 수 없는 초콜릿업계의 구조적인 모순 때문에 창업 후 4~5년 동안에는 작업자 스스로가 훈련하는 과정도 포함됩니다.

용 　맞는 말씀이라 생각하지만, 이렇게 주변 공간들과 소통이 잘 되고 장기 계약이 가능한 경우가 드뭅니다. 장사를 최소한 5년 정도는 해야 되는데 5년은커녕 계약 기간이 갈수록 짧아집니다. 요새는 2년 계약이 많은데, 일반 주거로서도 짧은 기간이잖아요. 가게가 어느 정도 안정을 찾았더니 계약 기간 다 됐다고 나가라고 하는 경우도 많고요.

지 　제가 굉장히 특수한 경우죠. 초콜릿 하는 선배들 중에서도 디자인이나 여러 측면에서 공간을 잘 만들어놓고 나면 바로 옮겨야 하는 상황을 많이 봤거든요. 저는 가게도 사람이라고 생각해요. 2년 계약 끝나고 나가면 두 살 때 이사 가는 거예요. 이제 막 말문이 트이려는데 이사 가서 다시 아기로 돌아가야 하는 거죠. 쇼콜라디제이는 미운 네 살쯤 된 셈이네요.

가게를 볼 때 주변 상권만 보지 말고 옆집의 히스토리를 보면 좋을 것 같아요. 가령 이웃이 너무 자주 바뀌거나,

내가 하려는 콘텐츠와 주제가 부딪치는 곳들은 제외해야겠죠. 내 이웃이 누구인가는 어떤 면에선 집주인만큼 중요한 것 같습니다. 저는 그런 요인을 열심히 봤습니다. 상가로서는 통상적인 요건에서 벗어난 점이 많지만 나름대로 저만의 기준에 의해서 선별한 결과였어요. 제가 너무 긍정적으로 보나요, 제 상황을?(웃음)

용　아닙니다. 그런 뜻이 아니라 건물주가 아닌 자영업자는 기본적으로 힘들고, 긍정적인 사례가 워낙 드문 현실이니까요. 긴 호흡의 판단 기준을 세워 선택하고, 주변 공간과 생산적으로 교류하고, 일정 수준의 안정성을 확보하셨죠. 거듭 운이라고 표현하셨지만, 예외적이라고 할 만한 긍정적인 전개가 가능했던 이유를 좀 더 듣고 이해해보고 싶어서 말씀드렸습니다.

지　돌이켜보면 제가 운이 좋았던 것은 욕심을 크게 부리지 않았기 때문이 아닐까 싶습니다.

용　어떤 면에서 욕심 부리지 않으셨나요?

지　상권에 대한 욕심이요. 내수동의 아파트 안쪽 상가라는 변화가 적은 환경을 선택했어요. 지금이야 아파트 건물 입구에서 가게까지 들어가는 길이 연극적이라는 칭찬도 받지만 처음에는 왜 여기냐는 반응이었어요. 주식 투자로 치면 수익률은 낮지만 원금 손실 위험은 낮은 상품에 투자한 셈이죠. 그렇기 때문에 손해를 보지 않았다고 생각해요. 서촌이나 홍대, 이태원, 한남동에 있었다면 주변 상황의

초콜릿의 형상과 질감을 재료로 무한한 우주 세계를 표현한 《올리브 매거진 코리아》 2018년 2월호 푸드아트 화보. 아이스크림으로 된 돔 형태의 구조물을 만들어 외계 물체의 출현을 구현했다.

변화에 영향을 많이 받았겠죠. 상권과 매장을 정할 때 내가 원하는 공간의 성격과 포지션을 정하는 단계가 생각보다 어렵습니다. 오래 알아보고 고민하다 지쳐 한순간에 잘못 된 한 수를 던질 가능성도 경계해야 하고요.

우주정거장에 부딪혀 추락한 위성의 파편을 위스키봉봉 조각으로 형상화했다.

**판타지란
없다**

용   앞서 초콜릿이 지닌 성격과 개인적인 성향을 연관 짓기도 하셨잖아요. 초콜릿을 다루는 업종의 특성을 고려해서 해주실 이야기가 있을까요?

지   쇼콜라티에와 관련된 영화나 드라마가 아직 없어요. 휩쓸리듯 이 일을 시작하는 경우는 없지만 곧 나오겠죠. 공간을 계획하고 있는 분들에게 경제적으로 무리하게 시작하면 안 된다는 말씀을 드리고 싶어요. 손님들이 초콜릿과 공간을 자연스럽게 즐기려면 주인부터 여유가 있어야 하니까요. 임대료와 대출금의 압박 속에서 협업이 웬 말이에요. 원하는 작업을 지속적으로 하기 위해서는 공간이 작거나, 상권이 안정적이거나, 다른 수입원을 두고 병행하는 등의 장치가 있어야 합니다.

용 마지막 질문입니다. 하루 근무 시간이 얼마나 되세요?

지 이 방송을 다시 듣고 제 자신을 다그칠 것 같네요. 사실 일하는 시간이 엄청나요. 잠을 네다섯 시간 이상 자는 날이 별로 없습니다. 오전에 나와 작업하고 마감하면 밤 11~12시고요. 가끔 오늘처럼 외부 일정도 소화하고, 케이터링을 나가기도 합니다. 자는 시간 빼고는 거의 가게 일을 한다고 보시면 돼요. 휴일에도 일하고요. 그게 현실입니다.

종종 가게 외관만 보고 놀면서 일하는 자영업자를 연상하는 경우도 있는데요, 아침에 커피 한잔하면서 도서관에서 제품 개발하고 저녁에 잠깐 일하는 그런 판타지는 현실에 없죠. 치열합니다. 산업 자체가 치열하지 않아도 개인적인 일상이 빠듯해지기 때문에 각오해야 할 부분이라고 생각합니다.

용 초콜릿을 매개로 자기 작업을 해나가는 동시에 자영업자로 살아가기가 역시나 만만치 않습니다. 좋은 말씀 많이 들었습니다. 감사합니다.

지 감사합니다.

9 시대의 흐름과
콘텐츠의 본질을 매개하기

아홉 번째
미식 대담

김옥현
라이프스타일 콘텐츠 크리에이터. 《주부생활》, 《에쎈》, 《여성조선》,
《까사리빙》등의 매거진 에디터를 거쳐 라이선스 푸드 매거진
《올리브 매거진 코리아》를 창간, 편집장으로 일했다. 알에이치코리아,
웅진리빙하우스, 동녘, 김영사 등의 출판사에서 라이프스타일 단행본을
기획 및 편집했다.

"결국은 경험의 전달이 핵심이라고
생각해요. 가정식 요리라면 집으로,
셰프의 요리라면 레스토랑으로 독자를
초대하는 것이죠. 그곳에서 가능한
경험을 독자 스스로가 상상할 수 있도록
제안해주는 매개체라고 할까요."

이용재(이하 용)　　책을 다 읽고 나면 거의 맨 끝, 책 정보가 담긴 면을 확인합니다. 책의 제목이며 저자의 이름, 출판사, 발행인, 출간 일자 등등의 정보가 담겨 있습니다. 그런 가운데 책에 따라 있기도 하고 없기도 한 항목이 있습니다. 바로 편집자의 이름입니다. 이름을 불러줘야 꽃이든 뭐든 될 수 있다고 믿기 쉽습니다만, 이름을 모른다고 해서 존재 자체가 사라지는 것은 아닙니다. 하나의 원고가 책으로 완성되는 데에는 편집자가 반드시 필요하지만, 대부분의 독자가 설사 그 존재를 알더라도 역할은 정확히 알지 못합니다.

　　아홉 번째 「미식 대담」에서는 방향을 살짝 틀어, 음식이 아닌 음식 콘텐츠 만드는 일을 다루어보고자 합니다. 책뿐만 아니라 신문, 잡지 등 활자 매체의 제작 과정에서 '편집'의 역할은 구체적으로 무엇일까요? 잡지, 책, 모바일 앱 등의 매체를 두루 거치며 음식 콘텐츠 전문 에디터로 일해온 김옥현님을 모시고, 그에 관한 전반적인 이야기를 나눠보겠습니다. 어서 오세요. 와주셔서 감사합니다.

김옥현(이하 김)　　안녕하세요. 반갑습니다.

용　　먼저 간단한 소개 부탁드릴게요.

김　　저는 음식, 요리 분야를 포함한 라이프스타일 콘텐츠를 만들어온 김옥현입니다. 이전에는 《올리브 매거진 코리아》라는 국내 최초의 라이선스 푸드 매거진의 편집장으로 일했고, 여성지, 음식 전문 잡지, 단행본 출판을 골고루 경험했습니다. 2016년에는 SK텔레콤에서 런칭했던 서비스 '히

든(Hidden)'의 디지털 콘텐츠를 개발하기도 했고요.

**식문화
저널리즘
안에서
경력 쌓기**

용 예전부터 음식과 관련된 콘텐츠를 집중적으로 담당 하셨나요?

김 그렇지는 않아요. 저는 여성지 에디터로 일을 시작했 는데요, 크게 피처(feature) 영역과 패션, 뷰티, 푸드, 리빙을 포함하는 라이프스타일 영역 두 가지로 나뉩니다. 그중 라 이프스타일을 담당하면서 다양한 분야를 경험해보니 음식 이 적성에 맞더라고요. 좀 더 전문적으로 일하고 싶어서 요 리 잡지로 옮겼습니다. 그 이후로도 라이프스타일 매거진 에서 음식 지면을 집중적으로 맡았고요. 그리고 출판계로 옮겨서 본격적으로 요리를 비롯한 다양한 라이프스타일 단 행본을 기획하고 편집했습니다. 그러다가 한국에서 라이선 스 푸드 매거진을 창간한다는 얘기를 듣고 욕심이 나서 다 시 잡지로 옮기게 되었어요.

용 피처와 라이프스타일이라고 구분하셨는데, 일반적인 잡지 콘텐츠에서 피처 에디터와 라이프스타일 에디터는 각 각 어떠한 내용을 다루나요? 잡지 구성이 익숙지 않은 분들 을 위해 설명 부탁드립니다.

김 잡지를 보면 주로 연예인이나 운동선수, 또는 당시 화 제가 된 인물 등의 인터뷰가 있죠. 피처는 일반적으로 인터 뷰 중심이고, 좀 더 사회 문화적인 이슈와 취재에 무게를 둔다고 볼 수 있습니다. 라이프스타일은 패션 에디터, 뷰티 에디터, 푸드 앤 리빙 에디터로 다시 구분할 수 있는데, 주로 화보를 만들고 관련한 기사를 씁니다.

용 이력을 들어보면, 잡지 저널리즘이라는 큰 울타리 안에서 차츰차츰 음식 쪽으로 좁혀 들어가는 그림이 그려집니다. 처음부터 저널리즘 분야가 적성이나 전공과 잘 맞겠다는 판단에서 직장을 찾고 일을 시작하셨나요?

김 책 읽고 글 쓰는 걸 좋아해서 전공도 그쪽이었고요. 상업적인 글로 사람들과 소통하고 싶었기 때문에 사회생활을 시작할 때부터 잡지를 고려했어요. 개인적으로 어렸을 때부터 음식에 대한 호기심도 많았습니다. 요즘 말로 푸디(foodie)라고 하죠. 요리를 즐기고 먹는 것도 좋아하고, 관련 정보를 습득하는 것이 즐거움이었습니다.

에디터는 다양한 분야를 접하면서 자연스럽게 자신의 적성을 자각하기도 해요. 패션 에디터에서 스타일리스트로 전업하거나, 리빙 에디터에서 플로리스트가 되는 식으로 다른 직업을 찾아 떠나는 친구들도 많고요. 특히 경력 3~5년 차에 접어드는 삼십대 초반 에디터들이 전문 분야에 대한 고민을 많이 합니다. 저 역시 그 즈음에 고민이 컸는데, 결국 콘텐츠를 만드는 일이 가장 즐겁다는 결론에 도달했습니다. 책을 기획하고 편집하는 일을 좋아하다 보니 여러 매체를 옮기면서 에디터로서의 경력과 정체성을 계속 쌓아왔고요. 저는 에디터라는 큰 카테고리 내에서 이동이 많았던 편입니다. 넓은 영역에서 세부적인 분야로 한길을 걸어왔다기보다, 넓은 데에서 좁은 데로 그리고 다시 더 넓은 곳으로, 또 조금 옆으로 가는 식으로요.

<table>
<tr><td>

**음식 전문
잡지의
차별화 전략**
</td><td>

용   음식은 사람에게 필수적인 요소인 만큼 모든 잡지들이 비중의 차이는 있을지언정 음식을 다룹니다. 그러나 남성지 혹은 좀 더 스타일을 강조하는 잡지, 주부가 독자층인 잡지, 아니면 한참 육아 중인 여성이 독자층인 잡지 등 잡지의 콘셉트나 성격에 따라서, 같은 음식에 뿌리를 두고 있더라도 콘텐츠의 줄기가 조금씩 다릅니다.《올리브 매거진 코리아》를 비롯한 음식 전문 잡지, 여성지 등등 비교적 다양한 분야의 잡지를 경험하셨잖아요. 독자의 입장에서 어떻게 다르다고 이해하면 좋을까요? 이를테면 주부나 여성 대상의 잡지는 같은 음식이라도 식기에 더 초점을 맞추거나, 소위 푸디를 위한 잡지는 레스토랑이나 셰프에 더 초점을 둔다는 일종의 공식이나 유형이 있을까요?
</td></tr>
</table>

길   잡지는 타깃 독자층을 우선 고려합니다. 요리 잡지의 예를 들면, '쌀을 활용한 음식'이라는 동일한 칼럼을 제작할 때 30~40대 이상의 주부가 메인 타깃인 푸드 매거진과《올리브 매거진 코리아》, 타사의 매거진이 주제를 다루는 시각은 전혀 달라집니다. 요리와 레시피의 선택, 사진이나 시각적인 요소들의 연출 방향, 출연하는 사람들의 성향까

지 잡지의 톤앤매너에 맞춰서 준비하니까요. 말씀하신 것처럼 음식을 세팅할 때 그릇이나 조리 도구도 이런 기본 개념을 적용해 준비하고요.

제가 창간을 준비했던 《올리브 매거진 코리아》의 예를 들어볼게요. 영국 발행의 본지가 있지만 국내의 기존 잡지들과는 별도의 콘셉트를 가져가고자 했어요. 잡지를 들여올 때의 가장 중점적인 구상은, '한국 실정에 맞추되 이전의 매체와 다르게 남자들도 볼 수 있는 콘텐츠를 구성하자. 레시피뿐 아니라 문화적인 내용까지 건드려보자.'는 것이었습니다. 그 일환으로 이용재 작가님한테 연재를 청탁하기도 했고요. 과거엔 요리라면 주부들이나 본다는 인식이 컸는데, 그것이 나쁜 것은 아니지만 천편일률적인 형식을 탈피하고 싶었습니다. 요리지라고 해서 왜 여자들만 봐야 하는지에 대한 의구심이 들었어요. 그래서 원래 40대 주부들이 많이 보는 레시피 위주의 영국 《올리브 매거진(Olive Magazine)》✿ 과 달리, 한국판은 콘셉트를 크게 바꾸었습니다. 주부 취향과는 다른, 새로 잡은 톤앤매너에 맞춰 전체적인 스타일링부터 사진의 톤이나 종이의 느낌, 판형, 판면 구성 등 세부적인 디자인까지 전부 결정했습니다.

✿ 영국 BBC에서 방송사의 음식, 요리 프로그램과 시너지 효과를 끌어낼 수 있는 콘텐츠로 기획, 2003년 창간된 음식 전문 매거진. 레시피, 식품 정보, 레스토랑, 음식에 초점을 맞춘 여행을 주로 다룬다.

<u>용</u>　새로운 콘셉트와 타깃층을 지닌 잡지를 창간해서 막상 뚜껑을 열어보니 어떠했나요? 의도했던 독자층의 다양

화가 이뤄졌는지, 실제 독자층은 어땠는지 궁금합니다.

길   처음에 생각한 주요 독자층은 20대 중반부터 30대 중반 정도의 젊은 층이었습니다. 소비가 활발하게 일어나는 층이라고 예상했던 거죠. 그런데 막상 뚜껑을 열어보니까 30~40대분들이 굉장히 많이 봐주셨습니다. 유통 문제이기도 한데, 당시 스타벅스에서 무료로 볼 수 있었거든요. 20대 독자들은 이런 경로를 통해 SNS로 피드백을 주셨고, 실제로 구입해서 보는 독자층은 대부분 30~40대였습니다.

그 이유를 추측해보면, 식문화나 일정 비율 글로벌한 이슈를 다루는 잡지이다 보니까 아무래도 구매력과 다양한 해외 경험이 있는 연령층이 좋아해주셨던 것 같아요.

용   한편으로 요즘 20대가 겪고 있는 어려움과도 연관이 있다고 생각됩니다. 갈수록 소비의 실패가 용납되지 않고, 음식 선택에서도 가성비가 각광받는 것처럼 기대 감소 시대의 영향이 존재합니다.

**숨 가쁜
월간지의
사이클**

용   잡지를 만드는 일에서 마감이라는 단어를 빼놓을 수 없죠. 자다가도 생각하는 마감. 일간지는 매일이 마감이겠지만, 저는 다양한 매체에 기고를 해오면서 월간지 마감이 가장 무서우면서도, 다른 한편으로는 가장 체계적이라는 생각을 했습니다. 회의를 해서 매호의 주제를 정하고, 잡지의 기본적인 톤앤매너와 그 달의 이슈에 맞춰 레시피, 소품,

사진 등을 준비하는 과정이 그려지는데요, 잡지 매호의 제작 과정이 한 달의 주기 안에서 어떻게 굴러가는지 궁금합니다. 대략적인 타임라인을 말씀해주셔도 좋겠습니다.

김 　일간지 마감, 주간지 마감, 월간지 마감 중에서 보통 월간지 마감이 제일 힘들다고들 얘기해요. 왜냐하면 주간이나 격주간의 경우 팀을 나눠 돌아가면서 마감을 하는데, 월간은 한 팀으로 운영됩니다. 팀제로 굴러가면 일단 한 사람이 맡는 마감 분량 자체가 월간에 비해 적습니다. 일간은 더 적고요. 월간은 대체로 좀 더 짜임새 있고 탄탄한 구성을 추구해서 아이템을 깊이 있게 다루는 지면이 더 많기도 합니다. 마감을 많이 해보셔서 아시겠지만 한국 잡지의 상황은 매우 열악한 편이고요.

　마감 자체를 버거워하는 초보 에디터들이 많은데요, 업무 강도가 상당히 높은 탓입니다. 에디터들의 주 5일 근무제는 지켜지지 않는 경우가 많아요. 한 달에 두 번 정도는 주말에도 꼭 출근해야 하는 일이 생기고, 마감이 닥쳐오면 열흘 정도씩 야근을 해요. 막판에 가면 밤샘도 부지기수예요.

　일단 마감을 끝내고 나면 한 이틀 정도는 숨 고를 시간이 주어집니다. 그리고는 새로운 기획을 시작해야죠. 이 단계에 긴 시간을 할애할 수 없기 때문에 에디터들한테 늘 평소에 미리미리 준비해둬야 한다고 얘기하게 돼요. 어쨌든 기획을 짧은 기간 내에 마치고, 편집부 전체가 회의를 한 후에 편집장이 각 에디터에게 칼럼 배당을 합니다. 그러면 에디터는 자신이 맡은 칼럼의 콘셉트를 정하고, 사진가, 인터뷰이 협찬 등 협업할 스태프를 섭외하고, 외부 기고자한테 청탁도 하죠. 에디터들이 같이 시안이나 전체적인 구성 방안 등을 논의하면서 실제 촬영에 들어가기 전까지 준비하는 시간이 1주일 정도 됩니다.

그다음에 실질적으로 촬영에 들어가요. 촬영과 동시에 원고를 준비하고 쓰다 보면 본격적인 마감이 다가오겠죠? 마감 기간에는 사진가한테 받은 데이터를 정리해서 디자이너랑 협업하고, 원고 작성하고, 교정 보고, 외부 기고 마감 관리하고……. 이런 과정이 끊임없이 돌아가면서 마감이 이뤄집니다.

용 디자인 작업은 기사 원고가 작성되는 대로 동시다발적으로 이뤄지나요?

김 네. 본격적인 마감 기간이 열흘 정도예요. 그 이전에 사진이나 일러스트 같은 자료를 디자이너한테 넘겨서 준비할 수 있게 해요. 그것이 여의치 않은 경우 열흘 안에 집중적으로 모든 걸 토해낸다고 생각하시면 됩니다.

간혹 사람들이 "근무 시간에 열심히 하면 되지 왜 야근을 하냐."고 하는데 겪어보지 않으면 모릅니다. 촬영 자체가 아홉 시에서 여섯 시 사이에 안 끝날 때도 많고요. 스튜디오 스케줄, 취재원 스케줄, 셰프 스케줄 등등을 다 조절해야 되니까 주말이든 아니든 시간이 맞을 때 해야 해요.

용 외국 잡지를 보다 보면 한두 달 안에 기획한 것이 아

매거진 표지를 위해 인천의 한 바닷가를 찾았다. 썰물을 틈타 푸드스타일리스트가
준비한 음식을 빠르게 스타일링했고, 운 좋게 물이 들어오기 전에 작업을 마칠 수 있었다.
미리 주워 간 나뭇가지로 불을 피우고 해 질 녘까지 기다려가며 여러 차례 시도 끝에
탄생한 컷이다. 물론 촬영 후 모든 음식물은 쓰레기봉투에 담아 왔다. 국물까지도!

니라고 생각되는 기사가 있습니다. 예를 들어서 각 분야 유명인을 두 달 정도는 따라다니면서 취재한 듯한 피처 기사라면 실제 기획은 훨씬 더 전에 이루어졌겠죠. 이처럼 장기적인 방식의 운영은 어려운가요?

김　물론 그런 식으로 하고 싶죠.(웃음) 하지만 한국 잡지의 여건이 그다지 좋지 않습니다. 인력 문제가 가장 큽니다. 영화 「악마는 프라다를 입는다」나 김혜수 씨가 에디터로 연기했던 「스타일」 같은 드라마에는 에디터의 연봉이 부풀려져 있고, 심지어 한 달에 한 꼭지를 쓴다는 설정도 있지요. 한 달에 기사 한 편을 쓴다면 얼마나 좋겠어요! 그러나 에디터 한 명이 할당받는 칼럼과 페이지 수는 생각 이상으로 많습니다. 때문에 선진행은 조금 어려워요. 다만 말씀하신 것처럼 예외적인 인터뷰들도 있습니다. 해외에서 셰프가 오거나 저희가 취재를 갈 때에는 미리 준비를 하고, 6개월 이상 공 들여서 섭외를 하는 경우도 있어요. 하지만 모든 칼럼을 그렇게 진행하기는 버겁습니다.

**장을 주도하는
인물들의 변화**

용　에디터의 일을 얼마 동안 해오셨지요?

김　1999년부터 해왔으니까 거의 20년이 되어갑니다.

용　그러면 거의 두 번째 강산이 바뀌고 있는 시점인데요, 음식 저널리즘의 강산도 많이 변했으리라 생각합니다. 그간의 경험을 시간 축 위에 올려놓으면 두드러진 변화가 눈에

들어오시나요?

김　잡지든 단행본이든 발 빠르게 트렌드나 새로운 이슈를 소개하는 매체잖아요. 이런 매체를 보면 현재 유행이 어디에 머물러 있는지 살펴볼 수 있습니다. 특히 잡지를 보면서 그에 대한 정보를 주로 얻죠. 업계 종사자의 입장에서도 유행의 방향이 굉장히 변했다고 느낍니다.

　　재미있는 사실은 같이 일했던 사람들을 통해서 트렌드의 흐름을 읽어낼 수 있다는 것이에요. 물론 예나 지금이나 연예인은 꾸준히 라이프스타일의 아이콘으로 등장하죠. 이를 제외하고 말씀드리면, 일을 시작할 당시에는 '요리연구가'들과 작업을 많이 했습니다. EBS 「최고의 요리비결」 같은 TV 프로그램에 출연하시는 요리연구가분들이죠. 당시에 요리연구가의 이름을 내걸고 하는 요리학원도 많았어요.

용　여성의 비율이 압도적으로 높았죠?

김　물론입니다. 그때는 전문적으로 조리 기술을 배우고 수련하기보다, 직업적인 요리사들 아니면 집밥을 위해서 요리를 배우는 사람들로 나뉘어 있었던 것 같습니다.

　　2000년대에 들어서면, 온라인으로 많은 정보를 접하게 되고 블로그가 활성화되면서 소위 '파워블로거'를 만나기 시작했습니다. 블로거들의 다양한 모습을 봤죠. 작업실도 없는 전업주부였던 분이 행사장에 셀럽처럼 등장하기도 했고요. 집에서 요리를 해서 사진을 찍어 올리고, 그에 대한 코멘트나 후기도 써서 올리고, 실제로 관련 제품을 팔기도 했던 요리 블로거들이 2000년대 초반부터 중반까지 한동안 활약했습니다.

그러다가 점차 레스토랑 신이 활발해지면서 셰프들이 등장하기 시작했어요. 2010년 이후로는 레스토랑으로 촬영을 갈 때가 많아졌고, 푸드스타일리스트(food stylist)라는 직업이 본격적으로 대중에게 알려졌습니다. 2000년대 후반부터 2010년대 초중반까지 이와 관련된 공부를 하고 싶어 하는 사람들, 해외에서 요리학교를 다니고 싶어 하는 사람들이 늘어나는 현상이 이야기되었고요. 그 이후부터는 해외에서 요리학교를 다니고 해외 레스토랑에서 경력을 쌓은 셰프들이 국내로 많이 들어오는 시기였어요. 제가 《올리브 매거진 코리아》 창간을 6개월 정도 준비했는데 그 사이에 상황이 급변했습니다. 창간 준비를 시작할 때만 해도 셰프들에 대한 이슈가 크게 화두가 되지는 않았어요. 하지만 잡지가 창간된 2015년 3월에는 셰프들의 입지가 하늘과 땅만큼 달라져 있었죠. 2015년부터 집중적으로 TV에 출연했고, 잡지에서는 그보다 좀 더 이르게 셰프들하고 작업을 많이 하기 시작했어요.

앞으로도 셰프에 대한 인기나 취재는 물론 꾸준할 텐데요, 다른 한편에서는 SNS를 통한 1인 크리에이터의 활동이 활발해졌습니다. 최근에는 1인 크리에이터들이 인스타그램, 유튜브 같은 미디어를 통해 재미있는 흐름, 여러 활동을 보여주고 있어서 주목하고 있습니다.

**유행을 좇는
사회에서
사라진 여성들**

용　이야기를 들으면서 궁금해졌습니다, 요리연구가들은
다 어디 가셨나요? 제가 앞서 질문을 던지면서는 요리연구
가의 존재를 생각하지 못했습니다. 초등학교 때 보던 요리
책들 대부분이 요리연구가가 만든 거였는데도요. 요리사도
아니고, 셰프도 아닌 요리연구가라는 직함이 많은 것을 시
사한다고 생각합니다. 이야기했듯이 요리연구가 중에는 여
성의 비율이 높고요. 제가 글을 통해 여러 번 언급한 적 있
지만 우리가 가정식을 만드는 사람에게 정당한 지위와 권위
를 주지 않고 있습니다. 집밥은 여성이 하는데, 셰프는 대부
분 남성이고 인기를 얻는 것도 남자 셰프잖아요. 요즘 우리
가 떠올리는 요리하는 사람의 대명사는 셰프입니다. 요리
산업 자체가 남성적이라는 의견이 많고, 여성이 직업 요리
에 맞지 않는다는, 말도 안 되는 왜곡도 나옵니다. 이러한 현
실과 바뀌지 않는 편견 속에서 요리연구가는 갈수록 줄어
들고 있습니다. 과연 요리연구가들은 어디로 간 것인지 의
문이 생깁니다.

김　한국은 편중된 시대 흐름을 좇아가는 경향이 굉장히
큽니다. 출판 시장을 봐도 지금 한국의 베스트셀러는 한 가
지밖에 없거든요. 제가 예전에 함께 작업했던 요리연구가들
의 현재 활동을 생각해보면, 입지가 많이 좁아졌습니다. 같
이 촬영할 당시에는 유명한 요리연구가들뿐 아니라 그 문하
생으로 10년 가까이 그릇 닦고 뒷정리하면서 요리법을 전
수받는 분들이 계셨어요. 지금은 그렇게 요리를 전수받은

선생님들이 활동하시는 시기인데 그분들이 활약할 수 있는
매체가 없습니다. 일본에서는 요리연구가들이 아직도 활발
하게 활동하고, 50~60대 요리연구가의 책이 꾸준히 출간되
어 베스트셀러에도 올라가거든요. 그에 비해 한국의 상황
은 많이 아쉽습니다.

용　셰프가 진행하는 프로그램과 요리연구가가 하는 프
로그램은 접근 방식이 다를 겁니다. 요리연구가는 좀 더 라
이프스타일에 집중해서 보여줄 수 있을 텐데, 우리 사회는
어떤 한 가지 경향으로 지나치게 수렴되는 듯합니다.

**시대를
앞서가는
동시에 가장
잘 반영하는
매체**

용　지금까지 이야기 나누었듯 요리와 음식 문화의 트렌
드는 계속 변해갑니다. 그 영향권 아래 잡지를 비롯한 출판
물을 만들면서 무게중심을 무엇에 두시는지 궁금합니다. 이
를테면 모든 것이 셰프로 수렴하는 와중에도 잡지에 꼭 담
고자 하는 가치라거나, 반대로 흐름에 뒤처지지 않기 위해
서 계속 바꿔가야 하는 요소라고 할 만한 것이 있을까요?

김　앞서 말씀드린 것처럼 잡지는 앞서가서 제안을 해주
는 매체예요. 동시에 잡지는 그 시대를 가장 잘 반영해주는
매체이기도 합니다. 음식 칼럼을 보면 지금 우리의 식문화
수준을 알 수 있습니다. 저는 잡지 콘텐츠에 그 시대의 식문
화 트렌드를 반영하려고 노력하는 편이에요. 그러기 위해서
는 당시에 유행하는 그릇, 유행하는 공간이나 메뉴가 함축

적으로 보이도록 준비해야 합니다. 그리고 어떤 종류의 매체이건 간에 독자들이 쉽게 볼 수 있어야 한다고 생각하거든요. 그러려면 하나의 요리에 최적화된 텍스트, 사진, 디자인이 필요합니다. 여러 요소들을 전체적으로 조화시키기 위해서 공을 들이는 편입니다.

용 앞서가는 것이 잡지의 의무라고 하면, 그 앞선 것은 어디에서 나오나요? 선두의 입장이 진공 상태에서 나오지 않기 때문에 레퍼런스나 판단을 내릴 비교항이 필요할 텐데요. 레퍼런스는 주로 어디에서 찾으시나요? 외국 것을 참고하나요?

김 그런 질문이 어렵기도 하고 까다롭기도 합니다만, 외국 콘텐츠를 많이 참고하는 편이에요. 말씀하셨다시피 무에서 창조할 수는 없으니 한국보다 식문화가 발달한 곳들을 참고합니다. 시대의 흐름에 따라서 어떤 잡지가 뜨고 지는 걸 선명하게 볼 수 있는데요. 2000년대 초중반 《도나 헤이 매거진(*Donna Hay Magazine*)》*이 요리 쪽 에디터나 푸드스타일리스트 사이에서 굉장히 이슈가 됐던 적이 있죠. 그런 흐름을 놓치지 않으려 합니다.

＊ 호주 시드니에서 작업하는 푸드스타일리스트 도나 헤이가 발행하는 푸드 매거진. 제철 식재료를 이용한 아이디얼한 요리와 감각적인 스타일링으로 인기를 얻었다.

물론 해외의 트렌드를 한국 식문화의 성격이나 경향을 반영해서 '재창조'를 해내는 게 중요합니다. 이 지점에서 에디터의 역량이 필요한데요, 에디터들이 다양한 문화와 콘텐츠를 경험하면서 변형, 발전시키기 위해 노력해야 합니다. 트렌드는 늘 빠르게 사라져가니까요. 이미《도나 헤이 매거진》도 너무 잊혔잖아요. 최근에는《킨포크(*KINFOLK*)》* 스타일이 유행했고, 지금은 또 다른 방향으로 가고 있는데 이것이 자연스러운 흐름이라고 생각해요. 이런 흐름을 재빠르게 포착해서 한국화해내는 게 에디터들의 중요한 과제입니다.

* 느리고 여유로운 자연 속의 삶, 친환경적인 소비 등의 동일한 관심사를 가진 사람들의 소규모 모임을 뜻하는 스몰게더링(small gathering) 문화를 세계적인 현상으로 만든 미국 포틀랜드의 라이프스타일 매거진.

경험과 직관이 이끄는 재창조의 과정

용   말씀하신 '재창조', '한국화'라는 키워드를 고민하는 이들이 많을 듯합니다. 저도 한국에서 한식과 양식을 얘기하면서 무엇을, 어떻게 들여와서 적용할지에 대한 고민이 크거든요. 그래서 더더욱 에디터님의 이야기를 들으면서 궁금해졌습니다. 어떤 문제가 생기기에 해외의 특정 트렌드를 단순히 들여와서는 안 되는 것일까. 예를 들어서 아직 한국에 도입되지 않은 A라는 새로운 트렌드를 가정하면, 저는 먼저 특성을 분석해서 항목화를 해봅니다. A 트렌드 안에 a, b, c, d, e라는 요소가 있는데, 그중에서 과연 어떤 것이 우리에게 호소력을 지닐지를 가늠해보는 거죠. 구체적으로 어떤 과정을 거치시나요?

길   검토할 만한 대상이 생기면 에디터들도 비슷한 과정을 거쳐서 분석하고 논의하죠. 국내에 해외의 것을 들여올 때는 여러 방향을 취할 수 있습니다. 우선 '모방'하는 방법이 있죠. 가령 어떤 잡지 표지가 괜찮으면 소품만 바꿔서 유사하게 찍는 경우가 있습니다만, 이는 저작권 문제뿐 아니라 윤리적인 차원에서, 그리고 콘텐츠 생태계를 위해서도 지양해야 할 방법이라고 생각해요. 두 번째로 그대로 '수입'해오는 방법이 있고, 그다음으로 현지의 맥락과 접목해 '재창조'하는 방향이 있습니다.

정식 수입을 하면 라이선스를 가져오는 형태가 될 텐데, 이 역시도 다방면으로 고민이 필요합니다. 콘텐츠가 생산된 곳과 한국 간의 식문화나 코드가 달라서, 또는 시기가 잘 맞지 않아서 본래의 콘텐츠가 좋은데도 불구하고 외면당할 수 있거든요. 차이를 인식한 상태에서 어느 정도까지 수용 가능할지 타진해본 후에 의사 결정을 해야 합니다.

마지막으로 이야기한 현지화의 방법을 택할 수 있죠. 그렇다면 비주얼적인 요소를 어떻게 적용할지, 어떤 칼럼이나 문화를 어떻게 우리의 상황에 접목해서 가져올지와 같은 고민을 거치게 됩니다. 이 과정은 어떤 가이드가 있는 것이 아니라 에디터의 역량에 달려 있습니다. 편집 방향, 편집장의 시각에 따라서 다른 판단을 내리게 되겠죠. 직관도 중요하고요. 물론 내부적으로 자료를 문서화하고, 회의를 거치는 과정을 살펴보면 추상적이고 주관적인 직관의 내용이 어느 정도 드러나기는 할 텐데요. 지금 이 자리에서 설명하기는 어려울 것 같습니다.

용　　하나의 아이템이나 흐름을 한국에 맞게 변화시키는

과정을 좀 더 듣고 싶습니다. 항상 궁금합니다. '한국에 적용한다는 것이 구체적으로는 음식에서 기름기를 빼는 것일까, 가니시를 더 올려서 시각적으로 푸짐해 보이게 하는 걸까, 아니면 이런저런 양식의 그릇을 쓰면 사람들이 좀 더 관심을 가질까.' 한국의 상황에 접목하려는 노력에 어떤 패턴이나 틀이 있을까요?

김 '콘텐츠를 기획, 제작하는 데 있어서 한국화란 이런 방식이다.'라고 한마디로 정의하기는 어렵습니다. 잡지라는 매체는 그 시대의 유행을 보여주는 성격을 띤다고 말씀드렸지요. 해외의 콘텐츠를 한국에 접목할 때도 마찬가지로 그 안에 한국의 흐름이 반영되어야 합니다. 예를 들어 음식을 소개할 때 단순히 그릇만 바꾸는 개념이 아니라, 유기(鍮器)를 사용하는 최근 한국의 트렌드부터 고려해나갑니다. 단순히 메뉴만 바꿔 한식을 보여준다고 해서 한국화라고 할 수 없잖아요. 한식의 범주 안에 이미 글로벌한 메뉴가 있기도 하죠. 사람을 섭외하는 문제도 이와 마찬가지고요. 다각도로 접근해야 합니다.

용 말씀하신 걸 들어보면 '서로 다른 요소들이 만나는 지점'이 중요한 것 같습니다. 모든 트렌드가 해외에서 들어오는 것이 아니라 자체 발생하는 트렌드도 있죠. 이런 환경에서 하나의 콘텐츠를 만드실 적에 외국에서 들여오려는 것과 지금 한국에 존재하는 것, 그 두 가지가 만나는 중간 지점을 조율하는 본인의 방법론이 있을까요? 직관이라고

위 『맛있는 교토 가정식』 인쇄 감리 작업. 사진이 많은 레시피북의 경우 감리는 필수적인
단계이다. 데이터 상태와 출력물인 인디고 상태를 동시에 체크하며 조금 더 나은 인쇄
상태를 찾아나간다.

아래 왼쪽 보통 인쇄기 한 대당 기장과 부기장이 2인 1조를 이뤄 협업을 통해 인쇄를
진행한다.

아래 오른쪽 인쇄소에는 인쇄를 기다리는 종이들과 인쇄 후 건조 중인 종이들이 늘
산재해 있다. 많은 종이들이 버려지고 새롭게 입혀지는 과정을 보면 쓸모 있는 콘텐츠에
대한 생각을 다시금 하게 된다.

표현하셨듯이 경험에서 내재화된 측면이 강해 딱 떨어지게 설명하시기는 어렵겠지만요.

김   제가 일을 오래 해오다 보니까 직관적인 데 의존하는 경우가 많습니다. 제가 쌓아온 경험, 거기서 축적된 직관으로 어떤 문제에 직면했을 때 이 정도까지는 가능하다거나 또는 여기서 더하고 빼야 할 부분이 있다거나 하는 판단을 내립니다. 그 지점을 간단하게 유형화해서 말씀드리기는 어려워요. 저도 변화하고 있고, 트렌드도 변화하고 있기 때문에 축적된 경험과 달라진 흐름을 매번 새롭게, 잘 버무리는 것 또한 제 역할입니다.

독자와 유저의 간극

용   전통적인 잡지나 단행본 같은 인쇄 매체뿐 아니라, 최근에는 디지털 콘텐츠 개발과 관련된 일도 담당하셨잖아요. 종이 매체와 비교해서 어떤 유사점과 차이점을 느끼셨는지, 디지털 콘텐츠의 특성은 무엇인지 듣고 싶습니다.

김   인터넷 홈페이지와 앱을 통해서 서비스되는 디지털 콘텐츠를 제작했는데요. 영상, 그리고 시각 자료와 글을 같이 볼 수 있는 기사 형태의 콘텐츠였어요. 기존 콘텐츠의 큐레이션 방식도 경험했습니다. 큐레이션 서비스는 포털사이트에서 흔히 볼 수 있죠. 사용자 정보 기반의 자동화 시스템에 의한 큐레이션도 있지만, 사람이 개입해서 선별하는 큐레이션도 있거든요. 그런 경험을 통해서 지면의 '독자'와 디지털 콘텐츠의 '유저(user)'가 매우 다르다는 걸 알 수 있었습니다. 제가 제작한 기사를 포털, 앱 등 다양한 플랫폼에 올려서 유저들의 반응을 보는 것이 흥미로웠어요. 유저들은 철저하게 지루하지 않고 생동감 있게 흘러가는, 호흡이 짧은 콘텐츠에 관심이 높습니다. 영상은 1분이 넘어가면 클릭 수가 크게 떨어지고, 기사도 스크롤 압박이 있으면 안 돼요. 그래서 깊이 있는 기사를 다루기는 힘들었습니다.

음식 콘텐츠에 한정 지어서 얘기하면, 셰프와 함께 여러 버전의 프리미엄 콘텐츠 영상을 제작했었지만 반응이 좋지 않았습니다. 유저 기반의 포털이나 앱은 철저히 클릭 수로 반응을 평가하는데 클릭 수가 낮았어요.

용　프리미엄 콘텐츠란 무엇을 일컫는 건가요?

김　콘텐츠를 만들고 마케팅하는 입장에서 사용하는 용어예요. 상업영화 트레일러처럼 상대적으로 더 큰 제작비를 들이고, 비주얼이나 내용 측면에서 완성도 높은 콘텐츠를 의미해요. 제가 제작한 프리미엄 콘텐츠는 레시피를 영상미 있는 한 편의 영화처럼 제작한 호흡이 긴 콘텐츠였어요. 하지만 그보다 개인 크리에이터가 만든 짧고 직관적인 콘텐츠를 선호하는 유저들이 많았습니다. 이때의 경험을 통해서 요즘 이용자들의 선호와 성향에 대한 경험치를 얻게 됐습니다. 식문화를 대하는 일반인들의 시각도 뼈저리게 깨달았다고 할까요.

용　최근 모바일 기반 콘텐츠들은 확실히 영상이 지배적

입니다. 영상이라는 포맷이 음식이라는 콘텐츠를 전달하는 데 보다 효과적이던가요?

김   그건 취향의 차이라고 생각해요. 영상 자체가 매력적인 매체임에는 틀림없지만, 각자가 선호하는 영상의 기준이 다 다르기도 하고요. 한국의 경우 음식, 요리 영상에 대해서는 보수적인 편입니다. 음식 영상 콘텐츠의 소비에서도 아직 앞서가지 못한 상황이에요. 한국만이 아니라, 가까운 일본은 더 보수적인 입장을 취하고 있습니다. 요리책이 특수한 경우인 것 같은데요, 예를 들어 요리 분야는 전자책을 보는 수가 다른 분야에 비해 현저하게 낮은 편입니다. 요리책을 보는 사람들은 아직까지 전자책이나 영상, 모바일 콘텐츠보다 종이책을 훨씬 더 선호하거든요.

반면에 다른 한편에선 유튜브를 기반으로 활동하는 1인 크리에이터의 영상 콘텐츠가 크게 어필하고 있죠. 크리에이터들의 영상은 개인의 특성이 적극적으로 드러나고 감각적인 경우가 많습니다. 재미 위주로 진행하는 맛집 투어 방송이 있는가 하면, 프리미엄 콘텐츠처럼 잘 짜인 각본에 의해서 완성도 높은 한 편의 결과물을 내놓는 크리에이터도 있어요. 이런 방식으로 활동하는 사람들이 계속해서 늘어날 거라고 예상됩니다.

용   영상 콘텐츠의 속성과 관련해 제 경험을 비추어보면, 정보를 글로 접할 때는 원치 않는 부분을 건너뛰기가 쉽습니다. 예를 들어 기사에는 헤드라인이 있고, 중간중간 인용이나 소제목이 들어가 있죠. 시각적인 편집으로 정보의 위계질서를 보여주기 때문에 원하는 부분만 읽기가 용이합니다만, 영상은 그렇지 않습니다. 정보가 시간 축에서 연속적으로 흘러가기 때문에 영상을 다 보기 전에는 내가 원하는 정보가 나오는 지점을 찾기가 쉽지 않죠. 이것이 단점으로 작용할 수 있다고 생각하는데요.

김　물론 요리 레시피를 확인할 때 책을 통해서는 빨리빨리 내가 원하는 재료나 과정을 찾을 수 있지만 영상으로는 그렇게 하기 어렵죠. 그런데 영상을 보는 독자층과 종이책으로 레시피나 음식 정보를 보는 독자층이 다를 거라고 저는 생각해요. 영상 구독자들은 시각적인 즐거움을 향유하고 싶어 합니다. 요즘 '먹방' 많이들 보잖아요. 보면서 대리 만족하는 거죠.

SNS 시대, 음식과 콘텐츠의 본질

용　최근 등장한 소위 '인스타 맛집'을 다뤄보고 싶습니다. 인스타그램을 위시한 SNS에서 수많은 '좋아요'를 받고 각광받는 맛집에는 패턴이 있습니다. 한마디로 '사진발'이죠. 물론 잡지나 책에서도 사진이 중요하고 또 호소력이 강합니다. 문제는 음식이란 눈으로도 먹지만 결국엔 입으로 먹어야 한다는 것입니다. 짠맛, 단맛, 신맛, 감칠맛, 그리고 질감이 조화를 이룬 음식과 스마트폰 화면발을 잘 받는 음식 사이에는 간극이 있죠. 잡지를 만들면서도 음식을 사진으로 담아내는 작업을 고민하셨을 텐데, 인스타 맛집과 이를 둘러싼 현상, 어떻게 보시나요? 또는 인스타그램의 음식 사진들을 어떻게 생각하시나요?

김 우선 '인스타 맛집' 사진과 '인스타에 올리는 요리' 사진은 구분되는 것 같습니다. 인스타 맛집은 내가 이곳에 왔다는 걸 보여주고 자랑하기 위한 인증이고 여기엔 일종의 '허세'가 곁들여지죠. 같은 맥락에서 채광이 잘 되거나 인테리어가 예쁜 곳에서 주로 촬영합니다. 그것과는 별개로 음식에 집중한 사진을 올리는 이용자들도 있어요. 기본적으로 이 둘을 어느 정도 구분해야 한다고 생각하고요.

과거에는 파워블로거가 있었다면 요즘에는 팔로워가 만, 십 만 단위인 인스타그래머가 존재합니다. 시대의 흐름에 따른 자연스러운 결과겠죠. 요즘에 인스타그램에 업로드되는 요리 사진의 수준은 상당히 높은 편이에요. 물론 프로와 아마추어의 차이는 확연히 납니다.

인스타그램을 중심으로 한 트렌드는 잡지와도 무관하지 않습니다. 인스타그램, 핀터레스트 등등 비주얼이 강화된 SNS는 잡지랑 맞물려서 흘러가기도 해요. 다만 잡지는 다양성을 추구하기 때문에 큰 목표와 방향성 아래 다양한 의견, 형식, 색깔의 콘텐츠가 필요합니다. SNS에는 자기 성향에 편중된 이미지와 작업 위주로 올리게 되고, 이용자들의 피드(feed)나 타임라인 역시 편향되기 쉬워요. 그렇기 때문에 현재 SNS의 흐름을 수용하는 한편 잡지가 중심을 잡고 지켜나가야 할 의미는 또 다릅니다.

용 　최근 경향이 멋있게 보이기 위한 '시각성'에 너무 치중하면서 음식의 '맛'을 경원시하는 것 같습니다.

김 　인스타그램은 전체적인 무드를 연출하고, 유행이 될 만한 아주 최신 흐름이 반영된 콘텐츠를 발 빠르게 만들어내는 데 강점을 지닙니다. 에디터들보다 인스타그래머가 더 빠르게 취재를 가기도 해요. 최신 흐름을 읽는 용도로서는 좋습니다. 그러나 요리를 본질적으로 고민할 수 있는 매체는 잡지라고 생각합니다. 자칫 휘발되기 쉬운 음식의 본질을 놓치지 않는 기획을 잡지에서 끊임없이 지속해야죠.

종이가 전하는 무궁무진한 체험의 세계

용 　지금까지 김옥현 에디터님의 풍부한 경력 덕분에, 경험적인 관점을 곁들여 음식 콘텐츠 및 매체의 과거와 현재를 살펴봤습니다. 거창할 수도 있지만 음식 콘텐츠의 미래에 대해 얘기해보고 싶은데요, 전통적인 매체는 모두 디지털 시대의 도래를 고민했죠.《뉴욕타임즈》가 좋은 예라고 생각합니다.《뉴욕타임즈》역시 상당 부분 디지털로 전환을 했습니다. 지면을 좀 더 파격적으로 구성하는 등의 변화를 시도하면서 종이 신문의 구독률이 줄었지만 이익은 늘었다는 보도를 접했어요. 한편으로《뉴욕타임즈》의 음식 콘텐츠가 꽤 큰 영향력을 미칩니다.《뉴욕타임즈》에 게재되는 레스토랑 리뷰가 미국 내에서 나름의 공신력과 전통을 쌓아왔죠.

현재의 디지털 기반 시각 문화를 보고 있으면 음식과 식문화를 글로 표현하는 사람으로서 보여주기의 방식을 고민하게 됩니다. 달라진 매체 환경 속에서 종이 매체에 어떻게 접근하고 계신가요? 또는 종이 매체의 접근 방식은 어떻게 달라져야 할까요?

길 잡지든 단행본이든, 가정식 요리든 셰프의 레시피든 결국은 경험의 전달이 핵심이라고 생각해요. 가정식 요리라면 집으로, 셰프의 요리라면 레스토랑으로 독자를 초대하는 것이죠. 그곳에서 가능한 경험을 독자 스스로가 상상할 수 있도록 제안해주는 매개체라고 할까요. 개인적으로는 오프라인에서도 조금 더 활발하게 독자들과 소통하면 좋겠다는 생각을 해왔습니다.

용 일종의 스토리텔링으로 종이 매체의 한계를 극복할 수 있다고 보시는 거죠?

길 그렇죠. 요리책만의 한계가 아니라 다른 분야도 마찬가지입니다. 여행책을 본다고 해서 당장 여행을 경험할 수 있는 건 아니잖아요. 직접적으로 보여주고 들려주고 맛보게 해주는 것만이 해답이 아닐 거예요. 책이 독자들에게 줄 수 있는 체험의 세계는 무궁무진하다고 생각합니다. 영상 구독자층이 따로 있듯이 요리책에 대한 수요는 영상의 시대에도, 앞으로도 사라지지 않을 거라고 봅니다.

국내에서 첫 요리책이 출간된 시기를 대체로 1640년대로 보는데요. 그때부터 지금까지 계속되어온 겁니다. 그리고 출판계는 매년 어렵다고 얘기해요. 매년 올해가 적자, 올해는 적자라고 하지만 서점과 출판물에 대한 수요는 오히려 예전보다 지금이 더 커졌고, 다양화하는 중이라고 생각합니다. 독립출판물이나 독립서점이 꾸준히 생겨나는 걸 보면 우리도 다양성을 받아들일 수 있는 문화적 기반을 갖춘 것 같아서 한편으로는 반갑기도 해요.

용   종이 매체가 사라질 거라는 생각은 들지 않습니다만, 미래를 어떻게 그릴 수 있을지 궁금합니다. 디지털과 아날로그의 시너지 효과를 어디서 낼 수 있을까. 디지털과 아날로그 플랫폼이 어떻게 조화를 이룰 수 있을까. 특히 음식 콘텐츠는 어떤 부분을 더 신경 써야 할까. 이런 질문들을 나눠보고 싶습니다.

김   디지털과 아날로그에 대해서는 항상 고민이 많아요. 한국 독자들이 보수적이라는 얘기를 앞서도 했지만, 비율로 굳이 따지자면 종이책 독자와 전자책 독자가 8 대 2 정도라고 봅니다. 제가 예전에 일했던 잡지사도 독자와 소통은 SNS로 했어요. 아이패드 버전도 발행했지만 기기에 최적화된 형태가 아니라 그대로 옮겨오는 수준이었어요. 영상과 함께 구현하거나 디지털 기기에 최적화하려면 투자 비용이 많이 들고 전문 인력도 필요합니다. 그에 반해 디지털 매거진 서비스를 원하는 독자층이 적었어요. 실제 매출도 미미한 수준이었습니다. 저는 그래도 디지털 매거진 개발을 고집하는 입장이었는데, 제작비의 한계 때문에 진행이 어려

왼쪽 푸드스타일리스트는 때로 마술사가 된다. 프레임 밖에서는 종종 상상하지 못할 일이 벌어지곤 한다. 의자가 길어지고 종이가 창문이 되며 먹지 못할 재료도 먹음직스러운 음식이 되는 일이 부지기수다.
오른쪽 실감 나는 색감의 바닷물과 음식이 함께 보이길 원했던 심술궂은 편집장 덕에 갯강구 많은 제주 세화의 바다로 끝내 내려가야 했던 사진가 심윤석. 그 수고의 결과물은 고스란히 《올리브 매거진 코리아》의 표지에 담겼다.

왔습니다.

전자책이 활성화되려면 시장이 커져야 합니다. 사실 잡지 자체를 사서 보는 사람들이 많지 않죠. 디지털판을 판매하려면 통합적인 플랫폼이나 전문적으로 발행하는 업체가 필요해요. 일본만 해도 5백 엔, 우리 돈으로 5천 원 정도만 내면 모든 잡지를 볼 수 있는 앱이 있습니다. 그런 서비스를 통해서 시장이 활성화되면 디지털의 비중이 조금 더 높아질 수 있고, 요리의 특성을 보다 잘 살린 다양한 디지털

『밥을 지어요』 단행본 촬영장의 모습. 자연스러운 모습을 담기 위해 여러 단계의 조명 설치는 기본이다. 조리 과정도 수차례 반복해야 함은 물론이다.

콘텐츠들이 나올 수 있지 않을까요.

소장하고 싶어지는 요리책

용　잡지와 단행본, 모바일 환경을 거치신 후에 다시 단행본 편집자로 일하고 계시잖아요. 음식 콘텐츠를 계속 기획하고자 할 때, 어떤 변수 혹은 가능성을 주의 깊게 보고 계신지 질문드립니다.

김　제가 잡지를 만들다가 처음 단행본 출판으로 옮겼을 때 시장 분석을 하면서 매우 놀랐습니다. 잡지만 해도 해외에서 출간되는 잡지와 국내 잡지의 수준 차이가 그다지 크지 않고, 때때로 국내가 더 높은 경우도 많습니다. 라이선스 매거진이지만 제가 맡았던 매거진도 수준이 현저히 높다고 자부했고요. 그런데 단행본 시장으로 와보니까 그 수준 차이가 현격한 거예요.

용 그렇죠. 레퍼런스로 삼을 수 있는 책이 극히 드뭅니다.

김 처음 단행본을 시작한 게 2010년인데요. 당시의 요리 단행본 시장은 블로거들의 책이 주를 이루었습니다. 죄송스러운 이야기이지만, 기획이나 구성, 사진의 품질이나 디자인적 요소 등 여러 측면에서 읽어보고 싶은 책이 없었습니다. 게다가 요리책은 소장하는 책이잖아요. 한 번 보고 마는 게 아니라 두고두고 펴보고, 직접 요리를 할 때 다시 읽어보는 책이죠. 제 자신이 소장하고 싶은 책을 만들어보고자 일을 시작했습니다. 하지만 광고가 붙는 잡지와는 달리, 단행본은 판매 외의 수익을 창출할 여지가 없기 때문에 편집자가 판매도 생각해야 돼요. 판매를 고려하면 인지도 있는 저자를 섭외하지 않을 수가 없더라고요. 그래서 당시의 파워 블로거들하고 책을 만들기도 하고, 다양한 분들과 작업을 했습니다.

그때 만든 책 중에 『고베 밥상』이 있어요. 일본인 남편과 결혼해서 고베에 거주하는 한국인 저자의 가정식을 담은 책입니다. 제가 고베로 출장을 가서 저자분의 집에서 촬영을 했어요. 재미있었던 일이 집에 가서 저자의 남편, 시어머니, 시어머니의 시어머니, 할머니까지 가족분들을 다 뵈었어요. 제가 좀 욕심이 많은 편입니다. 고베를 갔으니 저자의 요리와 집만 찍고 오는 게 아니라, 맛집도 가고 친척 집도 가고 현지인 집도 방문하고 하면서 이런저런 다양한 컷들을 담아 왔어요. 그걸 토대로 고베에서 촬영한 사진들, 저자가 찍은 사진들을 다 섞어서 책을 냈는데 반응이 매우 좋았습니다. 그 이후로 몇 권의 책을 더 만들었습니다. 단순한 레시피북이 아닌 푸드 에세이, 현지의 식재료를 찾아가는 여행서 등 여러 콘셉트의 단행본을 기획했어요. 이후 여러 편집자들이 제 책을 레퍼런스 삼기도 했습니다.

그러고 나서 잡지로 옮겼다가 다시 단행본으로 돌아왔습니다. 안타깝지만 단행본 시장은 아직 충분히 성장하지 못한 것 같다는 생각이 듭니다. 요리책 분야의 베스트셀러 목록을 보면 셀럽이 된 백종원 씨 책, 아니면 일본 번역서가 대부분을 차지하고 있죠. 그만큼 스펙트럼이 넓지 않고 유명인의 레시피 또는 번역서에 편중되어 있습니다.

**한국 음식
출판의
역설적 희망**

용   닭이 먼저냐, 달걀이 먼저냐 하는 문제처럼 느껴지기도 합니다. 안 팔리니까 안 만들고, 동시에 없으니까 안 사는 거죠. 어느 쪽에서 돌파구를 만들어야 하는지도 의문입니다. 요리책이 다른 단행본에 비해서 제작비가 많이 들어가나요?

김   단적으로 말씀드리면 초기 제작 비용이 많이 듭니다.

왼쪽 2011년 『고베 밥상』의 출간 당시에는 일본 가정 요리가 갓 인기를 얻기 시작할 때였다. 일본 가정 요리 관련 책이 전무한 상황에서 국내 단행본에서는 시도하지 않는 고베 로케이션을 진행했다. 깊이 있는 사진과 친절한 레시피로 지금까지 많은 이들에게 인사를 받곤 한다.
오른쪽 2011년 봄에 출간된 『싱싱한 것이 좋아』는 트렌드를 조금 앞선 책이다. 질 좋은 식재료와 산지를 소개하는 콘셉트에 당시에는 흔히 볼 수 없던 디자인과 사진 톤, 종이, 판형 등을 적용했다. 몇 년 후 건강한 한국 식재료가 화두로 떠오르면서 책에 소개된 인터뷰이들의 사진과 스토리텔링이 건강한 제철 한식을 콘셉트로 런칭한 외식 브랜드의 마케팅에 활용되기도 했다.

품도 많이 들고요. 사진 촬영이나 스타일링은 전문가의 도움을 받을 수밖에 없고, 요리를 해야 하니까 재료도 많이 필요하거든요. 에디터가 사진, 스타일링, 기타 요소들을 어디까지 진행할 수 있느냐, 저자가 어디까지 맡아줄 수 있느냐는 점도 변수로 작용해요. 여러 요인이 영향을 미칩니다. 그다음에 디자인이나 인쇄, 제작 비용의 단가도 높은 편인데,

2018년에 출간한 『맛있는 교토 가정식』은 오랜만에 출판사로 돌아와 기획한 책이다. 최근 유행 중인 교토의 풍경과 한국인이 좋아하는 일본 가정식의 요리법을 친절하게 알려주는 레시피북이다. 요리를 하고 싶어 들췄다가 교토행 티켓을 끊게 될지도 모른다.

그에 비해서 판매 시장의 규모는 크지 않아요. 그래도 저는 실용서 가운데 요리 분야가 비교적 전망이 밝다고 봅니다.

용 영어권의 음식 분야 출판 시장은 포화 상태에 이르렀다고 보이는 반면에, 한국은 지금까지 나온 게 별로 없는 만큼 역설적으로 잠재력이 있다고 보면 될까요?

김 네, 시간이 더 필요할 것 같습니다. 안타까운 점은 실용서를 내는 출판사가 많지 않다는 것이에요. 대형 종합 출판사에서 실용 브랜드를 만들려는 의지가 강하지 않습니다. 1인 출판, 독립출판에서 여러 재미있는 시도를 보여주고 있고요. 아직까지 실용, 요리 서적은 조금 변방의 책으로 여겨지는 거죠.

꾸준히 양질의 음식 전문 책을 내는 해외 대형 출판사 편집자들의 이야기를 들어보면, 현실적인 격차가 드러나는데요. 에디터가 1년에 담당하는 프로젝트의 개수도 다르고 여건과 시스템이 현격히 다릅니다. 또 일본은 다양한 실용 분야의 소소하고 세세한 책들이 형성하는 스펙트럼이 한국에 비해 매우 넓습니다.

다양한 출판사와 에디터, 그다음으론 작가 이야기를 하지 않을 수가 없죠. 한국은 셰프, 셀럽, 인스타그래머같이 저자군이 한정되어 있잖아요. 하지만 일본이나 미국만 보더라도 저자군이 폭넓을 뿐 아니라 국내에서 아직 정착되지 않은 음식 평론의 영역도 세분화되어 있습니다. 카페만 다루는 저자가 있고, 맛집에 대한 글만 쓰는 저자가 있고, 물론 파인다이닝 전문 저자도 있죠. 이런 다양성은 그만큼 시장이 크기 때문에 가능합니다. 단행본에 대해서는, 정말 하고 싶은 말이 많네요.(웃음)

용 양날의 칼이라 하듯이, 안타깝게도 현재 음식 단행본의 지평이 다양하거나 풍족하지는 않지만 그만큼 여지는 충분하다고 볼 수 있겠습니다. 앞으로는 좀 더 다양하고 뛰어난 음식 콘텐츠를 맛볼 수 있으면 좋겠습니다. 그것이 실현되는 데 각자 일조할 수 있기를 바라는 마음 전하면서 김옥현 크리에이터와 함께한 「미식 대담」을 마치겠습니다. 긴 시간 동안 감사합니다.

김 감사합니다.

10 대중식당과 이탈리아 음식 세계의 정면충돌

열 번째
미식 대담

트라토리아 챠오 서울 마포구 와우산로7길 5
다양한 스튜, 로스트, 파스타를 하는 이탈리아 식당.

이주하
경영학을 전공했고, 학생 시절 호프집 아르바이트를 하며 조리에
관심을 갖게 되었다. 2003년부터 본격적으로 요리를 시작해
2015년 상수동에 '트라토리아 챠오'를 열었다.

"스튜나 로스트 같은 요리도
이탈리아 음식이라는 걸 소개하고 싶었는데,
선택의 폭이 항상 파스타로 수렴하는
결과가 나오더라고요. 챠오 칠판에
이렇게 써봤습니다. '파스타는 맛있습니다.
하지만 우리는 트라토리아입니다.
안티파스토나 세콘도도 즐겨주세요.'"

이용재(이하 용)　　　1950년부터 출간되어 세월을 거듭하며 이탈리아의 지역 음식 레시피를 집대성한, 그래서 '이탈리아 요리의 바이블'이라 불리는 요리책인『실버 스푼』의 번역을 맡아 2017년 출간의 빛을 보았습니다. 1500쪽에 이르는 요리책을 약 2년 동안 번역하면서 가장 크게 다가왔던 화두는 다양성이었습니다. 60년이 넘은 세월 동안 책으로 축적된 요리 세계에서 우리가 익숙하게 여기는 피자나 파스타는 극히 일부에 지나지 않습니다. 우리는 그 다양한 세계의 얼마만큼을 즐길 수 있는 상황인지 이런 작업을 할 때마다 새삼 다시 돌아보게 됩니다. 다소 대중적인 이탈리아 음식 세계를 추구하는 트라토리아(trattoria)의 셰프를 모시고 이와 관련된 주제로 열 번째「미식 대담」을 진행해보겠습니다. '트라토리아 챠오(Ciao)'의 이주하 셰프 나오셨습니다.

이주하(이하 주)　　　안녕하세요. 반갑습니다.

용　　　안녕하세요. 먼저 셰프님과 트라토리아 챠오에 대해 간단하게 소개 부탁드립니다.

주　　　저는 외식업계의 군웅들이 할거한다는 홍대의 변방에서 이탈리아 식당, 트라토리아 챠오를 운영하는 오너 셰프 이주하입니다. '챠오'는 인사말 안녕을 뜻하고, 트라토리아는 대중식당이라는 뜻입니다.

　　　주방 생활을 한 지는 대학교 다닐 때 아르바이트로 호프집에서 감자 튀기던 세월을 제하면⋯⋯.

용　　　그것도 포함시켜야 하지 않나요? 감자튀김, 굉장히 기본적이고 중요하지 않습니까.

주   그렇게 따지면 2001년에 시작한 셈이고, 풀타임으로
는 2003년부터 일을 해왔습니다. 2013년부터 셰프라는 직
함을 달았고, 2015년에 오너 셰프가 되었습니다.

**체력이 곧
재능**

용   처음부터 요리를 공부하진 않으셨죠. 어떤 계기로 요
리의 세계에 진입하셨는지요?

주   원래는 경영학을 전공했습니다. 실은 굉장히 욕먹을
만한 얘기인데, 주방에서 아르바이트를 했을 때 요리하는
남자가 멋있는 남자가 될 수 있다는 가능성에 꽂혀서 요리
에 매진해야겠다고 다짐했습니다⋯⋯. 그런 시절이 있었고
요. 한편으론 제가 주방에서 버틸 수 있는 체력은 갖췄다는
걸 알게 됐어요. 당장 일을 해야 하는 상황이었기 때문에 체
력이 곧 재능이라고 믿으면서 그대로 풀타임으로 일하기 시
작했습니다.

용   주방에서 도제 형식으로 수련하셨다고 보면 될까요?

주   그렇다고 생각합니다.

용   트라토리아가 어떤 식당인지 잠깐 설명해주셨지만 이
탈리아 음식점의 형식을 간략히 짚어보겠습니다. 원칙적으
로는 와인과 간단한 음식을 파는 오스테리아(osteria)의 형식
이 있고, 그 위에 트라토리아가 있습니다. 프랑스의 비스트
로(bistro)와 비슷한 개념이라고 볼 수 있죠. 그리고 그 위에

는 리스토란테(ristorante), 즉 레스토랑이 있습니다. 요즘에 로칸다(locanda)라는 형식을 내건 식당도 있는데, 여관 개념과 비슷하게 숙박과 식사를 함께 제공하는 곳입니다. 로비나 1층에 식당을 운영하는 형태입니다. 우리가 보통 모든 식당을 레스토랑이라고 통칭하지만 이처럼 세부적인 명칭이 있습니다.

이전에 피자 전문점에서도 일하셨고 이탈리아 음식을 오랫동안 해오셨다고 알고 있습니다. 호프집 감자튀김 아르바이트 이후로 처음부터 이탈리아 음식을 하셨나요?

주 아뇨, 그 이후에 패밀리 레스토랑에서 일하다가 한동안은 프렌치를 했어요. 프랑스 시골풍의 비스트로 음식을 하는 곳이었고요. 다니던 중에 프랑스에 가서 요리를 하고 싶어져서 회사를 그만두고, 프랑스어 이력서 스무 장을 들고 파리로 갔습니다. 그런데 지원했던 스무 군데에서 모두 퇴짜를 맞았어요.

용 왜 퇴짜를 맞았나요?

주 2008~2009년 당시에 리먼브라더스 사태가 터지면서 유로 환율이 1900원을 찍고, 제가 철석같이 믿고 있던 차이나 펀드가 반 토막이 났어요. 그 때문에 쓸 수 있는 체류 비용이 너무 줄어들었고, 학교나 어학원을 등록하는 등의 방법으로 장기간 체류 기회를 잡지 못했습니다. 서류도 충분치 않고 신원도 불분명하다 보니 자리를 얻지 못했죠. 한국에 돌아오고 나서는 잠깐 아메리칸 레스토랑에서 스테

이크를 구웠고, 그때도 물론 제 담당은 파스타였습니다. 그후 2010년부터 청담동, 광화문에 있는 이탈리아 식당을 거쳐 8~9년간 이탈리아 요리를 했고, 파스타를 잡은 건 10년 이상입니다.

직접 만난 이탈리아 요리의 정수

용　이번 「미식 대담」에서는 이주하 셰프와 기본적으로 음식 이야기를 나누겠지만, 2017년 10월에 이탈리아로 요리 봉사를 다녀온 경험도 들어보고 싶습니다. 봉사를 겸해 이탈리아에 가셨던 것이 첫 이탈리아 방문이었나요?

주　봉사 또는 재능기부 차원에서 이탈리아와 관련된 경험은 두 번째이고, 이탈리아 방문 자체는 처음이었습니다.

용　이탈리아를 실제로 처음 방문해보니까 어떠셨나요? 특히 음식에 대한 느낌이나 평가가 궁금합니다.

주　식당도 식당이지만, 시장이나 고급 식품 마트 같은 곳을 둘러보고 싶었어요. 유럽에서 사용하는 재료와 우리가 쓰는 재료가 워낙 다르다고들 하니까요. 그곳들을 둘러보면서 이런 생각이 들더라고요. '일단 완벽한 재현은 불가능에 가깝다.' 왜냐하면 일단 재료가 너무 다릅니다. 수입되는 치즈의 숙성도 다르고, 울퉁불퉁하게 생긴 쿠오레디부(cuore di bue) 토마토처럼 한국에서 구경도 못 하는 생야채들, 수입되지 않는 재료들이 많잖아요.

용　유럽에는 토마토만 해도 몇십 종류씩 있죠.

안내를 따라 내려가면 대중적인 이탈리아 음식 세계를 추구하는 트라토리아 챠오가
나온다.

주   시장에서 토마토만 파는 분을 봤는데 종류가 정말 다양하더라고요. 마트니 슈퍼니 어딜 가도 냉장으로든 냉동으로든 다양한 생면과 건면, 라비올리(ravioli), 토르텔리니(tortellini)까지 말 그대로 파스타의 나라였어요. 간이식당처럼 여러 음식을 파는 시장 한편에서 오징어튀김을 하나 사 먹었는데, 오징어 자체가 너무 신선했습니다. 소금, 올리브 오일, 레몬 정도만 곁들여서 튀겨 낸 오징어튀김이 그렇게 맛있더라고요. 그게 바로 재료의 문법으로 이야기하는 이탈리아 요리의 정수가 아닌가. 물론 맛있는 파스타도 먹었고, 비스테카(bistecca), 스튜 종류도 많이 먹었지만 그 오징어튀김이 가장 기억에 남아요. 확실히 재료의 문법을 벗어나지 못하는, 벗어날 수 없는 이탈리아 요리가 무엇인지 체감했습니다. 지형의 높낮이나 기후대가 다양한, 위아래로 긴 나라의 특징이기도 한데요. 이탈리아는 알프스산맥부터 시칠리아 섬까지 세로축, 가로축으로 다양한 기후를 갖고 있어서 다양한 재료가 나잖아요. 그 다양한 재료를 조립만 하더라도 다양한 요리를 탄생시킬 수 있는 문화적, 지리적 혜택을 받은 곳임을 깊이 느꼈습니다.

그런 특성을 압축적으로 지닌 곳이 또 로마라는 도시인데, 확인하고 싶은 두세 가지가 있었습니다. 첫 번째는 우리가 말하는 알 덴테(al dente)란 무엇인가. 정통 이탈리아 요리를 지향한다는 집을 평가할 때, 이 알 덴테를 잘 구현하느냐를 첫 번째 지표로 삼거든요. 로마에서 먹어보고 조금 놀

랐던 게 생각보다 많이 익혀 먹더라고요. 박찬일 셰프님의
『지중해 태양의 요리사』에도 "철사"처럼 씹히는 스파게티
의 맛 이야기가 나오잖아요. 씹히는 느낌이 있긴 했지만 오
독오독하지는 않았습니다. 소스의 유화가 잘 되어 있어서
마치 리에종(liaison)[✿]을 쓴 것 같은 질감과
농도였습니다.

✿ 요리, 특히 프랑스 요리에
서 국물이나 소스에 걸쭉함
을 불어넣는 증점제(增粘劑).
중식의 물녹말과 같은 원리이
며, 전분과 지방의 두 주재료
를 배합해 만든다.

용　　유화란 기름과 액체가 섞이는 현상
을 말합니다. 샐러드 드레싱 등에서 볼 수 있
고요.

주　　봉골레(vongole)를 먹었는데 조개주스와 올리브오일
과 면수의 조화가 마치 탕수육 소스 같았습니다. 그걸 재현
해보려고 노력하고 있지만 한계가 있습니다.

용　　어떤 점에서 한계가 있을까요?

주　　제 생각에는 면에서 용출되는 전분의 양에 차이가 있
습니다. 면을 정해진 시간보다 짧게 삶아서 소스와 함께 끓
일 때, 팬을 흔들고 물리적인 힘을 가해서 면 자체에서 전분
을 뽑아내는데요. 비싸고 좋은 면에서는 더 많은 전분이 흘
러나온다고 해요. 이런 차이뿐 아니라 들어가는 재료의 차
이도 있습니다. 오일 같은 재료의 양이 제가 생각했던 것보
다 훨씬 많이 들어가더라고요. 한국에서는 올리브오일을
너무 조금 넣는다는 의미가 아니라, 한국 사람들이 좋아하
는 파스타 소스의 기준에 맞게 오일의 양, 부재료들의 양, 면
의 삶는 정도의 삼박자를 맞추다 보면 그런 결과가 나오는

거죠. 그리고 우리가 현지와 다른 재료의 한계를 인정하고 간다면 그 간극을 줄이기 위한 기술 개발이나 수련이 필요하지 않나 싶습니다.

　　두 번째 궁금증은 '나는 과연 맞는 방향으로 가고 있는가, 맞는 방향으로 가게를 끌어가고 있는가.'였어요. 최소한 방향은 틀리지 않았다는 확신이 들었습니다. 다만 한국에서 2만 원대 이하의 파스타를 팔아야 하는 입장에서 갖는 한계는 명확합니다. 재료의 한계, 기물이나 인테리어 등 음식 외적인 요소의 한계가 있어요. 사실 밥을 먹는 데는 분위기도 중요하니까요.

용　　식사는 총체적인 경험이죠.

주　　맞습니다. 따뜻한 햇볕 아래 야외 식탁이 있고, 뒤에는 분수가 있고, 분수 너머 재래시장에서 많은 사람들이 북적북적대는 그런 장소가 주는 분위기가 있잖아요. 특히 챠오는 지하에 있어서 그런 경험들의 재현이 불가능합니다. 게다가 맛 이외의 부분을 개선하는 일은 돈의 문제이기 때문에 변화가 쉽지 않은 상황입니다.

조리학교의 부상과 반비례하는 다양성

용　　저는 이런 점이 궁금합니다. 이탈리아 음식을 10년 넘게 하셨지만 이탈리아는 처음 가신 거잖아요. 외국 조리학교에 대한 학벌주의 경향이 있습니다. 또는 온갖 외국 경험, '어디까지 먹어봤다'는 것이 통하는 현실을 생각해보면, 콤플렉스란 용어는 과하지만 해외 경험의 부재가 고민스러웠던 적은 없으신가요?

주　개인적으로 고민이 되죠. 결론부터 말씀드리면, 현장에서 음식 하는 사람의 입장에서 그 점을 고민하거나 콤플렉스라고 느끼지는 않았어요. 손님들이 지금도 가끔 이탈리아에서 수련을 했느냐, 요리학교를 나왔느냐고 물어보세요. 특히 맛있게 드신 손님들한테 그런 질문을 받는데, 그럼 저는 "경험이 없습니다, 한국에서 좋은 스승님한테 잘 배웠을 뿐입니다."라고 얘기해요. 훈련을 제대로 했다는 자부심을 느낄 때도 있습니다. 하지만 외국 경험이라는 게 단순히 학교뿐 아니라 '문화'의 경험이기 때문에 그에 대한 궁금증이나 갈증은 항상 있죠.

용　지금까지 그걸 충족할 만한 기회가 없었나요?

주　그렇죠. 일단 도제 방식으로 일을 배우고, 생업으로 요리를 하기 때문에 그럴 여유가 없어요. 여러 가지 이유로 외국을 나가는 게 쉽지 않습니다. 일을 해야 해서도 그렇습니다만, 일을 쉬면 돈을 벌지 못하는 것이고 그건 곧 생활을 할 수 없다는 뜻이니까요.

용　굉장히 중요한 측면을 짚으셨고 이에 대해 더 많이 얘기해야 한다고 생각합니다.

주　그래서 해외 경험에 목말라하지만 할 수 없는 분들도 많다고 생각해요. 조금이라도 더 어릴 때, 그런 부담이 없을 때 외국에 나가보는 데 찬성해요. 해외 조리학교의 체계적인 교육에 장점이 있죠. 저처럼 도제 방식으로 일을 배우면 실패하고 혼나고 욕먹고 개선하고, 실패하고 혼나고 욕먹고 개선하는 지난한 과정을 거쳐야 해요. 학교에서 교육을 받으면 실패의 경험들을 줄일 수 있습니다. 그리고 현장에 나갔을 때 좀 더 많은 기회를 얻을 수 있고요.

물론 학교를 마치는 것 자체로 어떤 경력이 완성된다고는 생각하지 않아요. 그때부터 시작인 거죠. 내가 학교에서 배운 내용을 현장에서 쓸 수 있는 방식으로 바꾸는 건 또 다른 과제입니다. 학교에서 배운 레시피와 현장에서 쓰는 레시피는 다르거든요. 예를 들어서 모든 조리과 출신들이 양식의 5대 소스*를 배우지만, 현장에 나가면 그 이름부터 다릅니다. 저는 도제 과정을 거치면서 주로 외국 책을 참고했어요. 제가 본 책에는 5대 소스가 베샤멜(béchamel), 벨루테(velouté), 홀란데이즈(hollandaise), 토마테(tomate), 에스파뇰(espagnole)이라고 나오는데, 요즘엔 에스파뇰 소스를 브라운 소스(brown sauce)라고 배운다고 해요. 그것이 브라운 계열의 모체 소스이기 때문이죠. 하지만 학교 나와서 현장에 딱 들어가면 에스파뇰 소스를 만들라고 할 거예요. 이런 용어부터 시작해서 현장에서 다시 체계를 갖추고 훈련을 거쳐 완성을 해가야 하는데, 현장 수련 과정의 의미가 다소 축소되는 경향이 있습니다. CIA 혹은 ICIF(Italian Culinary Institute For Foreigners) 출신

* 20세기 초, 프랑스 요리를 현대화 및 체계화한 오귀스트 에스코피에(Auguste Escoffier)가 마리 앙투안 카렘(Marie-Antoine Car me)에 이어 정리한 소스 문법의 산물.

들에게 셰프 자리를 턱턱 맡기곤 하니까요. 폄하하는 건 아닙니다만, 그분들이 말하는 유명한 레스토랑에서의 경험들은 한편으론 학교가 마련해준 무급 인턴십일 가능성이 높습니다. 물론 그것이 수준 높은 경험일 수 있지만 보통 기간이 굉장히 짧고요. 그 안에서 감자 깎고 양파 까고 다시 정리하는 등의 단순노동을 거쳐 익혀나가는 그 레스토랑의 정수 역시도 흡수할 수 있는지는 또 다른 차원의 문제이거든요.

요즘은 외국 경험을 쌓는 루트가 해외 조리학교도 있고, 워킹홀리데이, 미국 호텔 인턴십 등등 다양하지만 한국에서 좋은 스승을 만나 배우는 것하고 인턴십이나 스타주 과정은 큰 차이가 없다고 생각합니다. 말이 잘 안 통하는 외국 셰프한테 배우는 것보다 한국에서 잘하는 셰프한테 배우는 게 더 의미 있는 영역도 있습니다.

용 몇 년 전에 나파밸리에 있는 '프렌치 론드리(French Laundry)'의 토머스 켈러 셰프를 인터뷰하면서 물어봤습니다. 조리학교에 대해서 어떻게 생각하느냐고. 왜냐하면 50대 후반 이상의 셰프들은 도제 과정을 거쳤고, 그들이 수련할 당시에는 CIA 같은 학교가 활성화되지 않았다고 봐도 무방하거든요. 켈러 셰프는 시대가 바뀌었기 때문에 조리학교의 압축적인 교육도 중요하게 본다고 얘기했습니다.

서두에서 꺼낸 화두처럼 중요한 건 다양성이라고 생각해요. 도제 과정을 거친 사람도 있고, 조리학교를 나와서 경험을 쌓는 사람도 있습니다. 문제는 접시에 맛있는 음식이 담기는 것이기에 어느 길로 가도 상관없겠죠. 다만 한국에 만연한 학벌주의가 요리 분야에도 강하게 영향을 미쳐서 요리, 특히 서양 요리를 하려면 조리학교를 나와야 한다는 선입견이 굳어지고 있지 않은지 우려됩니다.

**파스타,
버릴 수도
지향할 수도
없는 상징**

용   이탈리아 음식을 얘기할 때, 피자와 파스타를 생각하지 않을 수가 없습니다. 이제 피자는 논외로 둬도 된다고 생각합니다. 워낙에 많은 변주가 생겨났고, 이탈리아 음식인 만큼 미국 음식이기도 하잖아요. 하지만 아직도 파스타는 이탈리아 음식의 상징 자리를 굳건히 지키고 있습니다. 물론 대표적인 음식이 맞지만 이탈리아 사람들이 파스타만 먹고 사는 건 아니죠. 고기도 먹고 생선도 먹고 말씀하신 오징어튀김도 먹습니다. 트라토리아는 대중적인 이탈리아 음식점이잖아요. 트라토리아의 형식을 준수하려는 시도가 파스타에 대한 대중적인 인식에 얽힌 구애를 받나요?

주   말씀하신 대로 한국에서 이탈리아 식당은 일단 '파스타와 아이들'이에요. 파스타부터 시키고, 그다음 기타 등등을 기호에 따라서 주문할 수도 있고 안 할 수도 있습니다. 한국 사람들이 이탈리아 식당에 바라는 요소가 몇 가지 있어요. 일단 새콤달콤한 피클이 있어야 하고, 파스타 소스를 닦거나 입을 행구는 용도가 아닌 파스타 소스를 찍어 먹을

위 이탈리아식으로 오븐구이 한 삼겹살 포르케타(porketta)와 로메인(romaine),
계란 반숙 위에 안초비(anchovy) 드레싱이 올라가는 로메인 샐러드.
아래 감동적으로 본 지브리 애니메이션의 제목을 따 '붉은 돼지'로 이름 붙인 나폴리탄
소프리토(Napolitan Soffritto). 돼지고기와 내장을 넣은 토마토 스튜에 멕시코 칠리를
더해 매운맛이 감돈다.

빵이 필요하고요.

용   밥은 안 말아 먹나요?(웃음)

주   스튜 종류랑 밥이나 면을 같이 제공하는 곳이 있다고 해요. 최근에 설렁탕 봉골레 같은 메뉴가 등장했다는 얘기도 들은 적이 있습니다.

용   몇 년 전에 뚝배기 파스타를 얘기한 바 있기 때문에 충격적이진 않습니다.

주   무엇보다 손님들이 파스타를 먹고 싶어 합니다. 당연히 피자는 없냐는 질문을 받고요. 그럼 저희는 근처에도 좋은 피제리아(pizzeria)들이 많이 생겼다고 소개해드려요.

챠오 칠판에 이렇게 써놨습니다. "파스타는 맛있습니다. 하지만 우리는 트라토리아입니다. 안티파스토나 세콘도(secondo)도 즐겨주세요." 안티파스토는 전채요리이고 세콘도는 메인요리입니다. 저희가 안티와 세콘도를 드시게 하고 싶어서 안티, 프리모, 세콘도 세 가지를 점심 세트로 묶어서 3만 5천 원에 팔기도 했어요. 한국 양식당에서 메인요리로 닭고기나 생선을 택하거나 스테이크 외의 다른 요리를 택하기가 쉽지 않거든요. 스테이크를 먹을까 스튜를 먹을까를 고민하는 게 아닙니다. 스튜의 경쟁 상대가 갈비찜이 됩니다. 같은 고기찜 요리라고 생각하기 때문에 오늘 점심 때 백반집에서 먹었던 매운 갈비찜의 가격과 비교하고요.

용   그렇습니다. 오소부코(ossobuco)를 장조림과 연관해서 생각하는 경향도 있죠.

"파스타는 맛있습니다. 하지만 우리는 트라토리아입니다. 안티파스토나 세콘도도
즐겨주세요."

주   파스타 메뉴를 일정 개수 이상 갖춰야 하는 건 당연
하고 오일 베이스, 크림 베이스, 토마토 베이스로 나눠서 다
양한 선택지를 준비해야 합니다. 제일 처음에는 파스타를
메뉴에 넣지 않았어요. 그런데 직원들, 주변 사람들이 망할
작정이냐고 걱정해서 파스타를 메뉴에 넣었고 실제로 그
후에 매출이 늘었거든요. 원래는 스테이크도 없었습니다.
사실 저는 스튜를 계속 제공하고 싶었거든요. 스튜나 로스
트 같은 요리도 이탈리아 음식이라는 걸 소개하고 싶었는
데, 선택의 폭이 항상 파스타로 수렴하는 결과가 나오더라

고요. 일단 파스타를 하나 고르고 그다음에 다른 메뉴를 곁들이는 형태입니다. 파스타는 손댈 수가 없죠.

'일반' 세계의 딜레마

용 파스타 얘기를 계속해보겠습니다. 파스타는 건면만 있지 않습니다. 말씀하셨다시피 수없이 많은 이름의 파스타가 있고, 지역마다 불리는 이름도 다르죠. 제가 자주 하는 이야기가 왜 만두는 있는데 라비올리는 없냐는 겁니다. 파스타만 해도 매우 다양할 수 있지만, 우리는 소스는 다양하게 먹어도 면은 다양하게 먹지 않는 경향이 있죠. 파스타에 대해서도 다양하게 시도하기가 어렵나요?

주 저희가 뇨끼(gnocchi)를 했었습니다. 면 요리, 특히 밀가루를 이용한 면 요리를 사람들에게 어필하는 데 가장 큰 벽이 바로 '쫄깃함'이라는 벽입니다. 면이 쫄깃하고 탱탱해야 돼요. 하지만 뇨끼는 그런 의도로 만들지 않죠. 쫄깃함을 벗어나기 위해서 만드는 음식이잖아요.

용 뇨끼는 형용사로 베개나 버터, 아기 엉덩이 같다는 형용사를 쓸 만큼 부드럽고 폭신폭신 해야 하죠.

주 네, 그런데 뇨끼를 감자옹심이나 수제비랑 비교하기 때문에 쫄깃함의 벽을 벗어날 수가 없어요. 생면을 해도 찾는 사람이 적고, 또 칼국수 같은 수준을 벗어나지 못하면 의미가 없다고 생각하기 때문에 저는 하지 않습니다. 물론 잘하시는 분들이 계시죠. 판교 이탈리(Eataly) 같은 데서도

롱 파스타 위주의 메뉴 구성에 변주를 주는 동시에 알프레도 같은 무거운 질감의
소스를 단단히 잡아줄 수 있는 리가토니를 쓰고, 새우로 감칠맛을 낸 리가토니
알프레도(Rigatoni Alfredo). 홍대에서 살아남으려면 크림소스 파스타가 반드시
필요하다는 주변의 의견을 따라 추가된 메뉴.

괜찮은 수준의 생면을 살 수 있고 생면을 납품하는 공장도
있습니다. 홍대의 경우에는 한남동, 청담동 등에 비해서 가
격 저항선이 70퍼센트 수준이에요. 그래서 사용하기가 부
담되고 손님들도 찾지를 않습니다. 제가 일하는 세계에선
'일반 면'이 곧 스파게티를 뜻하니까요.

<u>용</u>　　스파게티 건면을 말씀하시는 거죠? 일반 면이라는 호
칭을 쓰나요?

<u>주</u>　　정확히 일반 면이라는 호칭을 씁니다. 건면, 생면의 개

치킨의 내부 온도를 60도에 맞춰 오븐에 굽고 여열로 65도가 되도록 서빙하는 폴로 알 포르노(pollo al forno). 이를 통해 더 촉촉해진 치킨이 덜 익었다는 오해를 받기도 했지만, 밀어붙인 끝에 손님들에게 인정받은 요리다.

넘이 아니라 스파게티예요. 파스타의 대명사. 일회용 반창고를 다 대일밴드라고 부르는 것처럼 파스타는 여전히 스파게티로 불려요. 스튜나 로스트 아닌 파스타를 고르는 것처럼 주로 먹던 것만 선택하는 경향이 강합니다. 라비올리를 하면, 말씀하신 대로 만두랑 비교해서 손님들이 '손가락 두 마디보다 작은 게 대여섯 개 나오는데 왜 2만 원이나 하냐'고 하세요.

용 　비교의 논리가 흘러가는 방향이 가끔 놀라워요. 한식 안에서는 우리 집의 음식과 바깥 음식을 비교하죠. 한식의 범주를 벗어난 다른 나라의 음식은 한식과 비교합니다.

주 　'터치만 살리고 우리 식으로 갈 것인가.' 외국 요리를 하는 사람은 이 고민을 하게 돼요. 이 방식이 제일 잘 적용된 예가 짜장면이죠.

용 　터치를 살린다는 게 어떤 의미죠?

주 　특징적인 향신료에 초점을 두는 겁니다. 요즘 유행하는 마라(麻辣)처럼 특정 향신료만 사용하고 나머지는 우리식대로 한다는 뜻입니다. 원래 마라는 국물을 먹지 않고 건더기만 먹는 건데, 우리는 국물이 시원하고 맛있는 걸 좋아하니까 한국식 탕으로 바뀌었죠. 중국에서는 "마라탕 국물까지 먹을 놈"이라는 말을 욕으로 쓴다고 해요. 홍콩을 갔더니 건져 먹으라고 뜰채 같은 스푼을 주더라고요.

　한국에 정착한 샤브샤브처럼 터치만 살리고 우리 식으로 가든지, 아니면 정통식으로 가든지 간에 항상 그 둘

사이에서 어떤 방식을 택할지 고민합니다. 제가 지금 가게를 하고 있는 홍대 인근에서 어느 정도 가격대의 음식이 팔리는지 대충의 데이터가 나오는데요. 그 수준에 맞추면서 완전히 정통 양식을 하기에는 무리가 있고, 그렇다고 사람들이 원하는 방식대로 하자니 자존심이 허락지 않고, 일종의 딜레마에 빠져 있습니다. 외국 요리를 하는 대부분의 셰프들이 비슷한 고민을 하지 않을까 싶습니다.

노쇼보다
더 위험한
노드링크

용   지금부터는 다른 주제를 다뤄보려고 합니다. 조금 과격한 이야기가 될지도 모르겠는데요, 챠오가 지금은 콜키지(corkage)를 받고 있나요?

주   잔 이용료만 3천 원을 받고 있어요. 단 몇 가지 규제를 뒀습니다. 규정을 지켜주면 3천 원이고, 어기면 약간의 패널티 비용이 붙습니다.

용   원래 콜키지가 없었을 때는 모객이 성공적이었나요?

주   1년 정도 없었고요. 모객만 성공적이었지 매출로 연결되지는 않았습니다.

용   그런 경우를 너무 자주 듣습니다. 와인이 굉장히 민감한 음식이라 잔을 교체해줘야 하는데, 잔이 비싸기도 하고 유지 관리 역시 복잡합니다. 모든 와인동호회가 그렇지는 않지만, 여러 인원이 가게에서 모임을 갖더라도 와인을 전부 사 와서 음식점에는 굉장히 적은 비용만 내는 경우도 많다고 들었어요. 콜키지 프리 목록도 공유하고요.

주   저도 우연히 발견했는데, 콜키지 프리 업장을 표기한 지도가 있습니다.

용   제가 늘 욕을 먹으면서도 하는 말이 있습니다. 업장에 가서는 음료든 술이든 시켜야 된다. 그렇지 않으면 레스토랑에 수익이 안 나고 언젠가 문을 닫을 수 있으니 좋아하는 식당을 간다면 가급적 어떤 음료든 시키는 게 좋다. 술을 가지고 와서 비용을 내지 않고 먹는 것이 음식점 매출에 굉장히 악영향을 미칠 수 있기 때문입니다. 어느 정도로 극단적인 상황이 벌어지나요?

주   평론가님이 인용하셨던 "노쇼보다 노드링크가 더 위험하다."는 말을 제가 했죠. 음식 원가는 정해져 있기 때문에 음료 주문이 한 잔도 없으면 매출에 어려움이 생깁니다.

용   원가가 항상 메뉴 가격의 25~30퍼센트를 유지해야 하죠. 그 이상 올라가면 이윤 내기가 어렵다고 들었습니다.

주   고정비용이 있고, 인건비가 추가되기 때문에 식료 원가가 40퍼센트를 넘어가는 음식을 팔면 사실상 손해입니다. 그것을 상쇄할 수 있는 여지가 다른 비용이 추가되지 않는 음료 매출에 있거든요. 음료에 얼마를 붙여서 팔 것인가도 화두예요. 일정한 금액을 붙이는 가게도 있고, 비율로 매기는 가게도 있습니다. 어느 경우든 이윤을 많이 붙여서 팔기는 어려워요. 콜키지 프리를 할 때는 손해가 큰 게 사실이죠. 도시전설처럼 떠도는 이야기가 있습니다. 단체 손님 10

명이 와서 와인을 인당 한 병 이상 가져와서 마셨는데 음식 매출이 10만원이 채 안 됐어요. 그런데 와인이 떨어지니까 편의점에 가서 와인을 사 가지고 오는 거예요.

용 그거 실화입니다.

주 네, 제가 직접 겪은 일입니다. 콜키지 프리를 할 때는 '최소한 콜라 한 캔, 맥주 한 잔이라도 시키거나 가져온 와인을 마시기 전에 와인 리스트의 와인을 입가심으로라도 마셔달라. 1인 1메뉴를 해달라. 그것도 아니면 이용 시간을 길지 않게 해서 다른 손님들한테도 기회를 달라.'는 메시지를 전제하고 있다고 생각하거든요. 그런 것이 지켜지지 않다 보니까 규정을 만들게 됩니다. 예를 들어 이용 시간 초과 시 추가 비용을 받는 것처럼 규정이 점점 복잡해져요.

**콜키지,
문제적인
너무나
문제적인**

주 한번은 저희 가게에 왔던 와인동호회의 모임 주제가 '마트에서 산 와인' 품평이었어요. 물론 마트에서 파는 와인이 나쁜 와인이라는 뜻이 아닙니다. 저희는 와인 리스트가 작지만 시중에서 구할 수 없는 와인 위주로 짰어요. 하지만 손님들이 와인을 가져오시면 저희의 의도나 구성이 의미가 없습니다. 문제의 그날, 음식 서빙을 나왔는데 테이블에 진로 마주앙이 딱 올라와 있는 거예요. 그걸 본 순간 와인 반입을 금지해야겠다고 결심했어요. 다음 날 행동에 옮겼더니 그 주의 단체 손님 예약이 줄줄이 취소됐어요. 말은 안 했지만 콜키지 프리인 걸 알고 예약했다가 바로 취소한 거죠.

<u>용</u> 매상에 영향도 컸겠습니다.

<u>주</u> 앞으로 코르크 차지를 받겠다고 했을 때, 그 어느 때보다 매출이 많이 빠졌어요.

<u>용</u> 와인 책들을 보면, 내가 레스토랑에 와인을 가져갈때는 음식과 어울릴 가능성을 고려하고, 그 업장 리스트에있는지를 확인해보고, 희귀한 와인일 경우 조금씩 남겨서소믈리에가 맛을 볼 수 있게 하는 것이 예의라고 쓰여 있습니다.

<u>주</u> 그런 매너를 잘 지키는 손님들도 계세요. 챠오 음식을 좋아해서 어울리는 와인을 가져와 드시는 분도 있고요.그런 경우는 보통 10퍼센트 미만입니다. 적은 인원의 손님들은 그렇게 하지만 6, 7, 8인이 되기 시작하면 일단 테이블에 와인이 올라와 있고, 음식과의 궁합은 그다지 중요시하지 않는 듯합니다. 봉골레에 카베르네 소비뇽(Cabernet Sauvignon)을 마시는 경우도 흔합니다. 저희 가게의 해산물봉골레 파스타가 유명하니까 먹어보고 싶은데, 가져온 와인은 다 레드 와인이라 그런 조합이 나오는 거겠죠.

<u>용</u> 한국에선 레드 와인이 대세죠. 말씀하신 카베르네 소비뇽처럼 굵고 드라이한 계열의 와인.

<u>주</u> 손님들 질문이 대개 둘 중 하나입니다. 단 거 있냐고묻거나 혹은 드라이한 걸 찾거나. 그 두 가지 경우에 해당되지 않는 손님들은 자기 취향에 맞는 와인을 잘 알고 있어서

질문을 안 하고요. 어울리는 와인을 추천해달라고 하는 분들은 극소수예요. 이런 상황에서 음식이니 페어링이니 별로 의미가 없습니다. 다른 이야기입니다만, 아이들이 소란스러워서 노키즈존을 한다는 업장이 있죠. 그러나 아이들이 끼치는 피해보다 이런 비합리적인 어른들의 소비 형태가 레스토랑 영업에 주는 타격이 더 크다고 생각해요.

마시모 보투라 셰프가 이끄는 희망의 식당

용　점점 가슴이 답답해지는 이야기를 나누고 있습니다. 이탈리아 여행을 복기할 때만 해도 식당 테라스의 햇볕, 시장 한편에서 맛본 이탈리아 요리의 정수 등등 활기가 불어넣어졌는데, 콜키지 같은 주제로 들어오면서 슬퍼졌다고 할까요.

지금부터는 희망적인 이야기를 나눌 수 있을 것 같습니다. 「미식 대담」을 진행하면서 이렇게 따뜻한 얘기를 나누는 건 아마도 처음이 아닐까 싶은데요. 앞서 말씀드렸듯이 2017년 추석 연휴에 요리 봉사를 다녀오셨죠. 어떤 조리 봉사였고, 어떻게 해서 가게 되었는지 소개 부탁드립니다.

주　레페토리오 암브로시아노(Refettorio Ambrosiano)라는 식당이 있습니다. 그냥 식당이 아니고 노숙인 또는 실업자들을 위한 무료 급식 식당인데요. 단순한 무료 급식과는 달리, 품질에는 이상이 없지만 상품성이 없는 식재료들을 모아서 세 개 코스의 식사를 제공합니다. 보통 프리모, 세콘

레페토리오 암브로시아노의 주방.

✿ 이탈리아 요리의 코스에서 프리모와 세콘도는 메인요리에 해당한다. '첫 번째 접시'를 뜻하는 프리모에서는 파스타나 피자를 먹고, '두 번째 접시'를 뜻하는 세콘도로는 고기나 생선 요리를 먹는다.

도, 돌체(dolce, 디저트)로 구성됩니다.✿ 프리모가 나오거나 그 대신 안티가 나올 때가 있고, 고기나 생선 요리가 나오고, 그다음 디저트가 나와요. 한국을 포함해서 전 세계에 노숙인을 위한 수많은 무료 급식소가 있지만, 제대로 된 코스 요리가 나오는 곳은 푸드포소울(Food for Soul) 재단이 운영하는 레페토리오 암브로시아노가 유일합니다.

용　그 이름의 의미를 살펴볼게요. 초반부에서 이탈리아 식당의 명칭을 잠깐 짚었는데, 레페토리오 역시 식당의 한 형식으로 사전을 찾아보면 큰 식당(dining room)을 지칭합니다. 그렇다면 암브로시아는 무슨 뜻인가요?

주 　'밀라노의, 밀라노식, 밀라노 사람들의'라는 뜻입니다.

용 　그렇군요. 레페토리오 암브로시아노는 이탈리아 셰프 마시모 보투라(Massimo Bottura)가 이끄는 일종의 프로젝트입니다. 마시모 보투라 셰프는 현재 이탈리아 북부의 모데나라는 도시에서 미슐랭 별 세 개의 '오스테리아 프란체스카나(Osteria Francescana)'를 운영하고 있고요. 모데나 하면 발사믹 식초(aceto balsamico)의 본고장이죠?

주 　네, 페라리 창립자의 고향이기도 합니다.

용 　페라리를 타면서 발사믹을 마시는 건가요.(웃음) 이 프로젝트에 대한《가디언》의 기사를 읽어봤습니다. 마시모 보투라가 원래는 법학을 전공했는데, 음식에 관심이 있었는지 망해서 폐허가 된 식당을 헐값에 매입해서 운영했다고 해요. 그러다가 본격적으로 요리를 시작해서 수련의 과정을 보내고, 알랭 뒤카스(Alain Ducasse)＊와도 같이 일했습니다. 그러면서 자신의 방향을 컨템퍼러리 이탈리안, 즉 이탈리아 음식의 현대화로 잡고 오스테리아 프란체스카나를 열었습니다. 엘 불리(el Bulli)＊에서도 일했고요. 그런 과정을 거쳐 현재의 입지에 올라선 거죠. 2016년에는 월드 베스트 레스토랑 1위로 꼽혔고, 그 전후로도 3위권에 든 유일

＊ 전 세계에 25개 이상의 레스토랑을 오픈해 21개의 미슐랭 별을 받은 프랑스 셰프이자 대형 외식 기업의 수장.

＊ 재료와 조리법을 과학적으로 분석해 새로운 음식으로 변형해내는 분자요리의 선구자인 페란 아드리아(Ferran Adrià)의 레스토랑으로 2011년에 문을 닫았다.

한 이탈리안 레스토랑이었습니다. 이런 최정상의 레스토랑을 운영하면서 공공성에 대해 생각한 거죠. 원래 이 프로젝트를 단발성으로 기획했다고 하는데 맞습니까?

주 맞습니다. 밀라노 엑스포가 열리는 동안 운영하는 계획이었다고 해요.

용 그런데 프란치스코 교황이 이 기획을 좀 더 영구적인 프로젝트로 만들어보자고 제안했다고 합니다.

음식 산업이 외면한 것에 대한 질문

용 레페토리오 암브로시아노는 모데나 시의 그레코 지역에 위치해 있습니다. 직접 가보셨으니까 그레코에 대해서도 간략히 말씀해주시겠어요?

주 밀라노 중앙역에서 버스를 타고 20분 정도 걸리는 지역이고, 빈민층이 많이 거주하는 지역입니다. 그레코성당 옆에 있었던 폐 극장을 개조해서 레페토리오, 즉 대형 식당을 만든 것이고요. 밀라노 엑스포는 음식과 문화를 주제로 굉장히 성공적으로 치러지는 행사인데요. 전 세계적으로 매년 13억 톤이라는 어마어마한 양의 음식이 버려지는 것을 알게 된 마시모 보투라 셰프가 밀라노 엑스포 기간을 통해 행동에 나섰습니다. 많은 사람들이 엑스포를 통해서 음식과 문화 그리고 미래를 보지만 자기는 거기서 낭비를 봤다고 말합니다. 지구 한편에서는 언제나 굶어 죽어가는 사람들이 너무 많다는 사실뿐 아니라, 엑스포가 열리는 밀라노 안에서도 그런 일이 벌어지고 있다는 사실에 해결 방법을 찾아야겠다고 결심한 거죠. 2015년 엑스포를 기점으로 암브로시아노의 문을 처음 열었습니다.

한국에 이 이야기가 처음 알려진 건 브라질 리우올림픽 때였어요. 마시모 보투라 셰프가 조리 직업훈련을 무료로 진행하는 가스트로모티바(Gastromotiva)라는 브라질 비영리단체와 함께 올림픽에 맞춰서 '레페토리오 가스트로모티바'를 열었습니다. 물론 레페토리오 암브로시아노는 밀라노에서 꾸준히 운영되고 있었지만, 이를 계기로 로버트 드니로와 록펠러재단의 투자를 받아서 뉴욕에도 두 개의 레페토리오를 오픈했다고 합니다. 저는 이 레페토리오에 관한 정보를 넷플릭스의 「희망의 키친」이라는 다큐멘터리로 접했어요. 그 전에도 기사를 통해서 알고는 있었는데 다큐를 보면서 어떤 취지인지, 어떤 코스의 정찬인지 구체적으로 알게 됐습니다.

용   그 다큐를 보고 동참해야겠다고 결정하셨나요?

주   거기서 마시모 보투라가 이런 이야기를 합니다. 당신이 요리를 하는 목적이 무엇이냐. 그리고 빵은 무슨 의미가 있느냐. 단순히 굶어 죽어가는 사람들의 문제뿐만 아니라 현재 음식을 만들고 소비하는 산업이 어떤 의미를 갖는가. 그 산업 안에서 외면당하는 사람은 없는지 둘러봐야 하지 않겠는가. 요리하는 사람들은 한 번쯤 봤으면 하는 다큐멘터리입니다. 그리고 맨 마지막에는 자원봉사자를 언제든지 환영한다는 말이 나오더라고요. 이탈리아 여행을 계획하던 차에 의미 있는 일도 해보면 어떨까 싶었어요. 또 제가 마시모 보투라 셰프가 쓴 책 『마른 이탈리안 셰프를 믿지 마라 (*Never Trust a Skinny Italian Chef*)』의 제목을 문신했을 정도로 셰프를 좋아합니다.

다큐멘터리에는 이름만 대면 누구나 아는 셰프들도 여러 명 나옵니다. 알랭 뒤카스, 르네 레제피(René Redzepi), 제가 좋아하는 마리오 바탈리(Mario Batali). 그리고 엘 불리의 페란 아드리아는 이런 이야기를 해요. 자기는 엘 불리를 닫고 4년 만에 주방에 섰는데, 그게 바로 레페토리오 암브로시아노라고요.

100인분의 요리를 통한 교감

용 암브로시아노 주방에 직접 가셔서 어떤 일을 하셨나요? 가기 전에는 보조적인 역할을 맡을 거라고 생각하셨던 거죠?

주 네, 그랬는데 영어로 통역해줄 사람이 와서 바로 워크인 냉장고로 데려가더니 설명을 해줬습니다. "오늘 쓸 재료는 여기 있다. 하고 싶은 거 다 해도 된다. 대신 당신이 메인 요리를 해라." 상황이 그렇게 전개된 거예요. 그럼 몇 명이 오느냐고 물어보니까, 100명이 온대요.

용 100인분의 조리를 하신 적이 있나요? 패밀리 레스토랑에서 대량 조리를 경험하셨으리라 추측합니다만.

세 가지 코스로 구성된 100인분의 저녁 식사를 함께 준비했던 사람들. 재료의 손실이 너무 크지 않도록 닭고기를 나눠서 조리하는 동안 같이 일한 사람들과 뜻깊은 대화를 나눴다.

주　있죠. 하룻밤에 파스타 200개를 내본 적도 있어요. 100인분 자체는 큰 어려움이 아니었는데, 그걸 밑준비부터 저랑 같이 간 제 여자 친구랑 둘이서 해야 하는 게 문제였어요. 그날 다른 분들은 프리모를 준비하고, 자원봉사 하는 분들이 디저트 준비하고, 제가 셰프가 돼서 메인요리를 해야 하는 상황이었습니다.

용　실제로 조리를 해야 하는 상황인 거죠?

주　네, 냉장고 안에 있던 모든 흰살 고기, 닭고기랑 토끼 고기를 넣고 일종의 스튜를 만들었습니다. 말이 스튜지 약간 닭도리탕 같은 음식이었어요.

용　재료를 보고 어떤 메뉴가 좋을지 바로 떠오르셨나요?

주　처음엔 양식 쪽으로만 생각했더니 답이 안 나오더라고요. 아이디어를 준 건 여자 친구였어요. 1인분씩 따로 조리해야 하는 메뉴는 둘이서 절대 할 수 없으니 스튜 종류를, 빠르고 익숙한 메뉴를 하자. 그렇게 매콤한 이탈리아 닭고기 스튜 또는 한식 닭도리탕과 비슷한 메뉴를 하기로 했습니다. 그러고 나서 준비를 시작했는데, 거기서 놀랐던 점은 상품 가치가 없어서 기증받은 식재료들의 수준이 너무 좋다는 것이었습니다.

용　맛 혹은 생김새, 어떤 면이 좋다는 의미인가요?

주　닭고기 같은 경우, 한국은 보통 크기별로 나누잖아요. 그런데 여기는 닭의 품종이 정말 다양합니다. 페르시아에서 들어온 품종도 있고, 한국의 오골계같이 생긴 닭도 있고. 시장을 가보면 닭고기 코너의 제품들이 품종도 다양했지만 손질된 형태 면에서도 다양했습니다.

제가 도착했을 때는 학생들이 있었어요. 암브로시아노의 중요한 기능 중의 하나가 난민 학생들의 직업교육이거든요. 방과후학교처럼 학생들이 학교 마치고 레페토리오로 오면 셰프들의 지도하에 재료를 다듬고 요리를 배웁니다. 이 학생들이 요리를 하면서 이탈리아 문화나 사회에 더 빨리 적응할 수 있고, 난민을 단순히 받아들이는 차원이 아니라 정착할 수 있게 지원하는 사업이죠. 훌륭한 식사를 한 시간 제공하는 것도 중요하지만, 그런 사회적 역할을 계속한다는 데 깊은 감명을 받았습니다.

용   100인분의 조리를 하셨는데, 조리 과정에 대한 이야기를 듣고 싶어요. 몇 시간 정도 걸렸나요?

주   닭고기는 금방 익어서 그렇게 오래는 안 걸렸어요. 그리고 주방이 챠오 주방보다 훨씬 잘 돼 있고, 대량 조리에 적합하도록 설계되어 있더라고요. 12시에 학생들이랑 같이 점심 먹고 1시에 시작해서, 서빙이 시작된 6시 30분까지 다섯 시간 정도 걸린 것 같습니다. 스튜 같은 음식은 1인분씩 조리하는 것보다 많이 할수록 맛이 좋지만 일정 수준을 넘어가면 부서지거나 손실되는 부분이 너무 커지거든요. 그래서 조리를 한 번에 하지 않고 대형 스티머포트에 나눠서 했습니다.

용   많은 양의 닭고기를 계속 저어가며 익히기가 쉽지는

위 손님을 맞기 위해 테이블을 세팅하는 모습. 누구나 하루 한 시간 맛있는 식사를 즐길 수 있는 환경을 갖추고자 공간 디자인에도 공을 들였다.

아래 마시모 보투라 셰프는 손님들이 음식에 대해 불평했을 때 비로소 레페토리오 암브로시아노가 받아들여졌음을 실감했다고 말했다.

않으셨겠네요.

주   닭고기는 한 시간 반 정도 걸려 조리했습니다. 말했듯이 요리사의 가장 중요한 재능은 절대 미각이 아니라 체력이니까요.(웃음) 그래도 스튜를 저으면서 같이 일한 분들이랑 대화를 많이 나눴습니다. 낮에는 회사 다니고 밤에 와서 자원봉사를 하는 분들이 많았어요. 세네갈에서 와서 이곳에서 직업교육을 받아 직장을 구한 후에 자원봉사 하는 분도 계셨는데, 이와 같은 사례도 많다고 해요. 일종의 선순환이죠. 마시모 보투라 셰프가 "지구적인 차원의 순환을 통해서 나아가야 한다. 바로 지금이 더 이상 타협하고 물러설 수 없는 한계다."라는 말을 했는데, 그게 작은 규모에서나마 이루어지고 있는 것 같았습니다.

**누구나
하루 한 시간
맛있는 음식을
즐길 권리**

용   마시모 보투라 셰프가 팔에 "No More Excuses(변명은 이제 그만)"라는 문신을 새겼다고 하죠.

주   그 문구가 암브로시아노 외벽에도 붙어 있어요. 주방 시스템이나 서빙 시스템도 레스토랑처럼 잘 되어 있었지만, 공간 디자인도 눈에 뜨였어요. 유명한 디자이너가 인테리어를 했고 내부에 설치된 작품들도 유명한 작가의 것이고, 최대한 신경 써서 레스토랑다운 환경을 만들어놓은 것이 인상 깊었습니다.

용   왜냐하면 어려운 사람들을 위한 급식소는 기능적이

식당 외벽에 "No More Excuses"라는 문구가 간판처럼 불을 밝히고 있다.

기만 하기가 쉽습니다. 식판에 급식을 하는 경우가 많은데 그것보다 훨씬 더 나은 환경에서 식사를 제공하는 거죠. 마시모 보투라가 이런 말을 합니다. "누구나 하루 한 시간 정도 맛있는 음식을 즐길 권리가 있다." 처음 문을 열었을 때는 20분 만에 먹고 나가는 사람들도 많았다고 해요.

<u>주</u>　이전까지의 무료급식 시스템이 배고픔을 면하게 하는 게 목적이었다면, 레페토리오가 추구하는 바는 이 사람들한테 자존감을 심어주는 거예요. 제대로 된 음식을 한 시간 동안 먹으며 이야기 나누는 경험이 그 바탕이 되어줄 수 있겠죠. 식당에 오는 사람들이 정말 암브로시아노를 받아들여줬다고 느낄 때가 불만을 표할 때라고 해요. '음식이 짜

네, 맵네, 고기가 너무 익었네.' 등등 음식에 대한 평을 할 수 있는 건 그만큼 여유가 있다는 뜻이잖아요.

용　그날 만드신 음식들을 함께 맛보고 떠나신 거죠?

주　네. 처음 서빙이 나가는 순간, 사람들이 음식을 다 먹고 빵으로 접시를 닦는 장면, 그리고 빈 접시가 딱 들어오는 때에 뭉클하더라고요. 모든 셰프들이 그런 경험을 할 수 있는 건 아니잖아요. 좋은 취지의 일이기도 하지만, 자기가 메인이 되어서 100명의 현지인에게 요리를 제공한 경험이 그렇게 흔치 않을 거라 생각합니다. 짧은 시간이었는데도 음식을 함께 하고, 함께 먹는 과정에서 느낀 교감의 크기가 남달랐습니다.

용　그것이 음식의 큰 의의라고 생각합니다. 모데나에서의 경험을 바탕으로 또 다른 계획을 세우고 계신가요?

주　이탈리아와 관련된 요리 봉사를 하는 게 처음은 아닙니다. 2016년에 아마트리체 지역에서 대지진이 났을 때, 전 세계 이탈리안 셰프들이 아마트리치아나(amatriciana) 파스타의 판매 수익금을 아마트리체에 기부하는 행사를 진행했어요. 저도 그 캠페인을 한 달 동안 운영했습니다. 이탈리아 요리를 통해서 생활하고 있는 사람들은 이탈리아 문화에 빚을 진 셈이라고, 제가 좋아하는 셰프님이 말씀하셨는데요. 그걸 떠나서도 도울 수 있는 일이 있으면 돕는 것이 거창하지만 세계시민으로서 의무이기도 하니까요.

　　이런 문제의식을 한국에서 어떻게 풀어가느냐가 제

일 큰 고민입니다. 레페토리오 암브로시아노 같은 시스템의 핵심은 난민과 청소년의 직업교육과 더불어 3대 영양소를 갖춘 기능적인 식사, 생존을 위한 식사가 아니라 자존감을 갖출 수 있는 식사, 문화와 생활로서의 식사를 제공하는 일입니다. 이걸 실행하려면 한두 사람의 의지가 아니라 재정적인 지원, 공간, 인력 그리고 구체적인 계획이 뒷받침되어야겠죠. 또 한 가지 장벽이 제가 양식을 한다는 점이어서 한식을 하는 분들과 함께 할 수 있다면 더할 나위 없겠습니다.

용　갈 길이 멉니다만, 혹시 「미식 대담」에서 나눈 이주하 셰프의 이야기를 통해서 이런 일에 뜻을 둔 실무자들이 연결되고 함께 계획을 구상할 기회가 생긴다면 그 뜻깊음은 이를 데 없겠습니다.

주　그것이 곧 '한식의 품격'을 높이는 일이고요.

용　저는 이렇게 말씀하시라고 요청한 적이 없다는 사실을 밝힙니다.(웃음) 이주하 셰프님이 「미식 대담」의 마지막 출연자인데요, 덕분에 희망찬 이야기와 함께 따뜻한 분위기에서 방송을 마칠 수 있게 되었습니다. 다양한 이야기를 들려주신 이주하 셰프님께 깊이 감사드립니다.

주　감사합니다.

맺는말

「미식 대담」 첫 번째 시즌의
교훈과 과제

출연자와 세부 분야를 막론하고 『미식 대담』 전체의 행간에 빽빽하게 흐르는 메시지는 그럭저럭 다음의 요점 몇 가지로 압축 및 정리할 수 있다.

　　1. 맛있는 음식을 위한 실마리는 음식의 세계 바깥에 놓여 있을 가능성이 높다. 행간에 감춰진 극명한 메시지 중 하나는 바로 경험을 공유한 출연자 대부분이 일종의 '커리어 체인저(career changer)'라는 사실이다. 음식과 상관없는 분야에 상당 기간 종사하다가 전업했거나 요리 이외의 전공을 선택했던 이들이다. 커리어 체인저가 음식과 요리를 더 잘 이해한다는 의미는 절대 아니다. 다만 해당 분야의 실기 및 이론만큼이나 삶의 전반에 걸친 경험 및 교양 또한 음식의 구현에 중요할 수 있다. 와인을 이해하겠다고 매일 와인을 마시며 품종과 산지의 특징을 외우거나, 짜장면을 공부하겠다고 하루에 일곱 그릇씩 짜장면을 먹는다고 반드시 소기의 성과를 이룬다는 보장이 없다.

　　본문에서는 자세한 언급을 피했지만, 많은 실무자들이 입을 모아 교육의 어려움을 토로한다. 답을 주입받고 점수로 평가받는 교육에 익숙하다 보니 원리를 이해하고 개념적으로 사고 및 응용하는 데 어려움을 느끼는 경우가 많아 실무 교육이 수월치 않다는 말이다. 당장 직접적으로 도움이 되지 않더라도 실무자 및 지망생이 장기적인 안목으로 음식 바깥의 세계를 흡수 및 이해하는 데 관심을 기울이기를 바란다. 향유자 또한 같은 맥락에서 접근할 필요가 있다.

모든 호불호를 단순한 '취향 차이'로 치부하지 않고, 좀 더 다양한 각도에서 음식을 이해하려는 노력 말이다.

2. 협업이 중요하다. 물론 우리는 기본적으로 산지에서 식탁까지, 재료가 음식으로 승화되는 여정의 협업에 대해서 상당 부분 이해하고 있다. 식재료 생산자의 사진을 내세우는 등의 흔한 홍보 전략 덕분에라도 그렇다. 이제 협업의 인지적 범위를 좀 더 넓힐 때가 되었다. 맛도 맛이지만, 맛을 둘러싸고 식사의 경험을 완성하는 요소와 이를 위한 협업의 중요성을 좀 더 진지하게 받아들였으면 좋겠다는 말이다. 공간부터 가게의 로고나 포장재, 더 나아가 접객의 수준 등을 높일 수 있는 협업의 가능성을 인식하고, 궁극적으로는 이를 위한 추가 지출이 향유자의 과제로 남아 있다는 명백한 사실을 받아들일 때이다.

3. 음식과 요리 세계의 성역할에 대한 선입견과 불균형이 식문화의 가장 큰 과제이다. 「미식 대담」을 본격적으로 준비하면서 섭외를 놓고 언제나 고민했다. 무엇보다 '직업으로서 요리하는 주체'가 압도적인 비율로 남성이라는 현실은 모두의 문제이다. 따라서 우리는 이를 좀 더 심각하게 받아들일 필요가 있다. 파인다이닝의 마초적 셰프상이야 이미 너무 식상한 개념이니 차치하더라도, '청춘'이니 '감성' 같은 상호를 달고 등장하는 젊은 세대의 음식점이 사실은 치기 어린 20~30대 남성이 반짝 보여주려는 진지함을 바람직한 남성성처럼 과대 포장해서 팔아 먹으려는

시도는 아닌지 경계할 필요가 있다. '음식을 할 줄 아는 남성'이 대단해 보이는 시대는 이미 지났고 또 지나야만 한다.

두 번째 시즌의 계획이 구체적으로 잡혀 있지는 않지만 실현된다면 노동이라는 크고 엄숙한 사안 가운데 다음의 두 갈래를 집중적으로 다뤄보고 싶다. 첫 번째는 한식과 집밥 영역을 '수호'하는 이들의 이야기이다. '수호'라니, 참으로 거창한 단어의 선택 같지만 현실을 들여다보면 사실 그렇지 않다. 한식과 집밥이 교차하는 지점에 음식의 가장 큰 멍에를 짊어진 이들이 빼곡하게 들어차 있다는 생각을 언제나 품고 산다. 이들의 이야기를 들어보고 싶다.

두 번째는 젊은 세대의 이야기이다. 각종 창업도 그렇지만 나름 유명한 레스토랑에서 꿈을 이루기 위해 젊음을 소진하는 이들의 여건에 촉각을 곤두세우고 있다. 2017년판으로 출범한 미슐랭 가이드와 그로 인한 유명세 등이 이들에게 더 큰 부담으로 작용하는 것은 아닐까? 기성세대는 가르침이라는 얄팍한 미끼를 앞세워 정당한 대가 지불에 소홀하고 있는 것은 아닐까? 과연 파인다이닝이 완전히 뿌리내린 세계처럼 대가 셰프들이 인력을 양성해 레스토랑의 지평을 확장하는 일상이 이 지독한 부동산의 제국에서도 자리를 잡을 것인가? 실무자도 비평가도 다음을 기약하기가 어려운 현실이지만, 그렇기 때문에 더 간절하게 바람을 품어본다.

이미지 출처

90쪽 ⓒ스포츠서울 | 124쪽 ⓒ톱클래스 | 156쪽 ⓒ올리브매거진코리아 | 258쪽 FloridaStock, Shutterstock.com | 263쪽 zakaz86, Shutterstock.com | 286쪽 Szasz-Fabian Jozsef, Shutterstock.com

미식 대담

좋아하는 것을 잘 만들면서 살아남는 방법

1판 1쇄 찍음 2018년 8월 17일
1판 1쇄 펴냄 2018년 8월 27일

지은이 이용재
펴낸이 박상준
펴낸곳 반비

출판등록 1997. 3. 24.(제16-1444호)
(우)06027 서울특별시 강남구 도산대로1길 62
대표전화 515-2000, 팩시밀리 515-2007

ISBN 979-11-89198-21-3 (03590)

반비는 민음사출판그룹의 인문·교양 브랜드입니다.